国家示范性高等职业院校建设规划教材
教育部高职高专水工专业教学指导委员会推荐教材

水利水电工程施工技术

主　编　闫国新　张梦宇　王飞寒
副主编　李红旗　吕桂军　吴　伟
　　　　裴自勇　包家全
主　审　梁建林

黄河水利出版社
·郑州·

内 容 提 要

本书是国家示范性高等职业院校建设规划教材,是教育部高职高专水工专业教学指导委员会推荐教材。本书是根据教育部国家示范性高等职业院校建设计划水利水电建筑工程重点建设专业及专业群人才培养方案要求,按照水利水电工程施工技术课程标准编写完成的。本书依据现行行业规范、规程编写,突出针对性与实用性。全书共有八个学习项目,主要内容为施工水流控制、爆破工程、基础处理工程、土石坝工程、混凝土坝工程、地下建筑工程、水闸与泵站工程、堤防与河道疏浚工程的施工技术。

本书是国家示范性高等职业院校水利水电建筑工程专业建设项目的改革教材,也可供水利类相关专业教学使用,同时可作为水利水电工程技术人员的参考用书。

图书在版编目(CIP)数据

水利水电工程施工技术/闫国新,张梦宇,王飞寒主编. —郑州:黄河水利出版社,2013.2
国家示范性高等职业院校建设规划教材
ISBN 978 - 7 - 5509 - 0422 - 4

Ⅰ.①水… Ⅱ.①闫… ②张… ③王… Ⅲ.①水利水电 - 工程施工 - 高等职业教育 - 教材 Ⅳ.①TV5

中国版本图书馆 CIP 数据核字(2013)第 015247 号

组稿编辑:王路平　电话:0371 - 66022212　E-mail:hhslwlp@163.com

出 版 社:黄河水利出版社
　　　　　地址:河南省郑州市顺河路黄委会综合楼14层　邮政编码:450003
发行单位:黄河水利出版社
　　　　　发行部电话:0371 - 66026940、66020550、66028024、66022620(传真)
　　　　　E-mail:hhslcbs@126.com
承印单位:黄河水利委员会印刷厂
开本:787 mm×1 092 mm　1/16
印张:19.5
字数:450 千字　　　　　　　　　　印数:1—3 100
版次:2013 年 2 月第 1 版　　　　　印次:2013 年 2 月第 1 次印刷
定价:43.00 元

前　言

本书是根据《教育部关于全面提高高等职业教育教学质量的若干意见》(教高〔2006〕16 号)、《教育部关于推进高等职业教育改革创新引领职业教育科学发展的若干意见》(教职成〔2011〕12 号)等文件精神,在教育部高等学校高职高专水利水电工程专业教学指导委员会指导下组织编写完成的。

本套教材以学生能力培养为主线,以实际工程案例为载体,融"教、学、练、做"为一体,适合开展项目化教学,体现出实用性、实践性、创新性的教材特色,是一套理论紧密联系工程实际、教学面向生产的高职高专教育精品规划教材。

《水利水电工程施工技术》是根据黄河水利职业技术学院国家示范性建设水利水电建筑工程专业制订的人才培养方案的要求编写的,它是水利水电建筑工程专业及其相关专业群的专业技能课程。

本书以项目为导向,任务驱动,结合水利工程施工项目,共划分为八个项目,主要介绍水利水电工程常见工种施工工艺及建筑物施工技术。在编写过程中,我们努力体现高职高专教育教学特点,并结合我国水利水电工程施工的实际精选内容,以贯彻理论联系实际,突出新技术、新工艺、新标准,案例引导,注重实践能力,进行课程内容的整体设计。同时,教材内容力求与水利施工技术管理岗位相对接,与职业(执业)资格培训和考试相对接,兼顾区域水利工程施工特点,以及民生水利工程施工要求,最大限度地反映国内外水利水电工程施工技术的先进性。体现教、学、练、做一体化的教学方法,注重培养学生的基本技能和分析问题、解决问题的能力。本书具有内容精练,体系完整,紧密结合实际的特点。根据课程要求,书中附有针对性较强的工程案例和案例分析题目。

本书由黄河水利职业技术学院承担编写工作,编写人员及编写分工如下:闫国新(绪论,项目 1 任务 1~3),李红旗(项目 1 任务 4~6,项目 4 任务 6,项目 5 任务 1,项目 6 任务 3),封丘黄河河务局裴自勇(项目 2 任务 1~4),淄博市黄河工程局李明(项目 2 任务 5,项目 7),德州黄河河务局付建利(项目 3),吴伟(项目 4 任务 1~5),王飞寒(项目 5 任务 2、3、9),张梦宇(项目 5 任务 4~8),吕桂军(项目 6 任务 1、2、4、实训项目),袁巧丽(项目 6 任务 5),原阳黄河河务局包家全(项目 8)。本书由闫国新、张梦宇、王飞寒担任主编,由李红旗、吕桂军、吴伟、裴自勇、包家全担任副主编,由梁建林教授担任主审,并负责全书框架及结构的整体设计、统稿工作。

由于编者水平有限,加之时间仓促,本书难免存在错误和不足之处,诚恳地希望读者批评和指正。

编　者

2012 年 10 月

前 言

目 录

绪 论

水利水电工程施工技术是指在水利水电建设中需要掌握的专业技术,是一门理论与实践紧密结合的专业课。它是在总结国内外水利水电工程建设经验的基础上,研究施工方法、施工工艺、施工机械等施工技术措施,以确保工程建设质量与安全、进度、投资目标,实现设计要求的一门学科。

水利水电工程施工应以规划和设计的成果为依据,施工的过程是将规划和设计成果转化为工程实体的过程;而规划和设计又要考虑施工方面的要求,并受施工实践的检验。水利水电工程施工的主要任务是充分发挥施工技术人员的能动性和创造性,合理利用各项施工资源,结合施工技术,进行科学的组织和管理,达到用最少的施工资源和最短的时间,把设计付诸实施。这就要求对施工技术、施工机械和施工组织管理三方面,不断进行研究和总结。所以,水利水电工程施工分为水利水电施工技术、水利水电施工机械化和水利水电施工组织与管理三个分支学科。三者相辅相成,缺一不可。对于水利水电工程施工,只有掌握先进的施工技术,学会正确地使用施工机械,进行科学的施工技术管理和组织,才能更好地实现工程质量与安全、进度、投资目标。

水利水电工程施工技术这门学科的主要特征是实践性和综合性。前者要求通过施工实践,检验规划设计的方案,使工程完建并投入运用,这就要求理论联系实际,因时因地分析问题和解决问题;后者要求在施工过程中,既要领会规划设计意图,又要根据施工条件和建设要求,保质保量、经济、快速地进行工程建设,这就要求综合运用水利水电建设的有关理论知识和科学技术。

1 水利水电工程施工特点

(1)水利水电工程施工多在河流上进行,因而需要采取技术组织措施,进行施工过程中水流控制,以保证工程施工的顺利进行。

(2)水利水电工程施工经常遇到复杂的地质条件,如渗漏、软弱地基、断层、破碎带及滑坡等,因而需要进行相应的地基处理,以保证施工质量和施工安全。

(3)水利水电工程多为露天作业,需要采取适合的冬季、夏季、雨季等不同季节的施工技术措施,保证施工质量和施工进度。

(4)水利水电工程一般都是挡水建筑物或过水建筑物,这些建筑物的安全往往关系到国计民生和下游千百万人民生命财产的安危。因此,必须确保工程的施工质量。

(5)水利水电工程由许多建筑物组成,工程量大、工种繁多、施工强度高,再加之地形条件限制,易发生施工干扰。因此,需要统筹规划,合理组织,因时因地选择最优施工方案。

(6)水利水电工程施工过程中,爆破作业、地下作业、水上水下作业和高空作业等,常常平行立体交叉进行。因此,必须采取有效的施工技术措施,确保施工安全。

2　我国水利水电工程施工的成就与施工技术的发展

历史上,我国水利建设有着卓越的成就,积累了许多宝贵的施工经验。公元前250年以前修建的都江堰工程,按"乘势利导,因时制宜"的原则,发挥了防洪和灌溉的巨大作用。用现代系统工程的观点来分析,该工程在建筑物布局、施工措施等方面都是相当成功的。此外,在截流堵口工程中所使用的杩槎围堰、草土围堰、捆箱垛进占、捆箱垛结合柳石枕进占、柳石枕护底以及平堵与立堵相结合的施工技术等,至今还为工程建设所使用。我国古代在修建渠道、黄河大堤、南北大运河以及其他许多施工技术难度大的水利水电工程和抗洪斗争中,人们创造了许多传统的施工技术。这些水利水电工程独特的施工技术,至今仍在工程施工中运用,有力地促进了我国水利水电工程施工技术的发展。

新中国成立后,我国水利建设事业取得了辉煌的成就。在水利建设中,人们在江河干支流上加高加固和修建了大量的堤防,整治江河,提高了防洪能力;修建了官厅、佛子岭、大伙房、密云、岳城、潘家口、南山、观音阁、桃林口、江垭等大型水库,发挥了防洪、蓄水作用;修建了三门峡、青铜峡、丹江口、满拉、乌鲁瓦提等一批防洪、蓄水综合利用工程。这些工程中有各种形式的高坝,使我国坝工技术有了飞跃的发展。在灌溉工程方面,修建的人民胜利渠是黄河下游第一个引黄灌溉渠。另外,还修建了湑史灌区、内蒙古引黄灌区、林县红旗渠、陕甘宁盐环定扬黄灌区、宁夏扬黄灌区等。在跨流域引水方面修建了东港供水、引滦入津、南水北调东线一期、引黄济青、万家寨引黄入晋工程等。我国取水、输水、灌溉技术已达到国际水平。

在防洪方面,修建和加高加固大江大河堤防26万km,兴建水库8.6万多座,总库容4 924亿m^3,初步控制了常遇洪水,保护了4亿多人、470座城市、5亿亩[1]耕地和大量交通道路、油田等基础设施。新中国成立后,战胜了历次大洪水和严重的干旱灾害,黄河年年安澜。1998年大洪水,长江堤防保持安澜,松花江、嫩江主要城市和河段保证了安全。

在农田水利方面,灌溉面积发展到8亿亩,灌区生产的粮食占全国总产量的75%,棉花和蔬菜产量的90%,我国以占世界近10%的耕地面积,解决了占世界22%人口的粮食问题。

在供水水源方面,兴建了大量蓄水、引水、扬水工程,抽用地下水,农业灌溉和城市工业供水水源已经初具规模,乡镇供水发展迅速,水利水电年供水能力达5 800亿m^3。修建各种农村饮水工程315万处,解决了2亿多人和1.3亿头牲畜的饮水问题。

在水资源调配方面,兴建了一批流域控制性工程,以及跨流域调水工程,初步解决了区域水资源分布和城乡工农业用水的矛盾,缓解了国民经济和社会发展用水的需要。三峡工程和小浪底工程建成后,将得到进一步缓解。南水北调工程规模巨大,正在规划和逐步实施中。

在水电建设中,修建了狮子滩、新安江、刘家峡、新丰江、六郎洞、葛洲坝、白山、东江、龙羊峡、李家峡、鲁布革、天生桥、二滩、小浪底等各种类型的大型水电站,还修建了数以万

---

[1]　1亩 = 1/15 hm^2。

计的中小型水电站。目前,大中型水电站装机容量 6 400 多万 kW,年发电量约为 2 080 亿 kWh。大型水电站供应了工业和城市用电,支持灌溉用量。中小型水电站供应全国 1/3 的县 45% 国土面积和 70% 贫困山区的用电。三峡工程以及西南诸多的水电工程建成后 水电装机容量大幅度地增加,并可联系全国电网,互相调济。我国装机容量位居世界前 列,在水电技术上达到国际水平,能修建各种类型、条件复杂的大型水电站。小浪底、二滩 工程的大断面导流洞开挖技术,长江三峡工程深水大流量截流、高挡水标准、高填筑围堰 技术,小浪底工程在复杂地质条件下深 82 m 的混凝土防渗墙施工技术,天生桥一级、水布 垭工程高混凝土面板堆石坝施工技术,在喀斯特和复杂地层中的高压水泥灌浆技术,南水 北调中线工程大型渠道衬砌机施工、膨胀土处理技术,大型渡槽、倒虹吸预应力施工技术, 以及二滩、乌江渡、三峡采用不同岩石为料源的人工砂石料加工技术等,使我国水利水电 施工技术取得了较快的发展。

　　2011 年 1 月,中共中央、国务院以中发〔2011〕1 号文件印发了《关于加快水利改革发 展的决定》,从经济社会发展全局出发,科学阐述了水利发展的阶段性特征和战略地位, 明确提出了水利改革发展的指导思想和主要原则,全面部署了今后 10 年水利改革发展 的目标任务和政策举措。2011 年 7 月,中央召开了水利工作会议,对贯彻落实 2011 年中 央 1 号文件进行了全面部署,动员全党全社会力量,推动水利实现跨越式发展。"十二 五"期间,要针对水利发展中的突出问题和重点薄弱环节,紧密围绕全面建设小康社会和 加快转变经济发展方式要求,把水利作为国家基础设施建设的优先领域,把农田水利作为 农村基础设施建设的重点任务,把严格水资源管理作为加快转变经济发展方式的战略举 措,通过深化水利改革、加快水利基础设施建设、加强水资源管理,不断提升水利服务于经 济社会发展的综合能力,为促进经济长期平稳较快发展和全面建设小康社会提供坚实的 水利保障。针对水利仍然存在着的一些薄弱环节,诸如洪涝灾害、干旱缺水、水污染严重 以及农田水利建设滞后等问题,水利设施薄弱仍然是国家基础设施的明显短板,仍需加大 投入,加强建设。民生水利的建设为河湖整治、堤坝与水闸除险加固、引水工程施工新技 术将得到更好的发展。

　　随着水利水电建设和科学技术的快速发展,水利水电施工技术也不断提高。在工程 建设中采用了定向爆破、光面爆破、预裂爆破、岩塞爆破、柔性垫层爆破开挖保护层、喷锚 支护、预应力锚索、高压喷射灌浆、滑模和碾压混凝土及混凝土防渗面板等新技术、新工 艺。施工机械装备能力迅速增长,使用了大斗容的挖掘机、大吨位的自卸汽车、全自动化 混凝土搅拌楼、塔带机、隧洞掘进机和盾构机等。水利水电工程施工技术的发展,为水利 水电建设事业展示了一片广阔的前景。

　　在取得巨大成就的同时,应认识到我国施工技术水平与世界先进国家的差距,看到大 型水利水电工程施工遇到的许多新的复杂问题,需要不断研究新技术。例如,施工机械与 国外施工承包商相比较落后,还存在配套不齐、利用率不充分、施工组织管理水平不高等 问题;水电开发利用程度仍然较低,这与我国拥有水资源居世界首位还不相称。这就要求 我们必须认真总结过去的经验和教训,在学习和引进国外先进的技术及科学的管理方法 的同时,把我国水利水电施工技术推向更高水平。

3　课程的主要内容和学习方法

本书以项目为导向结合工程案例主要阐述了水利水电工程施工技术的基本原理、施工特点、施工方法、工艺措施以及主要机械的适用条件等。同时,结合几种主要水工建筑物的施工介绍了建筑物的施工特点、施工程序和施工方法等内容。通过学习,要求了解水利水电工程施工中常用的施工机械的主要组成部分、工作原理、主要性能及其选择;掌握主要工种的施工过程、施工方法、操作技术、质量控制要点、安全技术措施,以及主要水工建筑物的施工特点、施工程序、施工工艺和质量检查方法。

根据教材的内容和特点,学习中应重点掌握基本概念、基本原理、基本方法,结合所学过的课程,配合生产实习、工种实训、现场教学、多媒体教学、课堂训练、项目化实训和顶岗实践等教学环节运用所学的知识,才能有效地掌握本课程的内容。

项目 1　施工水流控制

学习指南

工作任务

(1)施工导流;

(2)导流建筑物设计;

(3)截流工程;

(4)施工度汛;

(5)导流建筑物封堵;

(6)基坑排水。

知识目标

(1)掌握施工导流的基本方法;

(2)熟悉导流设计流量的概念,熟悉导流建筑物的设计方法;

(3)掌握截流的方法,掌握减小截流难度的措施;

(4)了解拦洪度汛措施;

(5)掌握导流建筑物的封堵时间;

(6)掌握基坑排水的类型,掌握排水设备布置原则。

能力目标

(1)能确定施工导流方案;

(2)会确定导流设计流量,能确定导流建筑物尺寸;

(3)能选择截流方案;

(4)能确定拦洪度汛标准,会计算拦洪高程;

(5)会计算堵头的长度;

(6)能正确地选择排水方式,会布置基坑排水系统。

　　水工建筑物施工和其他建筑物施工不同,水工建筑物通常修建于河床之中,施工期受到河道水流的影响,需要解决水流与施工的矛盾问题。实践表明,人们用土、石、草木、混凝土等材料拦截水流,将所要施工的基坑部分围护起来(即围堰工程,是围护基坑施工的临时挡水建筑物),然后排除基坑中的水流进行施工,而原河道中的水流让其通过另外修建的泄水建筑物导向下游,创造干地施工条件,施工期对水流控制贯穿于施工的全过程。

　　施工过程中水流控制概括起来讲就是采取"导、截、拦、蓄、泄"等措施来解决水流宣泄和施工之间的矛盾。把河道中的流量全部或部分地导向下游或拦蓄起来,以保证在干地上施工,使施工期不影响或尽可能少地影响水资源的综合利用。

■ 任务 1　施工导流

当在河床上修建水利水电工程时,为了使水工建筑物能在干地上施工,需要用围堰围护基坑,并将河水引向预定的泄水建筑物泄向下游,这就是施工导流。

施工导流的方法大体上分为两类:一类是全段围堰法导流(即河床外导流),另一类是分段围堰法导流(即河床内导流)。

1　全段围堰法导流

全段围堰法导流是在河床主体工程的上下游各建一道拦河围堰,使上游来水通过预先修筑的临时泄水建筑物或永久泄水建筑物(如明渠、隧洞等)泄向下游,主体建筑物在排干的基坑中进行施工,主体工程建成或接近建成时再封堵临时泄水道。这种方法的优点是工作面大,河床内的建筑物在一次性围堰的围护下建造,如能利用水利枢纽中的永久泄水建筑物导流,可大大节约工程投资。

全段围堰法按泄水建筑物的类型不同可分为明渠导流、隧洞导流和涵管导流等。

1.1　明渠导流

上下游围堰一次拦断河床形成基坑,保护主体建筑物干地施工,天然河道水流经河岸或滩地上开挖的导流明渠泄向下游的导流方式称为明渠导流。

1.1.1　明渠导流的适用条件

如坝址河床较窄,或河床覆盖层很深,分期导流困难,且具备下列条件之一者,可考虑采用明渠导流。

(1)河床一岸有较宽的台地、垭口或古河道。

(2)导流流量大,地质条件不适用于开挖导流隧洞。

(3)施工期有通航、排冰、过木要求。

(4)总工期紧,不具备洞挖经验和设备。

国内外工程实践证明,在导流方案比较过程中,当明渠导流和隧洞导流均可采用时,一般是倾向明渠导流,这是因为明渠开挖可采用大型设备,加快施工进度,对主体工程提前开工有利。对于施工期间河道有通航、过木和排冰要求时,明渠导流更有利。

1.1.2　导流明渠布置

导流明渠布置分岸坡上和滩地上两种布置形式(见图1-1)。

1.1.2.1　导流明渠轴线的布置

导流明渠应布置在较宽台地、垭口或古河道一岸;渠身轴线要伸出上下游围堰外坡脚,水平距离要满足防冲要求,一般为50~100 m;明渠进出口应与上下游水流相衔接,与河道主流的交角以30°为宜;为保证水流畅通,明渠转弯半径应大于5倍渠底宽;明渠轴线布置应尽可能缩短明渠长度和避免深挖方。

(a)在岸坡上开挖的明渠　　(b)在滩地上开挖并设有导墙的明渠

1—导流明渠;2—上游围堰;3—下游围堰;4—坝轴线;5—明渠外导墙

图1-1 明渠导流示意图

1.1.2.2 明渠进出口位置和高程的确定

明渠进出口力求不冲、不淤和不产生回流,可通过水力学模型试验调整进出口形状和位置,以达到这一目的;进口高程按截流设计选择,出口高程一般由下游消能控制;进出口高程和渠道水流流态应满足施工期通航、过木和排冰要求;在满足上述条件下,尽可能抬高进出口高程,以减小水下开挖量。

1.1.2.3 导流明渠断面设计

(1)明渠断面尺寸的确定。明渠断面尺寸由设计导流流量控制,并受地形地质和允许抗冲流速影响,应按不同的明渠断面尺寸与围堰的组合,通过综合分析确定。

(2)明渠断面形式的选择。明渠断面一般设计成梯形,当渠底为坚硬基岩时,可设计成矩形。有时为满足截流和通航不同目的,也有设计成复式梯形断面。

(3)明渠糙率的确定。明渠糙率大小直接影响到明渠的泄水能力,而影响糙率大小的因素有衬砌的材料、开挖的方法、渠底的平整度等,可根据具体情况查阅有关手册确定,对大型明渠工程,应通过模型试验选取糙率。

1.1.3 明渠封堵

导游明渠结构布置应考虑后期封堵要求。当施工期有通航、放木和排冰任务,明渠较宽时,可在明渠内预设闸门墩,以利于后期封堵。当施工期无通航、过木和排冰任务时,应于明渠通水前,将明渠坝段施工到适当高程,并设置导流底孔和坝面缺口使二者联合泄流。

1.2 隧洞导流

上下游围堰一次拦断河床形成基坑,保护主体建筑物干地施工,天然河道水流全部由导流隧洞宣泄的导流方式称为隧洞导流。

1.2.1 隧洞导流的适用条件

导流流量不大,坝址河床狭窄,两岸地形陡峻,如一岸或两岸地形条件良好,则可考虑采用隧洞导流。

1.2.2 导流隧洞的布置

隧洞导流示意图见图1-2。

(a)土石坝枢纽   (b)混凝土坝枢纽

1—导流隧洞;2—上游围堰;3—下游围堰;4—主坝

图1-2 隧洞导流示意图

(1)隧洞轴线沿线地质条件良好,足以保证隧洞施工和运行的安全。

(2)隧洞轴线宜按直线布置,当有转弯时,转弯半径不小于5倍洞径(或洞宽),转角不宜大于60°,弯道首尾应设直线段,长度不应小于3~5倍的洞径(或洞宽);进出口引渠轴线与河流主流方向夹角宜小于30°。

(3)隧洞间净距、隧洞与永久建筑物间距、洞脸与洞顶围岩厚度均应满足结构和应力要求。

(4)隧洞进出口位置应保证水力学条件良好,并伸出堰外坡脚一定距离,一般距离应大于50 m,以满足围堰防冲要求。进口高程多由截流控制,出口高程由下游消能控制,洞底按需要设计成缓坡或急坡,避免成反坡。

1.2.3 导流隧洞断面设计

隧洞断面尺寸的大小取决于设计流量、地质和施工条件,洞径应控制在施工技术和结构安全允许范围内,目前国内单洞断面尺寸多在200 m^2 以下,单洞泄量不超过2 000 ~ 2 500 m^3/s。

隧洞断面形式取决于地质条件、隧洞工作状况(有压或无压)及施工条件,常用断面形式有圆形、马蹄形和方圆形(见图1-3)。圆形多用于高水头处,马蹄形多用于地质条件

(a)圆形   (b)马蹄形   (c)方圆形

图1-3 隧洞断面形式

不良处,方圆形有利于截流和施工,国内外导流隧洞采用方圆形为多。

洞身设计中,糙率 n 值的选择是十分重要的问题,糙率的大小直接影响到断面的大小,而衬砌与否、衬砌的材料和施工质量、开挖的方法和质量则是影响糙率大小的因素。一般混凝土衬砌糙率值为 $0.014 \sim 0.017$;不衬砌隧洞的糙率值变化较大,光面爆破时为 $0.025 \sim 0.032$,一般炮眼爆破时为 $0.035 \sim 0.044$。设计时根据具体条件,查阅有关手册,选取设计的糙率值。对于重要的导流隧洞工程,应通过水工模型试验验证其糙率的合理性。

导流隧洞设计应考虑后期封堵要求,布置封堵闸门门槽及启闭平台设施。有条件者,导流隧洞应与永久隧洞结合,以利节省投资(如小浪底工程的三条导流隧洞后期将改建为三条孔板消能泄洪洞)。一般高水头枢纽,导流隧洞只可能与永久隧洞部分相结合,中低水头则有可能全部相结合。

1.3　涵管导流

涵管导流一般在修筑土坝、堆石坝工程中采用。

涵管通常布置在河岸岩滩上,其位置在枯水位以上,这样可在枯水期不修围堰或只修一小围堰而先将涵管筑好,然后修上下游全段围堰,将河水引经涵管下泄,如图1-4所示。

当有永久涵管可以利用或修建隧洞有困难时,采用涵管导流是合理的。在某些情况下,可在建筑物基岩中开挖沟槽,必要时予以衬砌,然后封上混凝土或钢筋混凝土顶盖,形成涵管。利用这种涵管导流往往可以获得经济可靠的效果。由于涵管的泄水能力较低,

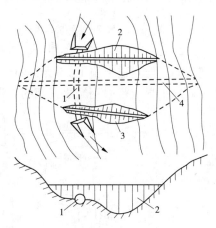

1—导流涵管;2—上游围堰;3—下游围堰;4—土石坝

图1-4　涵管导流示意图

所以一般用于导流流量较小的河流上或只用来担负枯水期的导流任务。

为了防止涵管外壁与坝身防渗体之间的渗流,通常在涵管外壁每隔一定距离设置截流环,以延长渗径,降低渗流坡降,减少渗流的破坏作用。此外,必须严格控制涵管外壁防渗体的压实质量。涵管管身的温度缝或沉陷缝中的止水必须认真施工。

2　分段围堰法导流

分段围堰法也称分期围堰法或河床内导流,是用围堰将建筑物分段分期围护起来进行施工的方法。图1-5是一种常见的分段围堰法导流示意图。

所谓分段,就是从空间上将河床围护成若干个干地施工的基坑段进行施工。所谓分期,就是从时间上将导流过程划分成阶段。图1-6所示为导流分期和围堰分段的几种情况,从图中可以看出,导流的分期数和围堰的分段数并不一定相同,因为在同一导流分期中,建筑物可以在一段围堰内施工,也可以同时在不同段内施工。必须指出的是,段数分得越多,围堰工程量越大,施工也越复杂;同样,期数分得越多,工期有可能拖得越长。因此在工程实践中,二段二期导流法采用得最多(如葛洲坝工程、三门峡工程等)。只有在

(a)一期导流(竖窄河床导流)　　　(b)二期导流(底孔与缺口导流)

1——期围堰;2—束窄的河床;3—二期围堰;4—导流底孔;5—坝体缺口;6—坝轴线

图1-5　分段围堰法导流示意图

比较宽阔的通航河道上施工,不允许断航或其他特殊情况下,才采用多段多期导流法(如三峡工程施工导流就采用二段三期的导流法)

一段围堰　　　二段围堰　　　三段围堰

(a)二期施工

三段围堰　　　三段围堰　　　四段围堰

(b)三期施工

Ⅰ、Ⅱ、Ⅲ—施工分期

图1-6　导流分期与围堰分段示意图

　　分段围堰法导流一般适用于河床宽阔、流量大、施工期较长的工程,尤其在通航河流和冰凌严重的河流上。这种导流方法的费用较低,国内外一些大、中型水利水电工程采用较广。分段围堰法导流,前期由束窄的原河道导流,后期可利用事先修建好的泄水道导流,常见泄水道的类型有底孔、缺口等。

2.1　底孔导流

　　利用设置在混凝土坝体中的永久底孔或临时底孔作为泄水道,是后期导流经常采用的方法。导流时让全部或部分导流流量通过底孔宣泄到下游,保证后期工程的施工。如是临时底孔,则在工程接近完工或需要蓄水时要加以封堵。底孔导流的布置形式见图1-7。

　　采用临时底孔时,底孔的尺寸、数目和布置,要通过相应的水力学计算确定,其中底孔的尺寸在很大程度上取决于导流的任务(过水、过船、过木和过鱼),以及水工建筑物结构特点和封堵用闸门设备的类型。底孔的布置要满足截流、围堰工程以及本身封堵的要求。如底坎高程布置较高,截流时落差就大,围堰也高。但封堵时的水头较低,封堵就容易。

(a)二期施工时下游立视图　　(c)底孔水平剖面

1—二期修建坝体;2—底孔;3—二期纵向围堰;4—封闭闸门门槽;5—中间墩;
6—出口封闭门槽;7—已浇筑的混凝土坝体

图 1-7　底孔导流

一般底孔的底坎高程应布置在枯水位之下,以保证枯水期泄水。当底孔数目较多时可把底孔布置在不同的高程,封堵时从最低高程的底孔堵起,这样可以减小封堵时所承受的水压力。

临时底孔的断面形状多采用矩形,为了改善孔周的应力状况,也可采用有圆角的矩形。按水工结构要求,孔口尺寸应尽量小,但某些工程由于导流流量较大,只好采用尺寸较大的底孔,如表 1-1 所示。

表 1-1　水利水电工程导流底孔尺寸　　　　　　　　　　(单位:m×m)

工程名称	底孔尺寸(宽×高)	工程名称	底孔尺寸(宽×高)
新安江(浙江省)	10×13	石泉(陕西省)	7.5×10.41
黄龙滩(湖北省)	8×11	白山(吉林省)	9×14.2

底孔导流的优点是挡水建筑物上部的施工可以不受水流的干扰,有利于均衡连续施工,这对修建高坝特别有利。当坝体内设有永久底孔可以用来导流时,更为理想。底孔导流的缺点是:坝体内设置了临时底孔,使钢材用量增加;如果封堵质量不好,会削弱坝体的整体性,还有可能漏水;在导流过程中底孔有被漂浮物堵塞的危险;封堵时由于水头较高,安放闸门及止水等均较困难。

2.2　坝体缺口导流

混凝土坝施工过程中,当汛期河水暴涨暴落,其他导流建筑物不足以宣泄全部流量时,为了不影响坝体施工进度,使坝体在涨水时仍能继续施工,可以在未建成的坝体上预留缺口(见图 1-8),以便配合其他建筑物宣泄洪水,待洪峰过后,上游水位回落,再继续修筑缺口。所留缺口的宽度和高度取决于导流设计流量、其他建筑物的泄水能力、建筑物的结构特点和施工条件。当采用底坎高程不同的缺口时,为避免高底缺口单宽流量相差过大,产生高缺口向低缺口的侧向泄流,引起压力分布不均匀,需要适当控制高低缺口间的高差。根据湖南省拓溪工程的经验,其高差以不超过 4~6 m 为宜。

在修建混凝土坝,特别是大体积混凝土坝时,由于这种导流方法比较简单,常被采用。

上述两种导流方式一般只适用于混凝土坝,特别是重力式混凝土坝枢纽。至于土石

1—过水缺口；2—导流隧洞；3—坝体；4—坝顶

图1-8 坝体缺口过水示意图

坝或非重力式混凝土坝枢纽，采用分段围堰法导流，常与隧洞导流、明渠导流等河床外导流方式相结合。

3 选择导流方案时应考虑的主要因素

水利水电枢纽工程的施工，从开工到完建往往不是采用单一的导流方法，而是几种导流方法组合起来配合运用，以取得最佳的技术经济效果。例如，三峡工程采用分期导流方式，分三期进行施工，一期土石围堰围护右岸叉河，江水和船舶从主河槽通过；二期围护主河槽，江水经导流明渠泄向下游；三期修建碾压混凝土围堰拦断明渠，江水经由泄洪坝段的永久深孔和22个临时导流底孔下泄。这种不同导流时段不同导流方法的组合，通常称为导流方案。

导流方案的选择受各种因素的影响。合理的导流方案，必须在周密地研究各种影响因素的基础上，拟订几种可能的方案，进行技术经济比较，从中选择技术经济指标优越的方案。

选择导流方案时考虑的主要因素如下。

3.1 水文条件

河流的流量大小、水位变化的幅度、全年流量的变化情况、枯水期的长短、汛期洪水的延续时间、冬季的流冰及冰冻情况等，均直接影响导流方案的选择。一般来说，对于河床单宽流量大的河流，宜采用分段围堰法导流。对于水位变化幅度大的山区河流，可采用允许基坑淹没的导流方法，在一定时期内通过过水围堰和淹没基坑来宣泄洪峰流量；对于枯水期较长的河流，充分利用枯水期安排工程施工是完全必要的；但对于枯水期不长的河流，如果不利用洪水期进行施工，就会拖延工期；对于流冰的河流，应充分注意流冰的宣泄问题，以免流冰壅塞，影响泄流，造成导流建筑物失事。

3.2 地形条件

坝区附近的地形条件对导流方案的选择影响很大。对于河床宽阔的河流，尤其在施工期间有通航、过木要求的情况，宜采用分段围堰法导流，当河床中有天然石岛或沙洲时，采用分段围堰法导流，更有利于导流围堰的布置，特别是纵向围堰的布置。例如，三峡水利枢纽的施工导流就曾利用了长江中的中堡岛来布置一期纵向围堰，取得了良好的技术经济效果。在河段狭窄两岸陡峻、山岩坚实的地区，宜采用隧洞导流。对于平原河道，河流的两岸或一岸比较平坦,或有河湾、老河道可资利用时,则宜采用明渠导流。

3.3　地质及水文地质条件

河流两岸及河床的地质条件对导流方案的选择与导流建筑物的布置有直接影响。若河流两岸或一岸岩石坚硬、风化层薄且有足够的抗压强度,则适合选用隧洞导流。如果岩石的风化层厚且破碎,或有较厚的沉积滩地,则适合选用明渠导流。由于河床的束窄,减小了过水断面的面积,使水流流速增大,这时为了河床不受过大的冲刷,避免把围堰基础淘空,应根据河床地质条件来决定河床可能束窄的程度。对于岩石河床,抗冲刷能力较强。河床允许束窄程度较大,甚至可达到88%,流速有增加到7.5 m/s的;但对覆盖层较厚的河床,抗冲刷能力较差,其束窄程度都不到30%,流速仅允许达到3.0 m/s。此外,选择围堰形式,基坑能否允许淹没,能否利用当地材料修筑围堰等,也都与地质条件有关。水文地质条件则对基坑排水工作和围堰形式的选择有很大关系。因此,为了更好地进行导流方案的选择,要对工程地质和水文地质勘测工作提出专门要求。

3.4　水工建筑物的形式及其布置　·

水工建筑物的形式和布置与导流方案相互影响,因此在决定建筑物的形式和枢纽布置时,应该同时考虑并拟订导流方案,而在选定导流方案时,又应该充分利用建筑物形式和枢纽布置方面的特点。

如果枢纽组成中有隧洞、渠道、涵管、泄水孔等永久泄水建筑物,在选择导流方案时应该尽可能加以利用。在设计永久泄水建筑物的断面尺寸并拟订其布置方案时,应该充分考虑施工导流的要求。

采用分段围堰法修建混凝土坝枢纽时,应当充分利用水电站与混凝土坝之间或混凝土坝溢流段和非溢流段之间的隔墙作为纵向围堰的一部分,以降低导流建筑物的造价。在这种情况下,对于二期工程所修建的混凝土坝,应该核算它是否能够布置二期工程导流建筑物(底孔、预留缺口)。例如,三门峡水利枢纽溢流坝段的宽度主要就是由二期导流条件所控制的,与此同时,为了防止河床冲刷过大,还应核算河床的束窄程度,保证有足够的过水断面来宣泄施工流量。

就挡水建筑物的形式来说,土坝、土石混合坝和堆石坝的抗冲能力小,除采取特殊措施外,一般不允许从坝身过水,所以多利用坝身以外的泄水建筑物(如隧洞、明渠等)或坝身范围内的涵管来导流,这时,通常要求在一个枯水期内将坝身抢筑到拦洪高程以上,以免水流漫顶,发生事故。至于混凝土坝,特别是混凝土重力坝,由于抗冲能力较强,允许流速达到25 m/s,故不但可以通过底孔泄流,而且可以通过未完建的坝身过水,使导流方案选择的灵活性大大增加。

3.5　施工期间河流的综合利用

施工期间,为了满足通航、筏运、渔业、供水、灌溉或水电站运转等的要求,导流问题的解决更加复杂。如前所述,在通航河流上,大多采用分段围堰法导流。要求河流在束窄以后,河宽仍能便于船只的通行,水深要与船只吃水深度相适应,束窄断面的最大流速一般不得超过2.0 m/s,特殊情况需与当地航运部门协商研究确定。

对于浮运木筏或散材的河流,在施工导流期间,要避免木材壅塞泄水建筑物或者堵塞束窄河床。

在施工中后期,水库拦洪蓄水时,要注意满足下游供水、灌溉用水和水电站运行的要求,有时为了保证渔业的要求,还要修建临时的过鱼设施,以便鱼群能洄游。

3.6　施工进度、施工方法及施工场地布置

水利水电工程的施工进度与导流方案密切相关。通常是根据导流方案才能安排控制性进度计划,在水利水电枢纽施工导流过程中,对施工进度起控制作用的关键性时段主要有导流建筑物的完工期限、截断河床水流的时间、坝体拦洪的期限、封堵临时泄水建筑物的时间以及水库蓄水发电的时间等。但各项工程的施工方法和施工进度又直接影响到各时段中导流任务的合理性和可能性。例如,在混凝土坝枢纽中,采用分段围堰施工时,若导流底孔没有建成,就不能截断河床水流和全面修建二期围堰,若坝体没有达到一定高程和没有完成基础及坝体接缝灌浆以前,就不能封堵底孔和使水库蓄水等。因此,施工方法、施工进度与导流方案三者是密切相关的。

此外,导流方案的选择与施工场地的布置亦相互影响,例如,在混凝土坝施工中,当混凝土生产系统布置在一岸时,以采用全段围堰法导流为宜。若采用分段围堰法导流,则应以混凝土生产系统所在的一岸作为一期工程,因为这样两岸的交通运输问题比较容易解决。

在选择导流方案时,除综合考虑以上各方面因素外,还应使主体工程尽可能及早发挥效益,简化导流程序,降低导流费用,使导流建筑物既简单易行,又适用可靠。

4　案例分析

导流方案的比较选择,应在同精度、同深度的几种可行性方案中进行。首先研究分析采用何种导流方法,然后研究什么类型,在此全面分析的基础上,排除明显不合理的方案,保留可行的方案或可能的组合方案。

【案例 1-1】　龚嘴水电站施工导流方案

龚嘴水电站位于大渡河中游,由拦河大坝、水电站厂房、溢洪道等组成。拦河大坝为混凝土重力坝,最大坝高 85.5 m,在 6 号和 10 号坝段分设两个 9 m×8 m 的底孔。水电站厂房分设两处,右岸为坝后式厂房,装机 4 台,左岸为地上式厂房,装机 3 台,装机总容量77 万 kW。溢洪道布置在河床中部,做排沙、泄洪和放空水库用。主体工程中土石方开挖的 80% 在水下,混凝土浇筑量的 50% 也在水下,工期 5 年。

河流流量充沛、稳定,洪峰高、水量大。实测最大流量为 9 560 m³/s,最枯流量为 320 m³/s。河道有漂木任务,且 80% ~90% 集中在每年汛期散漂。

坝址处为高山峡谷、岸坡陡峻、河床狭窄,枯水面宽 130 m,洪水面宽 200 m,河床比降约为 2‰,河床砂砾覆盖层深为 20~30 m。两岸基岩裸露,多为震旦系中粗花岗岩。

该工程为Ⅰ等工程,大坝属 1 级建筑物,根据《水利水电工程等级划分及洪水标准》(SL 252—2000),临时建筑物按 5% 频率的洪水进行设计,2% 频率的洪水进行校核。

分析:鉴于洪枯变幅不大,水下工程量大,河床狭窄,且覆盖层深厚,没有分期导流的条件,也没有采用过水围堰的条件,同时没有采用不过水的低围堰条件,因此只有采用全

段围堰法。导流建筑物的设计流量为 9 560 m³/s,校核流量为 10 600 m³/s。

导流方法确定后,应着手确定导流建筑物类型,鉴于流量大的特点,只有在明渠与隧洞两者之间选择。具体方案见表1-2。

表1-2 导流方案比较

比较方案	断面尺寸	条数	长度 (m)	工程量(万 m³)	
				土石方开挖	混凝土
隧洞导流	$BH = 18\ m \times 25\ m$	2	430 与 592	176	45.9
明渠导流	$B = 54\ m$	1	750	160	18.0

注:B—隧洞底宽,H—隧洞高度。

通过对导流建筑物的施工、漂木条件、主体工程完建期施工条件等方面的分析,左岸大明渠导流方案较右岸设两条大隧洞导流方案具有工程量小、漂木条件好、简单可靠、施工方便、对提前进行主体工程施工有利等突出优点。但给地下厂房施工带来一定干扰,后期明渠坝段完建施工较紧张。不过,这时主体工程已处于后期,在技术力量得到提高、机械设备日趋完善的条件下,困难较易克服。因此,决定采用明渠导流。龚嘴导流明渠方案见图1-9。

图1-9 龚嘴导流明渠方案布置 (单位:m)

【案例1-2】 三峡工程施工导流方案

长江三峡工程,位于长江干流三峡河段,三峡工程由大坝、水电站厂房、通航建筑物等主要建筑物组成。大坝坝顶高程185 m,正常蓄水位175 m,汛期防洪限制水位145 m,枯季消落最低水位155 m,相应的总库容、防洪库容和兴利库容分别为 393 亿 m³、221.5亿 m³和165 亿 m³。安装单机容量70 万 kW 的水轮发电机组26 台,总装机容量 1 820万 kW,年发电量847 亿 kWh。

选定的坝址位于西陵峡中的三斗坪镇。坝址地质条件优越,基岩为完整坚硬的花岗岩(闪云斜长花岗岩),地形条件也有利于布置枢纽建筑物和施工场地,是一个理想的高坝坝址。选定的坝线在左岸的坛子岭及右岸的白岩尖之间,并穿过河床中的一个小岛——中堡岛。该岛左侧为主河槽,右侧为支沟(称后河)。

施工导流方案:三斗坪坝址河谷宽阔,江中有中堡岛将长江分为主河床及后河,适于采用分期导流方案。长江是我国的水运交通动脉,施工期通航问题至关重要。分期导流方案设计必须结合施工期通航方案和枢纽布置方案一并研究。在可行性论证和初步设计阶段,对右岸导流明渠施工期通航和不通航两大类型的多种方案进行了大量的技术经济比较工作。1993 年 7 月,经国务院三峡建设委员会批准,确定为"三期导流,明渠通航"方案。

一期围右岸(见图 1-10)。一期导流的时间为 1993 年 10 月至 1997 年 11 月,计 3.5年。在中堡岛左侧及后河上下游修筑一期土石围堰,形成一期基坑,并修建茅坪溪小改道工程,将茅坪溪水导引出一期基坑。在一期土石围堰保护下挖除中堡岛,扩宽后河修建导流明渠、混凝土纵向围堰,并预建三期碾压混凝土围堰基础部分的混凝土。水流仍从主河床通过。一期土石围堰形成后束窄河床约 30%。汛期长江水面宽约 1 000 m,当流量不大于长江通航流量 45 000 m³/s 时,河床流速为 3 m/s 左右,因此船只仍可在主航道航行。一期土石围堰全长 2 502.36 m,最大堰高 37 m。堰体及堰基采用塑性混凝土防渗墙上接土工膜防渗形式,局部地质条件不良地段的地基采取防渗墙下接帷幕灌浆或高压旋喷桩柱墙等措施。混凝土纵向围堰全长 1 191.47 m,分为上纵段、坝身段与下纵段。坝身段为三峡大坝的一部分,下纵段兼作右岸电站厂房和泄洪坝段间的导墙。导流明渠为高低渠复式断面,全长 3 726 m,最小底宽 350 m;右侧高渠底宽 100 m,渠底高程 58 m(进口部位59 m);左侧低渠宽 250 m,渠底高程自上至下分别为 59 m、58 m、50 m、45 m、53 m。

图 1-10　一期导流平面图

二期围左岸(见图 1-11)。二期导流时间为 1997 年 11 月至 2002 年 11 月,共计 5 年。

1997 年 11 月实现大江截流后,立即修建二期上下游横向围堰将长江主河床截断,并与混凝土纵向围堰共同形成二期基坑。在基坑内修建泄洪坝段、左岸厂房坝段及电站厂房等主体建筑物。二期导流时,江水由导流明渠宣泄,船舶从导流明渠和左岸已建成的临时船闸通航。

　　二期上、下游土石围堰轴线长度分别为 1 440 m、999 m,最大高度分别为 75.5 m、57.0 m,基本断面为石渣堤夹风化砂复式断面,防渗体为 1~2 排塑性混凝土防渗墙上接土工合成材料,基岩防渗采用帷幕灌浆。二期围堰是在 60 m 水深中抛填建成的,工程量大、基础条件复杂、工期紧迫、施工技术难度极高,是三峡工程最重要的临时建筑物之一。

图 1-11　二期导流平面图

　　三期再围右岸(见图 1-12)。三期导流时间为 2002~2009 年,共计 6.5 年。总进度安排于 2002 年汛末拆除二期土石横向围堰,在导流明渠内进行三期截流,建造上、下游土石围堰。在其保护下修建三期上游碾压混凝土围堰并形成右岸三期基坑,在三期基坑内修建右岸厂房坝段和右岸电站厂房。三期截流和三期碾压混凝土围堰施工是三峡工程施工中的又一关键技术问题。在导流明渠中截流时,江水从泄洪坝段内高程 56.5 m 的 22 个 6.5 m×8.5 m 的导流底孔中宣泄,截流最大落差达 3.5 m,龙口最大流速 6.13 m/s,技术难度与葛洲坝大江截流相当。碾压混凝土围堰要求在截流以后的 120 d 内,从高程 50 m 浇筑到 140 m,最大月浇筑强度达 39.8 万 m³/月,最大日上升高度达 1.18 m,且很快挡水并确保在近 90 m 水头下安全运行,设计和施工难度为世所罕见。三期截流后到水库蓄水前,船只从临时船闸航行,当流量超过 12 000 m³/s、上下游水位差超过 6 m 时,临时船闸不能运行,长江断航。经测算断航时间发生在 5 月下半月至 6 月上半月内,共计 33 d。断航期间设转运码头用水陆联运解决客货运输问题。三期碾压混凝土围堰建成后,即关闭导流底孔和泄洪深孔,水库蓄水至 135 m,第一批机组开始发电,永久船闸开始通航。水库蓄水以后,由三期碾压混凝土围堰与左岸大坝共同挡水(下游仍由三期土石围堰挡水),长江洪水由导流底孔及泄洪深孔宣泄。继续在右岸基坑内建造大坝和电站厂房。左岸各主体建筑物上部结构同时施工,直至工程全部完建。

图 1-12　三期导流平面图

■ 任务 2　导流建筑物设计

1　导流设计流量确定

1.1　导流标准

导流设计流量的大小取决于导流设计的洪水频率标准,通常简称为导流设计标准。

施工期可能遭遇的洪水是一个随机事件。如果标准太低,不能保证工程的施工安全;反之则使导流工程设计规模过大,不仅导流费用增加,而且可能因其规模太大而无法按期完工,造成工程施工的被动局面。因此,导流设计标准的确定实际是要在经济性与冒风险之间加以决择。

1.1.1　导流建筑物的级别

根据现行规范《水利水电工程施工组织设计规范》(SL 303—2004),在确定导流设计标准时,首先根据导流建筑物(指枢纽工程施工期所使用的临时性挡水和泄水建筑物)所保护对象、失事后果、使用年限和工程规模等因素划分为 3~5 级,具体按表 1-3 确定。然后根据导流建筑物级别及导流建筑物类型确定导流标准(见表 1-4)。

在确定导流建筑物的级别时,当导流建筑物根据表 1-3 指标分属不同级别时,应以其中最高级别为准。但列为 3 级导流建筑物时,至少应有两项指标符合要求;不同级别的导流建筑物或同级导流建筑物的结构形式不同时,应分别确定洪水标准、堰顶超高值和结构设计安全系数;导流建筑物级别应根据不同的施工阶段按表 1-3 划分,同一施工阶段中的各导流建筑物的级别应根据其不同作用划分;各导流建筑物的洪水标准必须相同,一般以主要挡水建筑物的洪水标准为准;利用围堰挡水发电时,围堰级别可提高1级,但必须经过技术经济论证;导流建筑物与永久性建筑物结合时,结合部分结构设计应采用永久性建筑物级别标准,但导流设计级别与洪水标准仍按表1-3及表1-4规定执行。

表1-3 导流建筑物级别划分

级别	保护对象	失事后果	使用年限(年)	导流建筑物规模	
				围堰高度(m)	库容(亿m³)
3	有特殊要求的1级永久性水工建筑物	淹没重要城镇、工矿企业、交通干线或推迟工程总工期及第一台(批)机组发电,造成重大灾害和损失	>3	>50	>1.0
4	1级、2级永久性水工建筑物	淹没一般城镇、工矿企业或影响工程总工期及第一台(批)机组发电而造成较大经济损失	1.5~3	15~50	0.1~1.0
5	3级、4级永久性水工建筑物	淹没基坑,但对总工期及第一台(批)机组发电影响不大,经济损失较小	<1.5	<15	<0.1

注:1. 导流建筑物包括挡水和泄水建筑物,两者级别相同;
   2. 表中所列四项指标均按施工阶段划分,保护对象一栏中所列永久性水工建筑物级别是按《水利水电工程等级划分及洪水标准》(SL 252—2000)划分的;
   3. 有、无特殊要求的永久性水工建筑物均是针对施工期而言的,有特殊要求的1级永久性水工建筑物是指施工期不应过水的土石坝及其他有特殊要求的永久性水工建筑物;
   4. 使用年限是指导流建筑物每一导流分期的工作年限,两个或两个以上导流分期共用的导流建筑物,如分期导流一期、二期共用的纵向围堰,其使用年限不能叠加计算;
   5. 导流建筑物规模一栏中,围堰高度指挡水围堰最大高度,库容指堰前设计水位所拦蓄的水量,两者应同时满足。

表1-4 导流建筑物洪水标准划分

导流建筑物类型	导流建筑物级别		
	3	4	5
	洪水重现期(年)		
土石结构	50~20	20~10	10~5
混凝土、浆砌石结构	20~10	10~5	5~3

当4~5级导流建筑物地基地质条件非常复杂,或工程具有特殊要求必须采用新型结构,或失事后淹没重要厂矿、城镇时,结构设计级别可以提高一级,但设计洪水标准不相应提高。

确定导流建筑物级别的因素复杂,当按表1-3和上述各条件确定的级别不合理时,可根据工程具体条件和施工导流阶段的不同要求,经过充分论证,予以提高或降低。

1.1.2 导流建筑物设计洪水标准

根据建筑物的类型和级别在表1-4规定幅度内选择,并结合风险度综合分析,使所选择标准经济合理,对失事后果严重的工程,要考虑对超标准洪水的应急措施。

导流建筑物洪水标准,在下述情况下可用表1-4中的上限值:

(1)河流水文实测资料系列较短(小于20年),或工程处于暴雨中心区。

(2)采用新型围堰结构形式。

(3)处于关键施工阶段,失事后可能导致严重后果。

(4)工程规模、投资和技术难度用上限值与下限值相差不大。

枢纽所在河段上游建有水库时,导流建筑物采用的洪水标准按上游梯级水库的影响及调蓄作用考虑,本工程截流期间还可通过上游水库调度降低出库流量。

过水围堰的挡水标准应结合水文特点、施工工期、挡水时段,经技术经济比较后,在重现期3~20年选定。当水文系列较长(不小于30年)时,也可按实测流量资料分析选用。过水围堰级别按表1-3确定的各项指标以过水围堰挡水期情况作为衡量依据。围堰过水时的设计洪水标准根据过水围堰的级别和表1-4选定。当水文系列较长(不小于30年)时,也可按实测典型年资料分析选用。通过水力学计算或水工模型试验,找出围堰过水时控制稳定的流量作为设计依据。

1.2　导流时段划分

导流时段就是按照导流程序划分的各施工阶段的延续时间。

导流时段的划分与河流的水文特征、水工建筑物的形式、导流方案、施工进度有关。在我国一般河流全年的流量变化过程线如图1-13所示。

图1-13　河流全年的流量变化过程线

土坝、堆石坝和支墩坝一般不允许过水,因此当施工期较长,而洪水来临前又不能完建时,导流时段就要考虑以全年为标准,其导流设计流量就应为以导流设计标准确定的有一定频率的年最大流量。但如安排的施工进度能够保证在洪水来临之前使坝体起拦洪作用,则导流时段即可按洪水来临前的施工时段为标准,导流设计流量即为该时段内按导流标准确定的有一定频率的最大流量。当采用分段围堰法导流时,后期用临时底孔导流来修建混凝土坝时,一般宜划分为三个导流时段:第一时段,河水由束窄的河流通过进行一期基坑内的工程施工;第二时段,河水由导流底孔下泄,进行二期基坑内的工程施工;第三时段,进行底孔封堵,坝体全面升高,河水由永久性建筑物下泄,也可部分或完全拦蓄在水库中,直到工程完建。在各时段中,围堰和坝体的挡水高程和泄水建筑物的泄水能力,均应按相应时段内一定频率的最大流量作为导流设计流量进行设计。

山区型河流,其特点是洪水期流量特别大,历时短,而枯水期流量特别小,因此水位变幅很大。例如,上犹江水电站,坝型为混凝土重力坝,坝体允许过水,其所在河道正常水位时水面宽仅40 m,水深为6~8 m,当洪水来临时河宽增加不大,但水深却增加到18 m。若按一般导流标准要求设计导流建筑物,不是挡水围堰修得很高,就是泄水建筑物的尺寸很大,而使用期又不长,这显然是不经济的。在这种情况下可以考虑采用允许基坑淹没的导流方案,就是大水来临时围堰过水,基坑被淹没,河床部分停工,待洪水退落、围堰挡水时再继续施工。这种方案,由于基坑淹没引起的停工天数不长,施工进度能够保证,而导流总费用(导流建筑物费用与淹没基坑费用之和)却较省,所以是合理的。

当采用允许基坑淹没的导流方案时,导流费用最低的导流设计流量,必须经过技术经济比较才能确定。

2　导流建筑物的水力计算

导流建筑物水力计算的主要任务是计算各种导流泄水建筑物的泄水能力,以便确定泄水建筑物的尺寸和围堰高程。

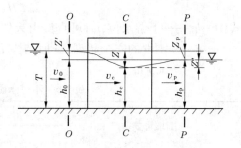

图 1-14　束窄河床水力计算简图

2.1　束窄河床水位壅高计算

分期导流围堰束窄河床后,使天然水流发生改变,在围堰上游产生水位壅高(见图 1-14),其值可采用如下近似式(1-1)试算,即先假设上游水位 H_0 算出 Z 值,以 $Z + t_{cp}$ 与所设 H_0 比较,逐步修改 H_0 值,直至接近 $Z + t_{cp}$ 值,一般 2 ~ 3 次即可。

$$Z = \frac{1}{\varphi^2} \frac{v_c^2}{2g} - \frac{v_0^2}{2g} \tag{1-1}$$

$$v_c = \frac{Q}{W_c} \tag{1-2}$$

$$W_c = b_c t_{cp} \tag{1-3}$$

式中　Z——水位壅高,m;

v_0——行近流速,m/s;

g——重力加速度(取 9.80 m/s²);

φ——流速系数(与围堰布置形式有关,见表 1-5);

v_c——束窄河床平均流速,m/s;

Q——计算流量,m³/s;

W_c——收缩断面有效过水断面面积,m²;

b_c——束窄河段过水宽度,m;

t_{cp}——河道下游平均水深,m。

表 1-5　不同围堰布置的 φ 值

布置形式	矩形	梯形	梯形且有导水墙	梯形且有上导水坝	梯形且有顺流丁坝
布置简图					
φ	0.70 ~ 0.80	0.80 ~ 0.85	0.85 ~ 0.90	0.70 ~ 0.80	0.80 ~ 0.85

2.2　堰顶高程的确定

堰顶高程的确定取决于导流设计流量及围堰的工作条件。

下游横向围堰堰顶高程 H_d 可按下式计算：

$$H_d = h_d + \delta \tag{1-4}$$

式中　h_d——下游水位，m，可直接由天然河道水位—流量关系曲线查得；

　　　δ——围堰的安全超高，一般结构不过水围堰可按表1-6查得，过水围堰采用0.2~

　　　　0.5 m。

表1-6　不过水围堰堰顶安全超高下限值　　　　　　　　（单位:m）

围堰形式	围堰级别	
	3	4~5
土石围堰	0.7	0.5
混凝土围堰	0.4	0.3

上游围堰的堰顶高程 H_u 由下式确定：

$$H_u = h_d + Z + h_a + \delta \tag{1-5}$$

式中　Z——上、下游水位差，m；

　　　h_a——波浪高度，可参照永久性建筑物的有关规定和其他专业规范计算，一般情况

　　　　可以不计，但应适当增加超高；

　　　其余符号意义同前。

纵向围堰的堰顶高程应与堰侧水面曲线相适应。通常纵向围堰顶面往往做成阶梯形或倾斜状，其上、下游高程分别与相应的横向围堰同高。

3　围堰工程

围堰是导流工程中的临时挡水建筑物，用来围护施工中的基坑，保证水工建筑物能在干地施工。在导流任务结束后，如果围堰对永久性建筑物的运行有妨碍或没有考虑作为永久性建筑物的一部分，应予以拆除。

水利水电工程中经常采用的围堰按其所使用的材料可以分为土石围堰、混凝土围堰、钢板桩格型围堰和草土围堰。

按围堰与水流方向的相对位置可分为横向围堰和纵向围堰。

按导流期间基坑淹没条件可分为过水围堰和不过水围堰。过水围堰除需要满足一般围堰的基本要求外，还要满足围堰顶过水的专门要求。

选择围堰形式时，必须根据当地当时的具体条件，在满足下述基本要求的原则下，通过技术经济比较加以选定：

(1)具有足够的稳定性、防渗性、抗冲性和一定的强度。

(2)造价低，构造简单，修建、维护和拆除方便。

(3)围堰的布置应力求使水流平顺，避免发生严重的水流冲刷。

(4)围堰接头和岸边连接必须安全可靠，不致因集中渗漏等破坏作用而引起围堰

失事。

（5）有必要时应设置抵抗冰凌、船筏的冲击和破坏的设施。

3.1　围堰的基本形式和构造

3.1.1　土石围堰

土石围堰是水利水电工程中采用最为广泛的一种围堰形式,如图1-15所示。它是用当地材料填筑而成的围堰,不仅可以就地取材和充分利用开挖弃料做围堰填料,而且构造简单,施工方便,易于拆除,工程造价低,可以在流水中、深水中、岩基或有覆盖层的河床上修建。但其工程量较大,堰身沉陷变形也较大,如拓溪水电站的土石围堰一年中累计沉陷量最大达40.1 cm,为堰高的1.75%,一般为0.8%~1.5%。

因土石围堰断面较大,一般用于横向围堰,但在宽阔河床的分期导流中,由于围堰束窄河床增加的流速不大,也可作为纵向围堰,但需注意防冲设计,以保围堰安全。

土石围堰的设计与土石坝基本相同,但其结构形式在满足导流期正常运行的情况下应力求简单,便于施工。

(a)斜墙式　　　　　　　　(b)斜墙带水平铺盖式

(c)垂直防渗墙式　　　　　　(d)灌浆帷幕式

1—堆石体;2—黏土斜墙、铺盖;3—反滤层;4—护面;5—隔水层;
6—覆盖层;7—垂直防渗墙;8—灌浆帷幕;9—黏土心墙

图1-15　土石围堰

3.1.2　混凝土围堰

混凝土围堰的抗冲与抗渗能力大,挡水水头高,底宽小,易于与永久性混凝土建筑物相连接,必要时还可以过水,因此采用的比较广泛。在国外,采用拱形混凝土围堰的工程较多。近年来,国内贵州省的乌江渡、湖南省的凤滩等水利水电工程也采用过拱形混凝土围堰作为横向围堰,但多数还是以重力式围堰做纵向围堰,如我国的三门峡、丹江口、三峡工程的混凝土纵向围堰均为重力式混凝土围堰。

3.1.2.1　拱形混凝土围堰

拱形混凝土围堰(见图1-16)一般适用于两岸陡峻、岩石坚实的山区河流,常采用隧洞及允许基坑淹没的导流方案。通常围堰的拱座是在枯水期的水面以上施工的。对围堰的基础处理,当河床的覆盖层较薄时需进行水下清基;若覆盖层较厚,则可灌注水泥浆防渗加固。堰身的混凝土浇筑则要进行水下施工,难度较大。在拱基两侧要回填部分砂砾料以利灌浆,形成阻水帷幕。

(a)平面图　　　　(b)横断面图

1—拱身;2—拱座;3—灌浆帷幕;4—覆盖层

图 1-16　拱形混凝土围堰

拱形混凝土围堰由于利用了混凝土抗压强度高的特点,与重力式混凝土围堰相比,断面较小,可节省混凝土工程量。

3.1.2.2　重力式混凝土围堰

采用分段围堰法导流时,重力式混凝土围堰往往可兼作一期和二期纵向围堰,两侧均能挡水,还能作为永久性建筑物的一部分,如隔墙、导墙等。

重力式混凝土围堰可做成普通的实心式,与非溢流重力坝类似;也可做成空心式,如三门峡工程的纵向围堰(见图 1-17)。

(a)平面图　　　　(b)A—A剖面

图 1-17　三门峡工程的纵向围堰　　(单位:m)

纵向围堰需抗御高速水流的冲刷,所以一般均修建在岩基上。为保证混凝土的施工质量,一般可将围堰布置在枯水期出露的岩滩上。如果这样还不能保证干地施工,则通常需另修土石低水围堰加以围护。

重力式混凝土围堰现在有普遍采用碾压混凝土浇筑的趋势,如三峡工程三期上游横向围堰及纵向围堰均采用碾压混凝土。

3.1.3　钢板桩格型围堰

钢板桩格型围堰是重力式挡水建筑物,由一系列彼此相接的格体构成,按照格体的平面形状,可分为筒形格体、扇形格体和花瓣形格体。这些形式适用于不同的挡水高度,应用较多的是圆筒形格体。图 1-18 所示为钢板桩格型围堰的平面形式。它由许多钢板桩通过锁口互相连接而成为格形整体。钢板桩的锁口有握裹式、互握式和倒钩式三种(见图 1-19)。格体内填充透水性强的填料,如砂、砂卵石或石渣等。在向格体内填料时,必须保持各格体内的填料表面大致均衡上升,因高差太大会使格体变形。

(a)圆筒形格体

(b)扇形格体

(c)花瓣形格体

图 1-18 钢板桩格型围堰平面形式

(a)握裹式　　(b)互握式　　(c)倒钩式

图 1-19 钢板桩锁口示意图

钢板桩格型围堰坚固、抗冲、抗渗,围堰断面小,便于机械化施工;钢板桩的回收率高,可达70%以上;尤其适用于束窄度大的河床段作为纵向围堰,但由于需要大量的钢材,且施工技术要求高,我国目前仅应用于大型工程中。

圆筒形格体钢板桩围堰,一般适用的挡水高度不超过15~18 m,可以建在岩基上或非岩基上,也可作为过水围堰。

圆筒型格体钢板桩围堰的修建由定位、打设模架支柱、模架就位、安插钢板桩、打设钢板桩、填充料渣、取出模架及其支柱和填充料渣到设计高程等工序组成(见图1-20)。圆筒形格体钢板桩围堰一般需在流水中修筑,受水位变化和水面波动的影响较大,施工难度较大。

3.1.4 草土围堰

草土围堰是一种以麦草、稻草、芦柴、柳枝和土为主要原料的草土混合结构(见图1-21),我国运用它已经有2 000多年的历史。这种围堰主要用于黄河流域中下游的堵口工程中,新中国成立后,在青铜峡、盐锅峡、八盘峡等工程中,以及南方的黄坛口工程中均得到应用。

草土围堰施工简单,速度快、取材容易、造价低、拆除也方便,具有一定的抗冲、抗渗能力,堰体的容重较小,特别适用于软土地基。但这种围堰不能承受较大的水头,所以仅限水深不超过6 m、流速不超过3.5 m/s、使用期两年以内的工程。

草土围堰的施工方法比较特殊,就其实质来说也是一种进占法。按其所用草料形式的不同,可以分为散草法、捆草法和埽捆法三种。按其施工条件可分为水中填筑和干地填

(a)定位、打设模架支柱　　(b)模架就位　　(c)安插钢板桩

(d)打设钢板桩　　(e)填充料渣　　(f)取出模架及其支柱并填充料渣到设计高程

1—支柱;2—模架;3—钢板桩;4—打桩机;5—填料

图1-20　圆筒形格体钢板桩围堰施工程序图

1—戗土;2—土料;3—草捆

图1-21　草土围堰断面　（单位:m）

筑两种。由于草土围堰本身的特点,水中填筑质量比干填法容易保证,这是与其他围堰所不同的,实践中的草土围堰,普遍采用捆草法施工。图1-22是草土围堰施工示意图。

(a)围堰进占平面图　　(b)围堰进占纵断面图

1—黏土;2—散草;3—草捆;4—草绳;5—河岸线或堰体

图1-22　草土围堰施工示意图　（单位:m）

3.2 围堰的平面布置

围堰的平面布置主要包括围堰内基坑范围确定和分期导流纵向围堰布置。

3.2.1 围堰内基坑范围确定

围堰内基坑范围主要取决于主体工程的轮廓和相应的施工方法。通常基坑坡趾距离主体工程轮廓的距离应超过 20～30 m,以便布置排水设施、交通运输道路、堆放材料和模板等(见图 1-23)。

(a)平面图   (b)A—A剖面   (c)B—B剖面

1—主体工程轴线;2—主体工程轮廓;3—基坑;4—上游横向围堰;5—下游横向围堰;6—纵向围堰

图 1-23   围堰布置与基坑范围示意图 (单位:m)

当纵向围堰不作为永久性建筑物的一部分时,基坑坡趾距离主体工程轮廓的距离一般不小于 2.0 m,以便布置排水导流系统和堆放模板,如果无此要求,只需留 0.4～0.6 m(见图 1-23(c))。

为了保证基坑开挖和主体建筑物的正常施工,基坑范围应当留有一定富余。

3.2.2 分期导流纵向围堰布置

在分期导流方式中,纵向围堰布置与施工是其关键问题,选择纵向围堰位置,实际上就是要确定适宜的河床束窄度。一般可用下式表示:

$$K = \frac{A_2}{A_1} \times 100\% \tag{1-6}$$

式中 K——河床的束窄程度,一般取值为 47%～68%;

   A_1——原河床的过水面积,m^2;

   A_2——围堰和基坑所占据的过水面积,m^2。

适宜的纵向围堰位置与以下主要因素有关。

3.2.2.1 地形地质条件

河心洲、浅滩、小岛、基岩露头等,都是可供布置纵向围堰的有利条件,这些部位便于施工,并有利于防冲保护。例如,三门峡工程曾巧妙地利用了河心的几个礁岛布置纵、横围堰(见图 1-24)。

3.2.2.2 水工布置

尽可能利用厂坝、厂闸、闸坝等建筑物之间的隔水导墙作为纵向围堰的一部分。例如,葛洲坝工程就是利用厂闸导墙,三峡、三门峡、丹江口则利用厂坝导墙作为二期纵向围

1、2——期纵向低水围堰；3——期上游横向高水围堰；4——期下游横向高水围堰；

5—纵向混凝土围堰；6—二期上游横向围堰；7—二期下游横向围堰

图1-24　三门峡工程的围堰布置

堰的一部分。

3.2.2.3　河床允许束窄度

允许束窄度主要与河床地质条件和通航要求有关。对于非通航河道，如河床易冲刷，一般均允许河床产生一定程度的变形，只要能保证河岸、围堰堰体和基础免受淘刷即可。束窄流速常可允许达到 3 m/s 左右，岩石河床允许束窄度主要视岩石的抗冲流速而定。

对于一般性河流和小型船舶，当缺乏具体研究资料时，可参考以下数据：当流速小于 2.0 m/s 时，机动木船可以自航，当流速不超过 3.0 ~ 3.5 m/s，且局部水面集中落差不大于 0.5 m 时，拖轮可自航，木材流放最大流速可考虑为 3.5 ~ 4.0 m/s。

3.2.2.4　导流过水要求

导流过水主要应考虑的问题是：一期基坑中能否布置下宣泄二期导流流量的泄水建筑物，由一期转入二期施工时的截流落差是否太大。

3.2.2.5　施工布局的合理性

各期基坑中的施工强度应尽量均衡。一期工程施工强度可比二期低些，但不宜相差太悬殊。如有可能，分期分段数应尽量少一些。导流布置应满足总工期的要求。

以上五个方面，仅仅是选择纵向围堰位置时应考虑的主要问题。如果天然河槽呈对称形状，没有明显有利的地形地质条件可供利用时，可以通过经济比较方法选定纵向围堰的适宜位置，使一、二期总的导流费用最小。

分期导流时，上、下游围堰一般不与河床中心线垂直，围堰的平面布置常呈梯形，既可使水流顺畅，同时也便于运输道路的布置和衔接。当采用一次拦断法导流时，上、下游围堰不存在突出的绕流问题，为了减少工程量，围堰多与主河道垂直。

纵向围堰的平面布置形状对过水能力有较大影响，但是，围堰的防冲安全，通常比前者更重要。实践中常采用流线型和挑流式布置。

3.3　围堰的拆除

围堰是临时建筑物，导流任务完成后，应按设计要求拆除，以免影响永久建筑物的施工及运转。例如,在采用分段围堰法导流时,一期横向围堰的拆除如果不合要求,势必会增加上、下游水位差,从而增加截流工作的难度,增大截流料物的重量及数量。这类经验教训在国内外是不少的,如苏联的伏尔谢水电站截流时,上、下游水位差是 1.88 m,其中由于引渠和围堰没有拆除干净,造成的水位差就有 1.73 m。另外,下游围堰拆除不干净,会抬高尾水位,影响水轮机的利用水头。浙江省富春江水电站曾受此影响,降低了水轮机出力,造成不应有的损失。

　　土石围堰相对说来断面较大,拆除工作一般是在运行期限的最后一个汛期过后,随上游水位的下降,逐层拆除围堰的背水坡和水上部分(见图 1-25)。但必须保证依次拆除后所残留的断面能继续挡水和维持稳定,以免发生安全事故,使基坑过早淹没,影响施工。土石围堰的拆除一般可用挖土机或爆破开挖等方法。

1—黏土斜墙;2—覆盖层;3—堆渣;4—心墙;5—防渗墙

图 1-25　葛洲坝一期土石围堰的拆除程序

　　钢板桩格型围堰的拆除,首先要用抓斗或吸石器将填料清除,然后用拔桩机起拔钢板桩。混凝土围堰的拆除一般只能用爆破法炸除,但应注意,必须使主体建筑物或其他设施不受爆破危害。

3.4　施工期围堰险情判断与抢险技术

　　施工期,特别是在汛期来临时,在高水头作用下,围堰险情主要有漏洞、管涌和漫溢等。

3.4.1　漏洞

　　漏洞常发生在背水坡与堰脚附近,很容易与管涌混淆。其判断方法有:

　　(1)水面观察。观察水面有无旋涡。可抛撒纸屑、碎草、泡沫塑料等碎屑观察。

　　(2)潜水探漏。若漏洞进水口水深流急,可采用潜水探摸,但应注意安全。

　　(3)投放颜料观察水色。

　　漏洞的抢护方法有塞堵法、盖堵法、戗堤法。对于单个漏洞可以采用软料(网包、草包、软楔加草捆等)塞堵。对于漏洞较多且集中的,可采用大面积复合土工膜排体或蓬布盖堵。对于临水坡漏洞多而小,范围又大时,可用抛黏土汛前戗或临水子堤抢堵。

3.4.2　管涌

　　管涌多发生在背水侧堰脚附近,涌水带沙。可采用反滤围井法和反滤压盖法,反滤可采用砂石反滤,也可采用梢料反滤或土工布反滤。

3.4.3　漫溢

当实际水位较高时,风浪翻过堰顶,会产生不过水围堰的漫溢。根据上游水情预报,对可能发生的险情,可事先采用在围堰顶部修筑子堤加以防护。

任务 3　截流工程

施工导流过程中,当导流泄水建筑物建成后,应抓住有利时机,迅速截断原河床水流,迫使河水经完建的导流泄水建筑物下泄,然后在河床中全面展开主体建筑物的施工,这就是截流工程。

截流过程一般为:先在河床的一侧或两侧向河床中填筑截流戗堤,逐步缩窄河床,称为进占。戗堤进占到一定程度,河床束窄,形成流速较大的泄水缺口叫龙口。为了保证龙口两侧堤端和底部的抗冲稳定,通常采用工程防护措施,如抛投大块石、铅丝笼等,这种防护堤端叫裹头。封堵龙口的工作叫合龙。合龙以后,龙口段及戗堤本身仍然漏水,必须在戗堤全线设置防渗措施,这一工作叫闭气。所以,整个截流过程包括戗堤进占、龙口裹头及护底、合龙、闭气等四项工作。截流后,对戗堤进一步加高培厚,修筑成设计围堰。

由此可见,截流在施工中占有重要地位,如不能按时完成,就会延误整个建筑物施工,河槽内的主体建筑物就无法施工,甚至可能拖延工期一年,所以在施工中常将截流作为关键性工程。

1　截流的方式

截流方式分戗堤法截流和无戗堤法截流两种。戗堤法截流主要有立堵法截流、平堵法截流和综合法截流,无戗堤法截流主要有建闸截流、水力冲填法、定向爆破法、浮运结构截流等。

1.1　戗堤法截流

1.1.1　立堵法截流

立堵法截流是将截流材料从龙口一端或两端向中间抛投进占,逐渐束窄河床,直至全部拦断(见图 1-26)。

立堵法截流不需架设浮桥,准备工作比较简单,造价较低。但截流时水力条件较为不利,龙口单宽流量较大,出现的流速也较大,同时水流绕截流戗堤端部使水流产生强烈的立轴旋涡,在水流分离线附近造成素流,易造成河床冲刷,且流速分布很不均匀,需抛投单个重量较大的截流材料。截流时由于工作前线狭窄,抛投强度受到限制。

立堵法截流适用于大流量、岩基或覆盖层较薄的岩基河床,对于软基河床应采用护底措施后才能使用。

立堵法截流又分为单戗立堵截流、双戗立堵截流和多戗立堵截流,单戗立堵截流适用于截流落差不超过 3 m 的情况。

1.1.2　平堵法截流

平堵法截流是沿整个龙口宽度全线抛投,抛投料堆筑体全面上升,直至露出水面(见

1—分流建筑物;2—截流戗堤;3—龙口;4—河岸;
5—回流区;6—进占方向

图 1-26 立堵法截流

图 1-27)。这种方法的龙口一般是部分河宽,也可以是全河宽。因此,合龙前必须在龙口架设浮桥,由于它沿龙口全宽均匀地抛投,所以其单宽流量小,出现的流速也较小,需要的单个材料的重量也较轻,抛投强度较大,施工速度快,但有碍于通航,适用于软基河床,河

1—截流戗堤;2—龙口;3—覆盖层;4—浮桥;5—锚墩;
6—钢缆;7—平堵截流抛石体

图 1-27 平堵法截流

流架桥方便且对通航影响不大的河流。

1.1.3　综合法截流

1.1.3.1　立平堵

为了充分发挥平堵水力学条件较好的优点,同时降低架桥的费用,有的工程采用先立堵、后在栈桥上平堵的方式。苏联布拉茨克水电站,在截流流量 3 600 m³/s、最大落差 3.5 m 的条件下,采用先立堵进占,缩窄龙口至 100 m,然后利用管柱栈桥全面平堵合龙。

多瑙河上的铁门工程,经过方案比较,决定采取立平堵方式,立堵进占结合管柱栈桥平堵。立堵段首先进占,完成长度 149.5 m,平堵段龙口 100 m,由栈桥上抛投完成截流,最终落差达 3.72 m。

1.1.3.2　平立堵

对于软基河床,单纯立堵易造成河床冲刷,采用先平抛护底,再立堵合龙,平抛多利用驳船进行。我国青铜峡、丹江口、大化及葛洲坝等工程均采用此法,三峡工程在二期大江截流时也采用了该方法,取得了满意的效果。由于护底均为局部性,故这类工程本质上同属立堵法截流。

1.2　无戗堤法截流

1.2.1　建闸截流

建闸截流是在泄水道中预先建闸墩,并建截流闸分流,降低戗堤的水头,待抛石截流后,再下闸截流。该方法可克服 7～8 m 以上的截流落差,但这种方法需要具备建闸的地形地质条件。该法在三门峡和乌江渡工程曾成功采用。

1.2.2　水力冲填法截流

河流在某种流量下有一定的挟沙能力,当水流含沙量远大于该挟沙能力时,粗颗粒泥沙将沉淀河底进行冲填。冲填开始时,大颗粒泥沙首先沉淀,而小颗粒则冲至其下游逐渐沉落。随着冲填的进展,上游水位逐步壅高,部分流量通过泄水通道下泄。随着河床过水断面的缩窄,某些颗粒逐渐达到抗冲极限,一部分泥沙仍向下游移动,结果使戗堤下游坡逐渐向下游扩展,一直到冲填体表面摩阻造成上游水位更大壅高,而迫使更多水量流向泄水道,围堰坡脚才不再扩展,而高度急剧增加,直至高出水面。

1.2.3　定向爆破法截流

工程地处深山峡谷、岸坡陡峻、交通不便可采用此方法。利用定向爆破瞬间截断水流。1971 年 3 月碧口水电站在流量 105 m³/s 情况下,将龙口缩窄到 20 m 宽,在左岸布置三个药包实施定向爆破,抛投堆渣 6 800 m³,平均堆高 10 m 截流成功。

1.2.4　浮运结构截流

浮运结构就是将旧的驳船、钢筋混凝土等箱形结构托至龙口,在埽捆、柴排护底的情况下,装载土砂料充水使其沉没水中截流。

2　截流时间和设计流量的确定

2.1　截流时间的选择

截流时间应根据枢纽工程施工控制性进度计划或总进度计划决定,至于时段选择,一般应考虑以下原则,经过全面分析比较而定:

（1）尽可能在较小流量时截流，但必须全面考虑河道水文特性和截流应完成的各项控制工程量，合理使用枯水期。

（2）对于具有通航、灌溉、供水、过木等特殊要求的河道，应全面兼顾这些要求，尽量使截流对河道综合利用的影响最小。

（3）有冰冻河流，一般不在流冰期截流，避免截流和闭气工作复杂化，如特殊情况必须在流冰期截流时应有充分论证，并有周密的安全措施。

根据以上所述，截流时间应根据河流水文特征、气候条件、围堰施工及通航过木等因素综合分析确定，一般多选在枯水期初，流量已有显著下降的时候，严寒地区应尽量避开河道流冰及封冻期。

2.2 截流设计流量的确定

截流设计流量是指某一确定的截流时间的截流设计流量，一般按频率法确定，根据已选定截流时段，采用该时段内一定频率的流量作为设计流量，截流设计标准一般可采用截流时段重现期 5~10 年的月或旬平均流量。

除频率法外，也有不少工程采用实测资料分析法。当水文资料系列较长，河道水文特性稳定时，这种方法可应用。至于预报法，因当前的可靠预报期较短，一般不能在初步设计中应用，但在截流前夕有可能根据预报流量适当修改设计。

在大型工程截流设计中，通常多以选取一个流量为主，再考虑较大、较小流量出现的可能性，用几个流量进行截流计算和模型试验研究。对于有深槽和浅滩的河道，如分流建筑物布置在浅滩上，对截流的不利条件要特别进行研究。

3 截流材料种类、尺寸和数量的确定

3.1 材料种类选择

截流时采用当地材料在我国已有悠久的历史，主要有块石、石串、装石竹笼等。此外，当截流水力条件较差时，还须采用混凝土块体。

石料容重较大，抗冲能力强，一般工程较易获得，而且通常也比较经济。因此，凡有条件者，均应优先选用块石截流。

在大中型工程截流中，混凝土块体的运用较普遍。这种人工块体的制作、使用方便，抗冲能力强，故为许多工程采用（如三峡工程、葛洲坝工程等）。

在中小型工程截流中，因受起重运输设备能力限制，所采用的单个石块或混凝土块体的重量不能太大。石笼（如竹笼、铅丝笼、钢筋笼）或石串，一般使用在龙口水力条件不利的条件下。大型工程中除石笼、石串外，也采用混凝土块体串。某些工程，因缺乏石料，或因河床易冲刷，则也可根据当地条件采用梢捆、草土等材料截流。

3.2 材料尺寸的确定

采用块石和混凝土块体截流时，所需材料尺寸可通过水力计算初步确定，然后考虑该工程可能拥有的起重运输设备能力，作出最后抉择。

3.3 材料数量的确定

3.3.1 不同粒径材料数量的确定

无论是平堵或立堵截流，原则上可以按合龙过程中水力参数的变化来计算相应的材料粒径和数量。常用的方法是将合龙过程按高程(平堵)或宽度(立堵)划分成若干区段，然后按分区最大流速计算出所需材料粒径和数量。实际上，每个区段也不是只用一种粒径材料，所以设计中均参照国内外已有工程经验来决定不同粒径材料的比例。例如，平堵截流时，最大粒径材料数量可按实际使用区段($Z = 0.42Z_{max} \sim 0.6Z_{max}$)考虑，也可按最大流速出现时起，直到戗堤出水时所用材料总量的 70% ~ 80% 考虑。立堵截流时，最大粒径材料数量常按困难区段抛投总量的 1/3 考虑。根据国内外十几个工程的截流资料统计，特殊材料数量占合龙段总工程量的 10% ~ 30%，一般为 15% ~ 20%。如仅按最终合龙段统计，特殊材料所占比例约为 60%。

3.3.2　备料量

备料量的计算可以设计戗堤体积为准，还得考虑各项损失。平堵截流的设计戗堤体积计算比较复杂，需按戗堤不同阶段的轮廓计算。立堵截流戗堤断面为梯形，设计戗堤体积计算比较简单。戗堤顶宽视截流施工需要而定，通常取 10 ~ 18 m 者较多，可保证 2 ~ 3 辆汽车同时卸料。

备料量的多少取决于对流失量的估计。实际工程的备料量与设计用量之比多为 1.3 ~ 1.5，个别工程达到 2.0。例如，铁门工程达到 1.35，青铜峡采用 1.5。实际合龙后还剩下很多材料。因此，初步设计时备料系数不必取得过大，实际截流前夕，可根据水情变化适当调整。

3.4　分区用料规划

在合龙过程中，必须根据龙口的流速流态变化采用相应的抛投技术和材料。这一点在截流规划时就应予考虑。

4　减小截流难度的技术措施

截流工程是整个水利枢纽施工的关键，它的成败直接影响工程进度快慢。截流工程的难易程度取决于河道流量、泄水条件、龙口的落差、流速、地形地质条件、材料供应情况及施工方法、施工设备等因素。

减小截流难度的主要技术措施包括加大分流量、改善分流条件、改善龙口水力条件、增大抛投料的稳定性、减少块料流失、加大截流施工强度等。

4.1　加大分流量，改善分流条件

分流条件好坏直接影响到截流过程中龙口的流量、落差和流速。分流条件好，截流就容易，反之就困难。改善分流条件的主要措施有：

(1)合理确定导流建筑物尺寸、断面形式和底高程。导流建筑物不仅要满足导流要求，而且应满足截流的需要。

(2)确保泄水建筑物上下游引渠开挖和上下游围堰拆除的质量。这是改善分流条件的关键环节，不然泄水建筑物虽然尺寸很大，但分流却受上下游引渠或上下游围堰残留部分控制，泄水能力受到限制，增加截流工作的难度。

(3)在永久性泄水建筑物泄流能力不足时，可以专门修建截流分水闸或其他形式泄水道帮助分流，待截流完成后，借助于闸门封堵泄水闸，最后完成截流任务。

(4)增大截流建筑物的泄水能力。当采用木笼、钢板桩格型围堰时，也可以间隔一定

距离安放木笼或钢板桩格体,在其中间孔口宣泄河水,然后以闸板截断中间孔口,完成截流任务。另外,可以在进占戗堤中埋设泄水管帮助泄水,或者采用抛投构架块体增大戗堤的渗流量等办法减小龙口溢流量和溢流落差,从而减轻截流的困难程度。

4.2 改善龙口水力条件

龙口水力条件是影响截流的重要因素,改善龙口水力条件的措施有双戗截流、三戗截流、宽戗截流、平抛垫底等。

4.2.1 双戗截流

双戗截流采取上下游二道戗堤,协同进行截流,以分担落差。通常采取上下戗堤立堵。常见的进占方式有上下戗轮换进占、双戗固定进占和以上两种进占方式混合使用;也有以上戗进占为主,由下戗配合进占一定距离,局部壅高上戗下游水位,减小上戗进占的龙口落差和流速。

双戗进占具有分摊落差,减轻截流难度,便于就地取材,避免使用或少使用大块料、人工块料的优点。但双线施工,施工组织较单戗截流复杂;二戗堤进度要求严格,指挥不易;软基截流,若双线进占龙口均要求护底,则大大增加了护底的工程量;在通航河道,船只需要经过两个龙口,困难较多,因此双戗截流应谨慎采用。

4.2.2 三戗截流

三戗截流是利用第三戗堤分担落差,可以在更大的落差下用来完成截流任务。

4.2.3 宽戗截流

宽戗截流是增大戗堤宽度,以分散水流落差,从而改善龙口水流条件。但是进占前线宽,要求抛投强度大,工程量也大为增加,所以只有当戗堤可以作为坝体(土石坝)的一部分时才宜采用,否则用料太多,过于浪费。

4.2.4 平抛垫底

对于水位较深,流量较大,河床基础覆盖层较厚的河道,常采取在龙口部位一定范围抛投适宜填料,抬高河床底部高程,以减小截流抛投强度,降低龙口流速,达到降低截流难度的目的。

4.3 增大抛投料的稳定性,减少块料流失

增大抛投料的稳定性,减少块料流失的主要措施有采用特大块石、葡萄串石、钢构架石笼、混凝土块体等来提高投抛体的本身稳定;也可在龙口下游平行于戗堤轴线设置一排拦石坎来保证抛投料的稳定,防止抛投料的流失。

4.4 加大截流施工强度

加大截流施工强度,加快施工速度,可减小龙口的流量和落差,起到降低截流难度的作用,并可减少抛料的流失。加大截流施工强度的主要措施有加大材料供应量、改进施工方法、增加施工设备投入等。

【案例 1-3】 葛洲坝水利枢纽截流材料选择

葛洲坝水利枢纽位于中国湖北省宜昌市境内的长江三峡末端河段上,距上游的三峡水电站 38 km。它是长江上第一座大型水电站,也是世界上最大的低水头大流量、径流式水电站。葛洲坝工程施工分两段两期,1980 年 1 月 4 日采用立堵法实现大江截流。截流材料分区见图 1-28。

图 1-28   葛洲坝工程立堵截流设计龙口分区   （单位：m）

任务 4   施工度汛

1   坝体拦洪的导流标准

当坝体填筑高程达到不需围堰保护时,其临时度汛洪水标准应根据坝型及坝前拦洪库容按表 1-7 规定执行。

表 1-7   坝体施工期临时度汛洪水标准

坝型	拦洪库容（亿 m^3）		
	>1.0	1.0~0.1	<0.1
	洪水重现期（年）		
土石	>100	100~50	50~20
混凝土	>50	50~20	20~10

2   拦洪高程的确定

一般导流用泄水建筑物的泄水能力远不及原河道。洪水来临时的泄洪过程如图 1-29 所示。t_1~t_2 时段,进入施工河段的洪水流量大于泄水建筑物的泄量,使部分洪水暂时存蓄在水库中,抬高上游水位,形成一定容积的水库,此时泄水建筑物的泄量随着上游水位的升高而增大,达到洪峰流量 Q_m。到了入库的洪峰流量 Q_m 过后（即 t_2~t_3 时段）,入库流量逐渐减少,但入库流量仍大于泄量,蓄水量继续增大,库水位继续上升,泄量 q 也随之增加,直到时刻 t_3,入流量和泄量相等时,蓄水容积达到最大值 V_m,相应的上游水位达最高值 H_m,即坝体挡水或拦洪水位,泄水建筑物的泄量也达最大值 q_m,即泄水建筑物的设计流量。t_3 时刻以后,Q 继续减少,库水位逐渐下降,q 也开始减少,但此时库水位较高,泄量 q 仍较大,且大于入流量 Q,使水库存蓄的水量逐渐排出,直到 t_4 时刻,蓄水全部排完,恢复到原来的状态。

以上便是水库调节洪水的过程。显然,由于水库的这种调节作用,削减了通过泄水建筑物的最大泄量（如图 1-29 中,由 Q_m 削减为 q_m）,但却抬高了坝体上游的水位,因此要确定坝体的挡水或拦洪高程,需要通过调洪计算,以求得相应的最大泄量 q_m 与上游最高水位 H_m。上游最高水位 H_m 加上安全超高便是坝体的挡水或拦洪高程。用公式表示为

$$H_f = H_m + \delta \tag{1-7}$$

式中 H_m——拦洪水位,m;

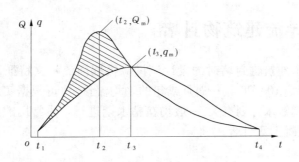

图1-29　入流和泄流过程示意图

δ——安全超高,m,依据坝的级别而定,1级$\delta\geqslant1.5$,2级$\delta\geqslant1.0$;3级$\delta\geqslant0.75$,4级$\delta\geqslant0.5$。

3　拦洪度汛措施

根据施工进度安排,汛期到来之前若坝体不可能修筑到拦洪高程,必须考虑拦洪度汛措施,尤其当主体建筑物为土坝或堆石坝且坝体填筑又相当高时,更应给予足够的重视,因为一旦坝身过水,就会造成严重的溃坝后果。

3.1　混凝土坝的拦洪度汛

混凝土坝一般是允许过水的,若坝身在汛期前不可能浇筑到拦洪高程,为了避免坝身过水时造成停工,可以在坝面上预留缺口以度汛,待洪水过后再封填缺口,全面上升。此外,如果根据混凝土浇筑进度安排,虽然在汛前坝身可以浇筑到拦洪高程,但一些纵向施工缝尚未灌浆封闭时,可考虑用临时断面挡水。在这种情况下,必须提出充分论证,采取相应措施,以消除应力恶化的影响。如拓溪工程的大头坝为提前挡水就采取了调整纵缝位置、提高初期灌浆高程和改变纵缝形式等措施,以改善坝体的应力状态。

3.2　土石坝拦洪度汛措施

土坝、堆石坝一般是不允许过水的。若坝身在汛期前不可能填筑到拦洪高程,一般可以考虑采用降低溢洪道高程、设置临时溢洪道并用临时断面挡水,或经过论证采取临时坝体保护过水等措施。土坝拦洪的临时断面见图1-30。

(a)均质坝

(b)心墙坝

(c)斜墙坝

1—临时断面

图1-30　土坝拦洪的临时断面

■ 任务5　导流建筑物封堵

导流用临时泄水建筑物封堵时的设计流量应根据河流水文特征及封堵条件进行选择,一般可选用封堵期10~20年一遇月或旬的平均流量,也可根据实测水文资料分析确定。封孔日期与初期蓄水计划有关,一般均在枯水期进行。最常用的封堵方式是首先下闸封孔,然后浇筑混凝土塞封堵。

1　下闸封孔

常用的封孔闸门有钢闸门、钢筋混凝土叠梁闸门、钢筋混凝土整体闸门等。我国新安江和拓溪工程的导流底孔封堵,成功地利用了多台5~10 t的手摇绞车,顺利沉放了重达321 t和540 t的钢筋混凝土整体闸门(见图1-31)。这种方式断流快,水封好,只要起吊下放时掌握平衡,下沉比较方便,不需重型运输起吊设备,特别在库水位上升较快的工程中,最后封孔时被广泛采用。

(a)底孔纵断面　　　　　　(b)闸门横断面图

1—坝体;2—底孔;3—闸门;4—坝体承压板;5—止水槽;6—侧向导轮;
7—预埋铁吊环;8—滑车组;9—手摇绞车;10—锚锭

图 1-31　新安江水电站导流底孔封堵示意图

闸门安放以后,为了加强闸门的水封防渗效果,在闸门槽两侧填以细粒矿渣并灌注水泥砂浆,在底部填筑黏土麻包,并在底孔内把闸门与坝面之间的金属承压板互相焊接。

2　浇筑混凝土塞封堵

导流用底孔一般为坝体的一部分,因此封堵时需要全孔堵死,而导流用的隧洞或涵管则并不需要全洞堵死,常浇筑一定长度的混凝土塞,就足以起到永久挡水作用。混凝土塞的最小长度可根据极限平衡条件确定。

封堵以后万一发生意外大水,而溢洪道工程又未完成,则将出现紧张被动局面。因此,在提出封堵措施的同时,应对下游预防意外大水作出相应的考虑和安排。

■ 任务6　基坑排水

围堰合龙闭气以后,要排除基坑积水和渗水,保持基坑处于基本干燥状态,以利于基坑开挖、地基处理和建筑物正常施工。

1 初期排水

围堰合龙闭气之后,为使主体工程能在干地施工,必须首先排除基坑积水、堰体和堰基的渗水、降雨汇水等,称为初期排水。

1.1 排水量的组成及计算

初期排水总量应按围堰闭气后的基坑积水量、抽水过程中围堰及地基渗水量、堰身及基坑覆盖层中的含水率,以及可能的降水量等组成计算。其中可能的降水量可采用抽水时段的多年日平均降水量计算。

初期排水流量一般可根据地质情况、工程等级、工期长短及施工条件等因素,参考实际工程经验,按式(1-8)确定:

$$Q = \eta V/T \tag{1-8}$$

式中 Q——初期排水流量,m³/s;

V——基坑的积水体积,m³;

T——初期排水时间,s;

η——经验系数,主要与围堰种类、防渗措施、地基情况、排水时间等因素有关,一般取 $\eta = 3 \sim 6$,当覆盖层较厚、渗透系数较大时取上限。

1.2 水位降落速度及排水时间

为了避免基坑边坡因渗透压力过大,造成边坡失稳产生坍坡事故,在确定基坑初期抽水强度时,应根据不同围堰形式对渗透稳定的要求确定基坑水位下降速度。

对于土质围堰或覆盖层边坡,其基坑水位下降速度必须控制在允许范围内。开始排水降速以 0.5 ~ 0.8 m/d 为宜,接近排干时可允许达 1.0 ~ 1.5 m/d。其他形式围堰,基坑水位降速一般不是控制因素。

对于有防渗墙的土石过水围堰和混凝土围堰,当河槽退水较快,而水泵降低基坑水位不能适应时,其反向水压力差有可能造成围堰破坏,应经过技术经济论证后,决定是否需要设置退水闸或逆止阀。

排水时间应考虑基坑工期的紧迫程度、基坑水位允许下降的速度、各期抽水设备及相应用电负荷的均匀性等因素,进行比较后选定。一般情况下,大型基坑可采用 5 ~ 7 d,中型基坑可采用 3 ~ 5 d。

2 经常性排水

基坑积水排干后,围堰内外的水位差增大,此时渗透流量相应增大。另外,基坑已开始施工,在施工过程中还有不少施工废水积蓄在基坑内,需要不停地排除,在施工期内,还会遇到降雨,当降雨量较大且历时较长时,其水量也是不可低估的。

2.1 排水量的组成

经常性排水应分别计算围堰和地基在设计水头的渗流量、覆盖层中的含水率、排水时降水量及施工弃水量。其中,降水量按抽水时段最大日降水量在当天抽干计算,施工弃水量与降水量不应叠加。基坑渗水量可分析围堰形式、防渗方式、堰基情况、地质资料可靠程度、渗流水头等因素适当扩大。

2.2　排水方式

基坑开挖的降排水一般有两种途径:明排法和人工降水。其中,人工降水经常采用轻型井点或管井井点降水方式。

(1)明排法的适用条件:①不易产生流砂、流土、潜蚀、管涌、淘空、塌陷等现象的黏性土、砂土、碎石土的地层。②基坑地下水位超出基础底板或洞底标高不大于2.0 m。

(2)轻型井点降水的适用条件:①黏土、粉质黏土、粉土的地层。②基坑边坡不稳,易产生流土、流砂、管涌等现象的地层。③地下水位埋深小于6.0 m,宜用单级真空点井;当大于6.0 m时,场地条件有限宜用喷射点井、接力点井;场地条件允许宜用多级点井。

(3)管井井点总降水适用条件:①第四系含水层厚度大于5.0 m。②基岩裂隙和岩溶含水层,厚度可小于5.0 m。③含水层渗透系数 K 宜大于1.0 m/d。

2.2.1　明沟排水

此方式适宜于地基为岩基或粒径较粗、渗透系数较大的砂卵石覆盖面,在国内已建和在建的水利水电工程中应用最多。这种排水方式是通过一系列的排水沟渠,拦截堰体及堰基渗水,并将渗透水流汇集于泵站的集水井,再用水泵排出基坑以外。

经常性排水系统布置通常有两种情况:一种是基坑开挖过程中的排水系统布置,另一种是建筑物施工过程中的排水系统布置。

基坑开挖过程中布置排水系统时,应以不妨碍开挖和运输工作为原则。一般常将排水干沟布置在基坑中部,以利出土,如图1-32所示。随着基坑开挖工作的进行,逐渐加深排水沟,通常保持干沟深度为1.0~1.5 m,支沟深度为0.3~0.5 m。集水井布置在建筑物轮廓线外,其底部应低于干沟沟底0.8~1.0 m。

当基坑开挖深度不一,坑底不在同一高程时,应根据具体情况布置排水系统。如采用层层截流、分级抽水,即在不同高程分别布置截水沟、集水井和泵站进行分级排水。

修建建筑物时的排水系统,通常都布置在基坑四周,如图1-33所示。排水沟应布置在建筑物轮廓线外,且距离基坑边坡坡脚不小于0.3~0.5 m。排水沟的断面尺寸和底坡大小取决于排水量。一般排水沟底宽不小于0.3 m,沟深不大于1.0 m,底坡不小于2‰。

1—运土方向;2—支沟;3—干沟;
4—集水井;5—抽水

图1-32　基坑开挖过程中的排水系统布置

1—围堰;2—集水井;3—排水沟;
4—建筑物轮廓线;5—排水方向;6—水流方向

图1-33　修建建筑物时基坑排水系统布置

水经排水沟流入集水井,井边设泵站,将水从井中抽出。集水井宜布置在建筑物轮廓线外较低的地方,它与建筑物的外线距离应大于井深。井的容积须保证当水泵停止运转 10 ~ 15 min,由排水沟流入井内的水量不致漫溢。因此,集水井以采用稍为偏大、偏深为宜。

为了防止降水时地面径流进入基坑,增加排水量,一般在基坑外线挖排水沟或截水沟,以拦截地面水。沟的断面和底坡应根据流量和土质决定,一般沟宽和沟深不小于0.5 m,底坡不小于2‰。基坑外地面排水系统最好和道路排水系统相结合,以便自流排水。

明式排水常采用离心式水泵。离心式水泵由泵壳、泵轴和工作叶轮等主要工作部件组成,其管路系统包括滤网、底阀、吸水管及出水管,如图1-34 所示。离心泵水泵结构简单,工作可靠,运转维修简易,因而得到广泛的应用。

1—泵壳;2—工作叶轮;3—叶片;4—泵轴;5—吸水管;6—底阀;
7—滤网;8—出水管;9—灌水漏斗;10—调节阀

图1-34　离心式水泵构造简图

2.2.2　人工降低地下水位

在基坑开挖过程中,为了保证工作面的干燥,往往要多次降低排水沟和集水井的高程,经常变更水泵站的位置。这样造成施工干扰,影响基坑开挖工作的正常进行。此外,当进行细沙土、沙壤土之类的基础开挖时,如果开挖深度较大,则随着基坑底面的下降,地下水渗透压力的不断增大,容易产生边坡塌滑、底部隆起以及管涌等事故。为此,采用人工降低地下水位的方法,即在基坑周围钻设一些管井,将地下水汇集于井中抽出,使地下水位降低到开挖基坑的底部以下。

人工降低地下水位的方法很多,按其排水原理分为管井排水法、真空井点排水法、喷射井点法、电渗井点排水法等。

　　排水方法的选择与土层的地质构造、基坑形状、开挖深度等都有密切关系，但一般主要按其渗透系数来进行选择。管井排水法适用于渗透系数较大、地下水埋藏较浅（基坑低于地下水位）、颗粒较粗的砂砾及岩石裂隙发育的地层，而真空排水法、喷射法和电渗排水法等则适用于开挖深度较大、渗透系数较小且土质又不好的地层。

　　在不良地质地段，特别是在多地下水地层中开挖洞室时，往往会出现涌水，为了创造良好的施工条件，可以钻超前排水孔（甚至采用导洞），让涌水自行流出排走。这也是人工降低地下水位的一种方法。

(a)电动机　　　(b)电动机
装在地面上　　装在深井中

1—管井；2—水泵；3—压力管；4—阀门；
5—电动机；6—电缆；7—配电盘；8—传动轴

图 1-35　深井泵装置示意图

2.2.2.1　管井法

　　采用管井法排水，需在基坑外围布置一些单独工作的井筒，将水泵或水泵的吸水管放入井内抽水，地下水在重力作用下流入井中，用抽水设备抽走。抽水设备有离心泵、潜水泵和深井泵等。

　　当要求大幅度降低地下水位时，最好采用离心式深井泵，如图 1-35 所示，它为立轴多级离心泵。深井泵一般适用的深度大于 20 m，渗透系数为 10 ~ 80 m/d。深井泵排水效果较好，需要管井较少。

　　管井由滤水管、沉淀管和不透水管组成。管井外部有时还需要设反滤层。地下水从滤水管进入井管内，水中的泥沙则沉淀在沉淀管中。滤水管的构造对井的出水量及可靠性影响很大。要求它的过水能力大、进入泥沙少，并具有足够的强度和耐久性。

　　井管打设可采用射水法、振动射水法、冲击钻井法。管井埋设时要先下套管后下井管，井管下妥后，再边下反滤填料，边拔套管。

2.2.2.2　井点法

　　当土壤的渗透系数为 0.1 ~ 1.0 m/d 时，宜采用井点法排水。井点法分为轻型井点、喷射井点、喷气井点、电渗井点等。最常用的为轻型井点。

　　轻型井点法是由井管、连接弯管、集水总管、普通离心式水泵、真空泵和集水箱等组成的排水系统，见图 1-36。

　　井点法的井管直径为 38 ~ 55 mm、长为 5 ~ 7 m、间距为 0.8 ~ 1.6 m，最大可达 3.0 m。井点系统的井管就是水泵的吸水管，井管的埋设常采用水射法。地下水从井管下端的滤水管借真空泵及水泵的抽吸作用流入管内。沿井管上升汇集于集水管，流入集水箱，由水

1—(带真空系和集水箱的)离心式水泵;2—集水总管;3—井管;4—原地下水位;

5—抽水后水面降落曲线;6—基坑;7—不透水层;8—排水管

图1-36 井点法降低地下水位布置图

泵排出。

井点系统排水时,地下水位的下降深度取决于集水箱内真空度和管路的漏气和水头损失。一般集水箱内真空度为53.3~80 kPa,相当于吸水高度5~8 m,扣除各种损失后,地下水位下降深度为3~5 m,一般为4 m左右。

当要求地下水位降低的深度超过4~5 m时,则需分层布置井点,每层控制3~4 m,但以不超过三层为宜。因为层数太多,基坑内管路纵横,妨碍交通,影响施工,且当上层井点发生故障时,由于下层水泵能力有限,致使地下水位回升,可能淹没基坑。

井点抽水时,在滤水管周围形成一定的真空梯度,从而加速了土体的排水速度,达到降低地下水位的目的。

布置井点系统时,为充分发挥设备能力。集水总管、集水箱和水泵应尽量接近天然地下水位。当需要几套设备同时工作时,各集水总管间最好接通,并安装开关,以便互相支援。

安装井管时,在距井口1.0 m范围内,须填黏土密封,井管与总管连接处也应注意密封,以防漏气。排水结束,可用杠杆或差动滑轮将井管拔出,基坑四周应适当加密井管。

2.3 排水量计算

2.3.1 基坑大小的确定及井型判别

2.3.1.1 基坑尺寸的拟定

为了便于施工,基坑四周开挖线应较建筑物在基坑平面上的外轮廓线宽1~2 m。

采用暗式排水开挖边坡可以较陡,一般黏性土1:1~1:1.5,砂性土1:1.5~1:2,开挖深度较深的基坑,在边坡上应留宽2 m左右的马道,井点管距基坑一般不宜小于0.7~1.0 m,以防局部发生漏气。

由此,可以计算出顺水流方向长度 L 及垂直水流方向宽度 B。

2.3.1.2 井型判别

$L/B < 10$ 时,可视为圆形基坑,则折算半径 R_0 为

$$R_0 = \sqrt{\frac{A}{\pi}}$$

(1-9)

式中　A——井点系统包围面积，m^2，$A = LB$。

根据降水深度及不透水层的深度，可知井底是否达到不透水层、地下水是否承受水压力，从而可以判断井的类型。井的类型一般有无压非完整井、有压非完整井、有压完整井和无压完整井四种。

对于平原地区的水闸来说，基坑排水一般按无压非完整井计算。

2.3.2　基坑涌水量计算

2.3.2.1　确定计算公式

无压非完整井涌水量 Q 计算公式为

$$Q = 1.366K \frac{(2H_0 - S_0)S_0}{\lg(R + R_0) - \lg R_0} \qquad (1\text{-}10)$$

式中　K——闸基渗透系数，$\mathrm{m/d}$；

　　　H_0——含水层有效深度，m；

　　　S_0——基坑中心水位降落值，m；

　　　R——抽水影响半径，m。

2.3.2.2　S_0 和 S 确定

S_0 和 S 按下式计算：

$$S = S_0 + R_0 I \qquad (1\text{-}11)$$

$$S_0 = （地下水位 - 基坑底部高程）+ \delta$$

式中　S——井点内水位降落值，m；

　　　δ——安全深度，一般取 $0.5 \sim 1.0\ \mathrm{m}$；

　　　I——基坑内水力坡降，一般取 $I = 1/10$。

2.3.2.3　计算含水层有效深度 H_0

H_0 为经验值，由表 1-8 计算。

表 1-8　H_0 与 $\dfrac{S}{S+l}$ 关系计算

$\dfrac{S}{S+l}$	H_0	$\dfrac{S}{S+l}$	H_0
0.2	$1.3(S+l)$	0.5	$1.7(S+l)$
0.3	$1.5(S+l)$	0.8	$1.85(S+l)$

注：l 为井点管内水深，根据型号取滤管的长度计算。

在计算时，采用直线内插法或直线外插法。

2.3.2.4　计算渗透系数 K

渗透系数 K 值精度大小，对计算结果影响很大，对重大的工程应通过现场抽水试验确定，对于一般工程可参考有关资料确定。

对于多层不同厚度、不同土质的基坑，其渗透系数应取其加权平均值。

$$K_权 = \frac{\sum(K_i \cdot h_i)}{\sum h_i} \qquad (1\text{-}12)$$

$$\overline{K} = \frac{K_左 + K_右 + 2K_中}{4} \qquad (1\text{-}13)$$

计算时,根据地质情况,可能还需先计算 $K_左$、$K_右$、$K_中$,再计算 $K_权$。为了计算方便,常采用列表法计算。

2.3.2.5　计算抽水影响半径

抽水影响半径与排水量有关,一般为排水量达到稳定数值后,虽然抽水影响半径仍在随时间逐渐增加,但增长速度极慢,可以认为降落曲线已经稳定,而将此时的影响半径作为计算半径,采用下式计算:

$$R = 2S\sqrt{H_0 K} \qquad (1\text{-}14)$$

2.4　排水设备的确定

2.4.1　确定单井点出水量 q

单井点出水量 q 按下式计算:

$$q_{max} = 2\pi r_0 l v_\varphi \qquad (1\text{-}15)$$

$$v_\varphi = 65\sqrt[4]{K} \quad (\text{m/d}) \qquad (1\text{-}16)$$

$$q = 0.8 q_{max} \qquad (1\text{-}17)$$

式中　q_{max}——单井点的最大允许抽水能力,m^3/d;

　　　r_0——滤水管半径,m;

　　　v_φ——土壤允许不冲流速,m/d;

　　　l——滤水管长度,m。

2.4.2　井点布置

2.4.2.1　井点数目 n 的初步计算

井点数目 n 按下式进行初步计算:

$$n = Q/q \quad (\text{取整}) \qquad (1\text{-}18)$$

2.4.2.2　确定井点的间距 d

考虑到井点管在扬水的过程中可能会造成堵塞,井点数目应增加 5% ~ 10%,则:

$$d = \frac{L}{(1.05 \sim 1.1)n} \qquad (1\text{-}19)$$

式中　L——井点布设线周长,m。

根据工程经验,井点间距 d 的取值应在下述范围内:

深井点:$d = (15 \sim 25)2\pi r_0$;

浅井点:$d = (5 \sim 10)2\pi r_0$。

间距过小,井的侧面进水量减少;间距过大,则降水时间过长,特别是渗透系数极小的土壤。

此外,对浅井点采用的间距应与抽水总管的接合间距相适应,一般取 0.8 m 的倍数。

根据以上条件,综合分析确定出井点的间距 d。

2.4.2.3　井点局部加密

基坑四个转角约有井点总长 1/5 的地方,井点间距应减少 30% ~ 50%;靠近来水方向(基坑上下游、明渠)的一侧井点来水较多,布置也应密些。

2.4.2.4 计算井点数目 n

局部加密后,求出井点数目。

2.4.3 设备选择

根据 Q(或 q)及 S 选择设备,由于受真空泵的影响,水泵生产率只能按额定的 65%考虑。

无论是初期排水还是经常性排水,当其布置形式及排水量确定后,需进行水泵的选择,即根据不同排水方式对排水设备技术性能(吸程及扬程)的要求,按照所能提供的设备型号及动力情况以及设备利用的经济原则,合理选用水泵的型号及数量。

水泵的选择既要根据不同的排水任务、不同的扬程和流量选择不同的泵型,又要注意设备的利用率。在可能的情况下,尽量使各个排水时期所选的泵型一致,同时需配置一定数量的柴油发电机,以防事故停电对排水工作造成影响。

2.4.3.1 泵型的选择

水利工程一般常用离心式水泵。它既可作为排水设备,又可作为供水设备。这种水泵的结构简单,运行可靠,维修简便,并能直接与电动机座连接。过水围堰的排水设备选择时应配备一定数量的排沙泵。

离心式水泵的类型很多,在水利水电工程中,SA 型单级双吸清水泵和 S 型单级双吸离心泵两种型号水泵应用最多,特别在明沟排水时更为常用。

通常,在初期排水时需选择大容量低水头水泵,在降低地下水位时,宜选用小容量中高水头水泵,而在需将基坑的积水集中排出围堰外的泵站中,则需大容量、中高水头的水泵。为运转方便,应选择容量不同的水泵,以便组合运用。

2.4.3.2 水泵台数的确定

在泵型初步选定之后,即可根据各型水泵所承担的排水流量来确定水泵台数。

此外,需考虑抽水设备重复利用的可能性,单机重量及搬迁条件,设备效率,以及取得设备的现实性、经济性等因素;还需配备一定的事故备用容量,备用容量的大小,应不小于泵站中最大的水泵容量。

【案例 1-4】 某拦河闸基坑排水布置

中原拦河闸位于河南省某县境内,闸址位于淮河某支流上。渗透系数 $K = 9.29 \times 10^{-3}$ cm/s。

1. 排水方案

本水闸修建在平原河道上,故排水方法可采用人工降低地下水位,经计算,闸基渗透系数 $K = 2.649$ m/d,可采用井点法排水。

2. 排水量计算

(1)基坑大小的确定及井型的判别。

①基坑尺寸的拟定。顺水流方向长度 $L = 120.4$ m,垂直水流方向宽度 $B = 107$ m。

②井型判别。$L/B = 120.4/107 = 1.13 < 10$,可按圆形基坑计算。

$$A = BL = 120.4 \times 107 = 12\ 882.8 (\text{m}^2)$$

折算半径
$$R_0 = \sqrt{\frac{A}{\pi}} = 64.04 (\text{m})$$

由于本工程不透水层较深，故基坑排水可按无压非完整井计算。

$$Q = 1.366K \frac{(2H_0 - S_0)S_0}{\lg(R + R_0) - \lg R_0}$$

$$S_0 = (\text{地下水位} - \text{基坑底部高程}) + \delta = (29 - 26.5) + 0.5 = 3.0(\text{m})$$

$$S = S_0 + R_0 I = 3.0 + 64.04 \times 1/10 \approx 9.4(\text{m})$$

计算含水层有效深度 $H_0 = 20.80$ m，计算渗透系数 $K = 2.649$ m/d。

抽水影响半径：

$$R = 2S\sqrt{H_0 K} = 2 \times 9.4 \times \sqrt{20.80 \times 2.649} = 140(\text{m})$$

则　　　　　　　　　　　　　　$Q = 832.62 \ \text{m}^3/\text{d}$

3. 排水设备的确定

(1) 确定单井点出水量 q。

$$v_\varphi = 65\sqrt[4]{K} = 65\sqrt[4]{2.649} = 82.925(\text{m/d})$$

$$q_{max} = 2\pi r_0 l v_\varphi = 2\pi \times 0.07 \times 1.7 \times 82.925 = 62.003(\text{m/d})$$

$$q = 0.8 q_{max} = 0.8 \times 62.003 = 49.602(\text{m/d})$$

(2) 井点布置。

① 井点数目 n 的初步计算：

$$n = Q/q = 832.62/49.602 = 16.8(\text{个})$$

取 $n = 17$ 个。

② 确定井点的间距 d：

$$d = \frac{L}{(1.05 \sim 1.1)n} = \frac{2 \times (120.4 + 107)}{1.1 \times 17} = 24.32(\text{m})$$

根据工程经验，深井点间距 d 的取值应为

$$d = (15 \sim 25)2\pi r_0 = (15 \sim 25) \times 2\pi \times 0.07 = 6.6 \sim 11.0(\text{m})$$

井点间距 d 应与积水总管的结合间距相适应，一般为 0.8 m 的倍数，所以可取井点间距 $d = 9.6$ m。

③ 局部加密。基坑四个转角约有井点总长 1/5 的地方，井点间距应减少 30% ~ 50%，取 $d = 7.2$ m；靠近来水方向(向基坑上下游、明渠)的一侧井点来水较多，布置也应紧密些，取 $d = 8.0$ m。

(3) 设备选择。

按一台离心式水泵可带 50 根井点，则需离心式水泵 1 台。

项目实训

背景资料：

某Ⅲ等水利枢组由面板堆石坝、溢洪道、地下厂房等建筑物组成。坝址地区河床较窄，河床覆盖层厚度平均 25 m，河床中部厚达 40 m，河床冲击层为卵砾石类土，主河槽岩基裸露。坝址两岸山坡陡峻，山岩为坚硬的玄武岩，枯水期河道流量 400 m³/s。

大坝施工采用全断面围堰法，隧洞导流，围堰为土石围堰，导流洞使用期 2 年后"龙抬头"改造成泄洪洞。围堰长 76 m，堰项高程 30.3 m，施工期水库设计静水位 27.8 m，波

浪高度 0.5 m。

黄河施工公司在坝体工程施工过程中发生如下事件：

事件 1：相应标准下的年流量变化曲线如图 1-37 所示，第一年 10 月 28 日截流，来年 6 月 30 日到达拦洪高程，第三年汛前坝体完工挡水。

事件 2：工程截流从 10 月 28 日至 11 月 2 日完成，龙口合龙从 10 月 31 日至 11 月 2 日历时 3 d 顺利完成。龙口合龙过程中出现了堤头坍塌的现象并及时进行了处理。

事件 3：围堰闭气后，基坑降水时，水泵排除基坑积水，发现水位没有下降，施工单位更换了大型水泵，降水速度达到 1.5 m/d。基坑靠近堰脚处地面出现涌水，夹带有许多泥沙，并有逐渐加剧的趋势。

图 1-37　年流量变化曲线

事件 4：施工导流的相关作业如下：①饺堤进占；②龙口合龙；③闭气；④经常性排水；⑤初期排水；⑥导流隧洞开挖；⑦导流隧洞衬砌；⑧导流隧洞封堵；⑨面板堆石坝施工。

问题：

（1）根据事件 1，将安排的导流程序填入表 1-9。

表 1-9　导流程序

导流时段(年-月-日)	导流方式	建设项目

（2）指出围堰和隧洞导流建筑物的标准和依据。

（3）指出事件 2 中，龙口合龙时，堤头出现坍塌时应采取的措施。

（4）校核围堰高程。

（5）指出事件 2、3 的不妥之处，并说明正确做法。

（6）根据事件 3，说明出现险情类型，并指出抢护方法。

（7）指出事件 4 中施工导流相关作业的合理施工程序（可以用序号表示）。

项目 2　爆破工程

学习指南

工作任务

(1)爆破基本原理；

(2)爆破基本方法；

(3)钻孔机具和爆破器材；

(4)特种爆破技术；

(5)爆破安全控制。

知识目标

(1)掌握爆破基本原理；

(2)熟悉爆破的基本方法；

(3)了解钻孔机具的类型，了解爆破器材的性能；

(4)了解定向爆破、水下岩塞爆破技术，掌握预裂和光面爆破技术；

(5)掌握爆破器材储运及施工安全技术。

能力目标

(1)会确定炸药用量；

(2)会进行爆破设计；

(3)能选择钻孔机具，能选择爆破器材；

(4)会设计预裂和光面爆破；

(5)能正确处理各种爆破安全技术问题。

　　水利水电工程施工中，常采用爆破方法完成诸如基坑开挖、地下厂房开挖、石料开采、隧洞(隧道)开挖、定向爆破筑坝或截流、库区清理、渠道开挖、松动爆破、水下爆破、控制拆除爆破等。

　　开挖施工进度和单位耗药量与岩石的级别有关，水利水电工程中，依据开挖方法、开挖难易、坚固系数等分为 16 级，其中土分为 4 级，岩石分为 12 级。Ⅴ级岩石坚固系数 f 为 1.5～2.0，ⅩⅤ级岩石坚固系数 f 为 20～25，其余按照 2 递增。Ⅴ级以上岩石常采用爆破法开挖。

　　分析爆破机制，正确掌握各种爆破技术，可加快工程进度，保证工程质量和降低工程成本。

■ 任务 1　爆破基本原理

炸药爆炸属于化学反应。它是指炸药在一定起爆能（撞击、点火、高温等）的作用下，在瞬时发生化学分解，产生高温、高压气体（如 CO_2、CO、NO、NO_2、H_2O 等），对相邻的介质产生极大的冲击压力，并以波的形式向四周传播。若在空气中传播，称为空气冲击波，在岩土中传播，则称为地震波。

爆破是炸药爆炸对周围介质的作用。它主要利用炸药爆炸瞬时释放的能量，使介质压缩、松动、破碎或抛掷等，以达到开挖或拆毁的目的。冲击波通过介质产生应力波，如果介质为岩土，当产生的压应力大于岩土的压限时，岩土被粉碎或压缩；当产生的拉应力大于岩土的拉限时，岩土产生裂缝，爆炸气体的气刃效应则产生扩缝作用。

1　无限均匀介质中的爆破

当爆破在无限均匀的理想介质中进行时，冲击波以药包中心为球心，呈同心球向四周传播。由于各向同性介质的阻尼作用，随着距球心距离的增大，冲击压力波逐渐衰退，直至全部消逝。若用一平面沿爆心剖切，可将爆破作用的影响范围划分为如图 2-1 所示的三个作用圈。

1—药包；2—压缩圈；3—抛掷圈；
4—松动圈；5—震动圈
图 2-1　爆破作用圈

1.1　压缩圈（粉碎圈）

当爆炸冲击波产生的压应力大于岩土的压限时，紧邻药包的介质若为塑性体（土体），将受到压缩，形成一空腔；若为脆性体（岩体），将遭粉碎，形成粉碎圈，相应半径为压缩半径或粉碎半径 R_c。

1.2　破坏圈

由于冲击波逐渐衰减，该圈内爆炸冲击波产生的压应力小于岩土的压限，但爆炸冲击波产生的环向拉应力和在波阵面上产生的切向拉应力大于岩土的拉限时，将分别引起径向裂缝和弧状裂缝，紧随其后的爆炸气体产生扩缝作用，岩土被破坏。

该圈内靠近粉碎圈的部分介质除破坏外，介质中尚有富余的抛掷势能，有临空面时，这部分介质将发生抛掷，这个范围称为抛掷圈，相应的半径称为抛掷半径 R。抛掷圈外的一部分介质，爆炸作用只能使其松动破裂，这一范围称为松动圈或破裂圈，相应的半径称为松动半径或破裂半径 R_p。

1.3　震动圈

松动圈外的部分介质，随着冲击波作用的进一步衰减，爆炸冲击波产生的压应力和拉应力都分别小于岩土的压限和拉限，只能使这部分介质产生震动，称为震动圈，相应的半径称为震动半径 R_z。

以上各圈只是为说明爆破作用而划分的，并无明显界限，其作用半径与炸药特性、炸药用量、药包结构、爆炸方式以及介质特性等密切相关。

2 有限均匀介质中的爆破

2.1 自由面(临空面)

土岩介质与空气介质的交界面往往称为自由面或临空面。当自由面(临空面)在爆破作用的影响范围以内时,自由面将对爆破产生聚能作用和反射拉力波作用。

假若在无限介质中有两个空穴,A孔装有球形药包,B为空孔。药孔A爆炸后,由于空孔B表面没有阻力,冲击波不再呈球状向四周扩散,而是向B孔集中,犹如空孔成了吸引介质流的中心,如图2-2所示。若将药包视为阳极,空孔视为阴极,二者相当于静电学上的电偶关系,所以聚能作用也称爆炸偶极子作用。自由面可看作是无限大的空穴。

冲击波由岩石介质到空气介质,越过临空面时将产生反射,形成拉力波。此拉力波形成的拉应力与由药包传来的压力波产生的压应力之差超过岩石的抗拉强度时,便从临空面向药包反射,引起弧状裂缝。与此同时,压力波在岩石中的传播,其波阵面产生切向拉应力,从而引起径向裂缝。于是,环向裂缝和径向裂缝将岩石切割成碎块。加之天然岩体本身存在不规则的节理和裂缝,且与药包距离不等,能量分布不均,使实际爆破后的岩石成为形状各异、大小不等的块体。

2.2 爆破漏斗

当药包的爆破作用具有使部分介质抛向临空面的能量时,有限介质中的爆破往往形成一个倒立圆锥形的爆破坑,形如漏斗,如图2-3所示。

A—装药空穴;B—空的空穴

图2-2 爆炸偶极子作用示意图

1—药包;2—飞渣回落充填体;3—坑外堆积物

图2-3 爆破漏斗示意图

爆破漏斗的几何特征参数有:药包中心至临空面的最短距离,即最小抵抗线长度W,爆破漏斗底半径r,爆破作用半径R,可见漏斗深度P和抛掷距离L。爆破漏斗的几何特性反映了药包重量和埋深的关系,反映了爆破作用的影响范围。显然,爆破作用指数$n = r/W$最能反映爆破漏斗的几何特性,它是爆破设计中最重要的参数。n值大形成宽浅式漏斗,n值小形成窄深式漏斗,甚至不出现爆破漏斗,故可用n值大小对爆破进行分类。

(1)当$n = 1$时,称为标准抛掷爆破。

(2)当$n > 1$时,称为加强抛掷爆破。

(3)当$0.75 < n < 1$时,称为减弱抛掷爆破。

(4)当$0.33 < n \leq 0.75$时,称为松动爆破。

(5)当 $n \leqslant 0.33$ 时,称为隐藏式爆破。

以上各类爆破的药包分别称为标准抛掷药包、加强抛掷药包、减弱抛掷药包、松动药包和炸胀药包。

抛掷爆破抛起的部分渣料回落到漏斗坑内,形成可见漏斗,其深度 P 可按式(2-1)计算:

$$P = CW(2n - 1) \tag{2-1}$$

式中　C——介质系数,对于岩石 $C = 0.33$,对于黏土 $C = 0.4$。

抛掷堆积距药包中心的最大距离称为抛距 L,可按式(2-2)计算:

$$L = 5nW \tag{2-2}$$

式中　n——爆破作用指数;

　　　W——最小抵抗线长度。

3　炸药及药量计算

3.1　炸药的主要性能指标

爆破应根据岩石性质和施工要求选择不同特性的炸药。反映炸药特性的基本性能指标有威力、安定性、敏感度、最佳密度、氧平衡、殉爆距等。

(1)威力:以爆力和猛度表示,前者又称静力威力,用定量炸药炸开规定尺寸铅柱体内空腔的容积来表示,它表征炸药破坏一定体积介质的能力。后者又称动力威力,用定量炸药炸塌规定尺寸铅柱体的高度来表示,它表征炸药爆炸时粉碎一定体积介质的能力。威力的大小主要反映在爆速、爆热、爆温、爆气量与爆压等几方面。

(2)安定性:是指炸药在长期贮存和运输过程中,保持自身物理性和化学性质稳定不变的能力。物理安定性主要有吸湿、结块、挥发、渗油、老化、冻结、耐水等性能。化学安定性取决于炸药的化学性能。例如,硝化甘油类炸药在 50 ℃ 时开始分解,如果热量不能及时散发,可能引起自燃与爆炸。

(3)敏感度:是指炸药在外界能量的作用下,发生爆炸的难易程度。不同的炸药对不同的外界能量的敏感程度往往是不可比的。炸药的敏感度常用爆燃点、发火性、撞击敏感度和起爆敏感度等来表示。爆燃点是指在规定时间内(5 min)使炸药发生爆炸的最低温度,发火性是指炸药对火焰的敏感程度,撞击敏感度是指炸药对机械作用的敏感程度,起爆敏感度是指引起炸药爆炸的极限药量。炸药的敏感度常随掺合物的不同而改变。例如,在炸药中掺有棱角坚硬物(砂、玻璃、金属屑等)时敏感度提高;当掺有水、石蜡、沥青、油、凡士林等柔软、热容量大、发火点高的掺合物时,敏感度降低。

(4)最佳密度:是指炸药能获得最大爆破效果的密度。炸药密度凡高于和低于此密度,爆破效果都会降低。

(5)氧平衡:是炸药含氧量和氧化反应程度的指标。当炸药的含氧量恰好等于可燃物完全氧化所需要的氧量,则生成无毒 CO_2 和 H_2O,并释放大量热能,称为零氧平衡。若含氧量大于需氧量,生成有毒的 NO_2,并释放较少的热量,称为正氧平衡。若含氧量不足,只能生成有毒的 CO,释放热量仅为正氧平衡的 1/3 左右。显然,从充分发挥炸药化学反应的放热能力和有利于安全出发,炸药最好是零氧平衡。考虑到炸药包装材料燃烧的需氧量,炸药通常配制成微量的正氧平衡。氧平衡可通过炸药的掺合来调整。例如,TNT 炸药是负氧平衡,掺入正氧平衡的硝酸铵,使之达到微量的正氧平衡。对于正氧平衡的炸药药卷,也可增加包装纸爆炸燃烧达到零氧平衡。

(6)殉爆距:是由于一个药包的爆炸引起与之相距一定距离的另一药包爆炸的现象。殉爆距是能够连续三次使该药包出现殉爆现象的最大距离。

炸药起爆后,若能以恒定不变的速度自始至终保持完整的爆炸反应,称为稳定的爆炸。在钻孔爆破中影响爆炸稳定性的因素有药包直径(d)和炸药密度(ρ)。

3.2 常用工程炸药的种类

炸药一般分为起爆炸药和主炸药。起爆炸药是用于制造起爆器材的炸药。其主要特点有:敏感度高;爆速增加快,易由燃烧转为爆轰;安定性好,特别是化学安定性好;有很好的松散性和压缩性。常用的起爆炸药主要有:雷贡 $Hg(CNO)_2$,50 ℃开始分解,160 ℃爆炸,对温度敏感;叠氮化铅 $Pb(N_3)_2$,比雷贡迟钝,不溶于水;二硝基重氮酚 $C_6H_2O_5N_4$,安定性好,起爆能力强,相对安全,价格便宜等。

主炸药是产生爆破作用的炸药。其主要特点是威力大,能被普通雷管引爆;成本低,种类多(适用于各种条件),安全可靠。

工程中常用炸药主要有三硝基甲苯(TNT)、胶质炸药、铵锑炸药、浆状炸药、乳化炸药、黑火药等。

TNT 是一种烈性炸药,呈黄色粉末或鱼鳞片状,热安定性好,遇火能燃烧(特别条件下能转为爆炸),机械敏感度低,难溶于水,可用于水下爆破。爆炸后呈负氧平衡,故一般不用于地下工程。爆破爆速 7 000 m/s,爆热 950 kcal❶/kg,价格昂贵。由于威力大,常用来做副起爆药(雷管加强药)。

胶质炸药的主要成分是硝化甘油,威力大、密度大、抗水性强,可做副起爆炸药,可用于水下和地下爆破工程。它价格昂贵,爆力 500 mL,猛度 22~23 mm。如国产 SHJ-K 水胶炸药,不仅威力大,抗水性好,且敏感度低,运输、贮存和使用均较安全。

铵锑炸药是淡黄色粉末,本身有毒但爆炸气体无毒,敏感度小,价格低,易潮湿结块。主要成分是硝酸铵加少量的 TNT(敏感剂)和木粉(可燃剂)混合而成。调整三种成分的百分比可制成不同性能的铵锑炸药。国产铵锑炸药品种有露天铵锑炸药 1#、2#、3#,岩石铵锑炸药 1#、2# 和安全铵锑炸药等。铵锑炸药性能指标见表 2-1 。

表 2-1　铵锑炸药性能指标

性能	$1^{\#}_{岩}$	$2^{\#}_{岩}$	$1^{\#}_{露}$	$2^{\#}_{露}$	$3^{\#}_{露}$
爆力(mL)	350	320	300	250	230
猛度(mm)	13	12	11	8	5
殉爆距(cm)	6	5	4	3	2
密度(g/cm³)	0.45~1.1	0.95~1.1	0.85~1.1	0.85~1.1	0.85~1.1

❶　1 kcal≈4.2 kJ。

硝酸铵加入一定配比的松香、沥青、石蜡和木粉,可改善炸药的吸湿性和结块性,用于潮湿和有少量水的地方,爆破中等坚固的岩石;加入一定成分的 35# 柴油,则可制成性能良好的铵-油炸药。

浆状炸药可以是非黏稠的晶质溶液、黏稠化的胶体溶液或黏稠并交联的凝胶体。几乎所有的浆状炸药都含有增稠的胶凝剂,含有水溶性剂的浆状炸药又叫水胶炸药。水胶炸药性能主要取决于其配方和胶凝系统的制造工艺。其优点是炸药密度、形态及其性能可在较大的范围内调整,有突出的抗水性能,但其抗冻性和稳定性有待改善。

乳化炸药是以氧化剂水溶液与油类经乳化而成的油包水型的乳胶体做爆炸性基质,再添加少量氯酸盐和过氯酸盐做辅助氧化剂。乳化剂胶体是乳化炸药中的关键组成部分。乳化剂是一种表面活性剂,用来降低水油的表面张力,形成水包油或油包水的乳化物。乳化炸药的爆速较高,且随药柱直径增大、炸药密度增大而提高。其抗水性能强,爆炸性能好。

黑火药由 60% ~75% 硝石,加 10% ~15% 硫磺,再加 15% ~25% 木炭掺合而成,制作简单、成本低廉、易受潮、威力小,适用于爆破松软岩石和做导火索。

3.3 药量计算

在进行药量计算时,应首先分清药包的类型,因为药包的类型不同,药量计算也不一样。按形状,药包分为集中药包和延长药包。当药包的最长边与最短边的比值 $L/a \leqslant 4$ 时,为集中药包;当 $L/a > 4$ 时,为延长药包。对于洞室爆破,常用集中系数 Φ 来区分药包的类型。当 $\Phi \geqslant 0.41$ 时为集中药包;反之,为延长药包或条形药包。

$$\Phi = 0.62 \frac{\sqrt[3]{V}}{b} \tag{2-3}$$

式中　b——药包中心到药包最远点的距离,m;

　　　V——药包的体积,m³。

对单个集中药包,药量可按式(2-4)计算:

$$Q = KW^3 f(n) \tag{2-4}$$

式中　K——单位耗药量,kg/m³;

　　　W——最小抵抗线长度,m;

　　　$f(n)$——爆破作用指数函数,标准抛掷爆破 $f(n) = 1$,加强抛掷爆破 $f(n) = 0.4 + 0.6n^3$,减弱抛掷爆破 $f(n) = [(4+3n)/7]^3$,松动爆破 $f(n) = n^3$。

爆破设计时,标准抛掷爆破的单位用药量 K 值(标准情况)可根据试验确定,也可参考表 2-2 确定。所谓标准情况,是指标准抛掷爆破,标准炸药,在一个临空面的平地上进行爆破。随着临空面的增多,单位耗药量随之减少,有两个临空面为 $0.83K$,有三个临空面为 $0.67K$。当采用非标准炸药,尚须用爆力换算系数 e 对表 2-2 中的 K 值进行修正。

$$e = \frac{e_b}{e_i} \tag{2-5}$$

式中　e_i——实际采用炸药的爆力值,cm³;

　　　e_b——标准炸药爆力值,国内以 2# 岩石铵锑炸药为标准炸药,其爆力值为 320 cm³。

表 2-2　单位用药量 K 值　　　　　　　　　　　　（单位：kg/m³）

岩石种类	K 值	岩石种类	K 值	岩石种类	K 值
黏土	1.0 ~ 1.1	砾岩	1.4 ~ 1.8	坚实黏土、黄土	1.1 ~ 1.25
泥灰岩	1.2 ~ 1.4	片麻岩	1.4 ~ 1.8	页岩、千枚岩、板岩	1.2 ~ 1.5
石灰岩	1.2 ~ 1.7	花岗岩	1.4 ~ 2.0	石英斑岩	1.3 ~ 1.4
砂岩	1.3 ~ 1.6	闪长岩	1.5 ~ 2.1	石英砂岩	1.5 ~ 1.8
流纹岩	1.4 ~ 1.6	辉长岩	1.6 ~ 1.9	安山岩、玄武岩	1.6 ~ 2.1
白云岩	1.4 ~ 1.7	辉绿岩	1.7 ~ 1.9	石英岩	1.7 ~ 2.0

任务 2　爆破基本方法

　　工程爆破的基本方法有孔眼爆破、洞室爆破和药壶爆破等。孔眼爆破又分为浅孔爆破和深孔爆破。爆破方法取决于工程规模、开挖强度和施工条件。

1　孔眼爆破

1.1　浅孔爆破

　　浅孔爆破是炮孔深度 L 一般小于 5 m，装药引爆的爆破技术。它适用于各种地形条件和工作面情况，有利于控制开挖面的形状和规格，使用的钻孔机具较简单，操作方便，但劳动强度大，生产效率低，孔耗大，不适合大规模的爆破工程。

1.1.1　浅孔爆破的炮孔布置原则

　　炮孔布置合理与否，直接关系到爆破效果。设计时要充分利用天然临空面或积极创造更多的临空面。例如，在基础开挖时往往先开挖先封槽，形成阶梯，这样不仅便于组织钻孔、装药、爆破和出渣等流水作业，安排出渣运输和基坑排水，避免施工干扰，加快进度，而且有利于提高爆破效果，降低成本；布孔时，宜使炮孔与岩石层面和节理面正交，不宜穿过与地面贯穿的裂缝，以防漏气，影响爆破效果。图 2-4 表示梯段爆破布孔图。平面上炮孔一般采用梅花状布置。

图 2-4　阶梯爆破布孔示意图

1.1.2　浅孔爆破技术参数计算

底盘抵抗线长度 $W_p(m)$：　　　　　　$W_p = K_w d$　　　　　　　　　　(2-6)

阶梯高度 $H(m)$：　　　　　　　　　　$H = K_h W_p$　　　　　　　　　　(2-7)

炮孔深度 $L(m)$：　　　　　　　　　　$L = K_L H$　　　　　　　　　　(2-8)

炮孔间距 $a(m)$：　　　　　　　　　　$a = K_a W_p$　　　　　　　　　　(2-9)

炮孔排距 $b(m)$：　　　　　　　　　　$b = (0.8 \sim 1.2)W_p$　　　　　　(2-10)

装药长度 $L_{药}(m)$：　　　　　　　　$L_{药} = (1/3 \sim 1/2)L$　　　　　　(2-11)

式中　K_w——岩石性质对抵抗线的影响系数，常采用 $15 \sim 30$；

　　　K_h——防止爆破顶面逸出的系数，常采用 $1.2 \sim 2.0$；

　　　K_L——岩性对孔深的影响系数，坚硬岩石取 $1.1 \sim 1.15$，中等坚硬岩石取 1.0，松软岩石取 $0.85 \sim 0.95$；

　　　K_a——起爆方式对孔距的影响系数，火花起爆取 $1.0 \sim 1.5$，电气起爆取 $1.2 \sim 2.0$；

　　　d——炮孔直径，m。

1.2　深孔爆破

深孔爆破是炮孔深度 L 大于 5 m、装药引爆的爆破技术。深孔爆破适用于料场和基坑规模大、强度高的采挖工作，且多采用松动爆破。深孔爆破具有爆破单位体积岩体所耗的钻孔工作量和炸药量少，爆破控制性差，对保留岩体影响大等特点。深孔爆破常用冲击式、回转式、潜孔钻等造孔。

1.2.1　深孔布置

深孔爆破的炮孔布置原则与浅孔爆破基本相同，平面上也采用梅花状布置；垂直方向上主要有垂直孔和倾斜孔两种，如图 2-5 所示。

(a)垂直孔布置　　　　　　　　　(b)倾斜孔布置

图 2-5　露天深孔布置图

1.2.2　技术参数计算

底盘抵抗线长度 $W_p(m)$：

$$W_p = HD\eta d/150 \qquad\qquad (2\text{-}12)$$

超钻深度 $h(m)$：　　　　　　　$h = (0.12 \sim 0.3)W_p$　　　　　　(2-13)

炮孔间距 $a(m)$：　　　　　　　$a = (0.7 \sim 1.4)W_p$　　　　　　(2-14)

炮孔排距 $b(m)$：一般双排布孔呈等边三角形，多排呈梅花形。

$$b = a\sin 60° = 0.87a \qquad\qquad (2\text{-}15)$$

药包质量 $Q(\text{kg})$：

$$Q = 0.33KH\,W_{\text{p}}a \tag{2-16}$$

炮孔最小堵塞长度 $L_{\min}$：

$$L_{\min} \geqslant W_{\text{p}} \tag{2-17}$$

式中　D——岩石硬度影响系数，一般取 $0.46 \sim 0.56$；

　　　η——阶梯高度系数，见表 2-3；

　　　d——炮孔直径，mm；

　　　K——系数，坚硬岩 $0.54 \sim 0.6$，中坚岩 $0.3 \sim 0.45$，松软岩 $0.15 \sim 0.3$；

　　　其他符号意义同前。

表 2-3　阶梯高度系数 η 值

$H(\text{m})$	10	12	15	17	20	22	25	27	30
η	1.0	0.85	0.74	0.67	0.6	0.56	0.52	0.47	0.42

2　洞室爆破

工程设计和施工中，有时需要开凿洞室装药进行大量爆破来完成特定的施工任务。如采料、截流或定向爆破筑坝等。根据地形条件，一般洞室爆破的药室常用平洞或竖井相连，装药后须按要求将平洞或竖井堵塞，以确保爆破施工质量和效果，如图 2-6 所示。

(a)竖井布置　　　　(b)平洞布置　　　　(c)条形药包布置

1—平洞；2—竖井；3—药室

图 2-6　洞室爆破洞室布置示意图

2.1　导洞与药室布置

导洞可以是平洞或竖井。当开挖工程量相近时，平洞比竖井投资少、施工方便，具体应根据地形条件选择。平洞截面一般取 1.2 m×1.8 m，竖井取 1.5 m×1.5 m，以满足最小工作面需要。平洞不宜太长，竖井深度也应不大于 30 m，以利自然通风。对于群孔药包，为了减少开挖量，连接药室的洞井宜布置成 T 形或倒 T 形。对条形布药，可利用与自由面平行的平洞作为药室。集中装药的药室以接近立方体为好。药室容积 $V(\text{m}^3)$ 可按式(2-18)计算:

$$V = CQ/\Delta \tag{2-18}$$

式中　C——炸药的装填系数,它与药室支护及装药方式有关,有支护可取 $1.5 \sim 1.8$,无支护可取 $1.1 \sim 1.25$,散装取小值,袋装取大值;

　　　Q——装药量,t;

　　　Δ——炸药密实度,t/m³。

集中布药,药室间距 $a(\text{m})$ 和药室排距 $b(\text{m})$ 可分别按式(2-19)、式(2-20)计算:

$$a = (1.1 \sim 1.2)W_\text{p} \tag{2-19}$$

$$b = (1.3 \sim 1.4)W_\text{p} \tag{2-20}$$

式中　W_p——相邻药室的平均最小抵抗线长度,m,$W_\text{p} = (0.6 \sim 0.8)H$。

2.2　洞室爆破施工

装药前应对洞室内的松石进行处理,并做好排水和防潮工作。

装药时,先在药室四周装填选用的炸药,再放置猛度较高、性能稳定的炸药,最后于中部放置起爆体。起爆体质量为 $20 \sim 25$ kg,内装有敏感度高、传爆速度快的烈性起爆炸药,其中安放几个电雷管组或传爆索。起爆药量通常为总装药量的 $1\% \sim 2\%$。

堵塞时先用木板或其他材料封闭药室,再用黏土填塞 $3 \sim 5$ m,最后用石渣料堵塞。总的堵塞长度不能小于最小抵抗线长度的 $1.2 \sim 1.5$ 倍。对 T 形导洞可适当缩小堵塞长度。

3　改善爆破效果的方法和措施

改善爆破效果的目的是提高爆破的有效能量利用率,应针对不同情况采用不同的方法和措施。

3.1　充分利用和创造临空面

充分利用多面临空的地形,或人工创造多面临空的自由面,有利于降低爆破的单位耗药量。当采用深孔爆破时,增加梯段高度或用斜孔爆破,均有利于提高爆效。平行坡面的斜孔爆破,由于爆破时沿坡面的阻抗大体相等,且反射拉力波的作用范围增大,通常可较竖孔的能量利用率提高 50%。斜孔爆破后边坡稳定,块度均匀,还有利于提高装车效率。

3.2　采用毫秒微差挤压爆破

　·　毫秒微差挤压爆破是利用孔间微差迟发不断创造临空面,使岩石内的应力波与先期产生残留在岩体内的应力相叠加,从而提高爆破的能量利用率。在深孔爆破中可降低单位耗药量 $15\% \sim 25\%$。

3.3　采用不耦合装药,提高爆破效果

炮孔直径与药包直径的比值称为不耦合系数。其值大小与介质、炸药特性等有关。由于药包四周存在空隙,降低了爆炸的峰压,从而降低或避免了过度粉碎岩石,也使爆压作用时间增长,提高了爆破能量利用率。

3.4　分段装药爆破

一般孔眼爆破,药包位于孔底,爆后块度不均匀。为改善爆破效果,沿孔长分段装药,使爆能均匀分布,且增长爆压作用时间。图 2-7 为分段装药示意图,图 2-7(a)俗称竹节

炮,图2-7(b)俗称竹节坛子炮。分段装药的药包(或药壶)宜设在坚硬完整的岩层内,空穴设于软弱岩层内。在孔深20 m以内,一般分2~3段装药,底部药包通常占总药量的60%~70%。堵塞段长应不小于计算抵抗线的7/10。

(a)竹节炮　　　　　　　　(b)竹节坛子炮

1—药包;2—空穴;3—药壳;4—堵塞段;5—底部药包

图2-7　分段装药药包构造图

3.5　保证堵塞长度和堵塞质量

一般堵塞良好时其爆破效果和能量利用率较堵塞不良的可以成倍提高。工程中应严格按规范进行爆破施工质量控制。

【案例2-1】　龙羊峡水电站工程岸坡坝基开挖

岸坡采用台阶式分层,基坑采用组层开挖的方式。坝区河谷层V形,岸坡为60°~70°。坝型为混凝土重力拱坝,最大坝高175 m。基岩为花岗闪长岩,裂缝发育。主体工程开挖量约141万m³。

以深孔爆破为主,建基面上下游边坡采取预裂爆破减震措施,出渣用4 m³挖掘机配20 t自卸汽车;主坝基开挖分层及开挖量见表2-4。

表2-4　龙羊峡水电站坝基开挖分层及开挖量

分层	厚度(m)	高程(m)	开挖量(万m³)
第1层	8	2 460(2 465)~2 452	7.29
第2层	8	2 452~2 444	6.00
第3层	5	2 444~2 439	3.04
第4层	4	2 439~2 435	2.00(为保护层开挖,含2 465 m以下边坡保护层)

任务3　钻孔机具和爆破器材

1　钻孔机具

钻孔的效率和质量很大程度上取决于钻孔机具。爆破施工中多数采用孔眼爆破法。

钻爆作业中,浅孔爆破多用风钻钻孔,采石、基础开挖等作业则多用大型钻机进行深孔作业。

1.1　风钻

浅孔爆破作业中,向下钻垂直孔,多采用轻型手提式风钻;向上及倾斜钻孔,则多采用支架式重型风钻,所用风压一般为 $4 \times 10^5 \sim 6 \times 10^5$ Pa,耗风量一般为 $2 \sim 4$ m³/min。国内常用 YT-23 型、YT-25 型和 YT-30 型以及带腿的 YTP-26 型风钻。YT-23 型自重轻,钻孔效率高。

1.2　回转式钻机

回转式钻机一般以钻孔最大深度表示钻机的型号。例如,国产 XJ-100 型和 X-300 型回转式钻机。回转式钻机可钻斜孔,钻进速度快。钻杆端部可根据钻孔孔径要求装大小不同的钻头,如钢钻头和嵌有合金刀片的各种形式钻头、钻石钻头等。钻进过程中为了排除岩粉,冷却钻头,由钻杆顶部通过空心钻杆向孔内注水。钻松软岩石时,可向孔内注入泥浆,使岩屑悬浮至表面溢出孔外,泥浆还起固护孔壁的作用。

1.3　冲击式钻机

冲击式钻机(见图 2-8)工作时只能钻垂直向下的孔。钻具凭自重下落冲击岩石,其自重和落高是机械类型的控制参数,如国产 CZ-20 型、CZ-2 型钻机。钻孔时每冲击一次,钢索旋转带动钻具旋转一个角度,以保证钻具均匀破碎岩石,形成圆形钻孔。钻进时应向孔内加水,以冷却钻头。

1.4　潜孔钻

潜孔钻结构较回转式钻机和冲击式钻机有进一步改进,钻孔效率较高。通常一根钻杆的有效钻孔深度为 8 m。国内常用的 YQ-150A 型钻机,钻孔直径 170 mm,钻孔方向有 45°、60°、75°、90°四种。钻进过程中,粉尘由设在孔口的捕尘罩借助抽风机将粉尘吸入集尘箱处理。潜孔钻运行可靠,是一种通用的、功能良好的深孔作业钻孔机械。

1—绞车;2—偏心轮;3—连杆;
4、5、6—滑轮;7—钢索;
8—钻具;9—钻架;10—履带;
11—支撑千斤顶

图 2-8　冲击式钻机

2　起爆器材与起爆方法

起爆方式方法的好坏不仅关系到药包能否安全准爆,而且对炸药能量是否能充分利用、爆破抛掷方向能否有效控制、建筑物及其基础减震防裂作用的大小都有直接影响。结合工程应用,主要起爆方法有导火索起爆法、电力起爆法、导爆管起爆法和导爆索起爆法。

2.1　导火索起爆法

导火索起爆法又称火雷管起爆法,是利用导火索产生的火焰使火雷管爆炸,从而引起药包爆炸的方法。

火雷管由管壳、起爆炸药和加强帽组成,如图 2-9(a)所示。管壳一般用铜、铝、塑料等材料制成,一端压成凹形穴,起聚能作用,导火索从另一端插入。起爆炸药分正、副两部分,正起爆炸药常为雷汞或氮化铅等。导火索一般由压缩的黑火药做线芯,外缠纱线并涂沥青防水。导火索在贮存、运输和使用中应防止折断,使用前应进行燃速试验。导火索的

1—聚能穴;2—副起炸药;3—正起炸药;4—缓燃剂;5—点火桥丝;6—雷管外壳;
7—密封胶;8—脚线;9—加强帽;10—帽孔;11—微型安全电路

图2-9 各种类型雷管的构造

长度由炮工撤至安全区及点炮所需的总时间来确定。

导火索起爆虽然简便,但一次点炮的数目不宜太多,不宜用于重要的、大型爆破工程。导火索起爆法应注意以下几点:

(1)点火前用快刀切除导火索点火端5 cm,严禁边点火边切除。

(2)应使用导火索段或专用点火器材点火。

(3)在爆破区附近应有点炮人员的安全避炮设施。

2.2 电力起爆法

电雷管与火雷管的不同之处在于管的前段装有电点火装置,如图2-9(b)、(c)所示。当电雷管中输入大于安全准爆电流后即可起爆。

电雷管按起爆时间的不同,分为即发电雷管、秒延发电雷管和毫秒微差电雷管三种。常用的即发电雷管为6~8号;秒延发电雷管在点火装置与加强帽之间加了一段缓燃剂,根据缓燃剂的性质和多少控制延发时间。国产的延发电雷管分7段,每段延发间隔1 s;毫秒微差电雷管的缓燃剂是特殊的延发剂,一般延发时间为25~200 ms,国产毫微差秒电雷管共有20段。一般电雷管因爆点附近有杂散电流而容易产生意外爆炸,国产BJ-1型安全电雷管则有抗杂散电流的功能,如图2-9(d)所示。

电力起爆适用于远距离同时或分段起爆大规模药包群。可用仪表检测电雷管和起爆网路,保证起爆的安全可靠性。为了安全准爆,要求通过每个电雷管的最小准爆电流:直流电流为1.8 A,交流电流为2.5 A;雷管电阻为1.0~1.5 Ω,成组串联的电雷管电阻差最大不得大于 0.25 Ω;不同种类的即发电雷管和延发电雷管不能串联在同一支路上,只能分类串联,各支路间可以相互并联接入主线,但各支路电阻必须保持平衡。

　　常用的电爆网路连接方法有串联法、并联法和混合联法(见图 2-10)。串联法要求电压大而电流小,导线损耗小,接线和检测容易,但只要有一处脚线或雷管断路,整个网路的雷管将全部拒爆;并联法要求电压小而电流大,导线损耗大,只要主线不断损,雷管间互不影响;串联法和并联法只宜用于小规模爆破。为了准爆和减小电流消耗,施工中多采用混合连接,如串并联和并串联,对于分段起爆的网路,各段分别采用即发电雷管或某一延发电雷管,则宜采用并—串—并联网路。

1—电源;2—输电线路;3—药包;4—支路
图 2-10　电爆网路连接示例

　　起爆网路连接方式选定后,尚须进行电路设计计算。如网路的总电阻、准爆总电流、所需的总电压以及通过每个雷管的电流强度等。

　　电力起爆应注意以下几点:

　　(1)只允许在无雷电天气、感应电流和杂散电流小于 30 mA 的区域使用。

　　(2)爆破器材进入爆破区前,现场所有带电的设备、设施、导电的管与线设备必须切断电源。

　　(3)起爆电源开关须专用且在危险区内人员未撤离、避炮防护工作未完前禁止打开起爆箱。

2.3　导爆管起爆法

　　导爆管传递的爆轰波是一种低爆速的爆轰波,只能起爆与之相匹配的非电雷管,再由雷管爆炸引爆孔内炸药。导爆管用火或撞击均不能引爆,须用起爆枪或雷管才能起爆。

　　导爆管是一根外径 3 mm、内径 1.4 mm 的塑料软管,内壁涂有薄层烈性炸药,其传爆速度为 2 000 m/s 以上,在起爆网路中多用串联法。它适用于非电引爆的起爆系统,只能用雷管起爆,不受爆点附近杂散电流及火花影响,贮存、运输和使用比较安全。

　　导爆管起爆应严格执行以下规定:

　　(1)起爆导爆管的雷管聚能穴方向与导爆管的传爆方向相反。起爆雷管应捆扎在导爆管末端不小于 15 cm 的位置上。

　　(2)集中起爆的导爆管应用连接块连接传爆,采用捆扎法应均匀捆扎在起爆雷管的周围,导爆管不得超过两层。

　　(3)寒冷季节或高寒地区出现导爆管硬化易折断时,不得使用导爆管起爆法。

2.4　导爆索起爆法

导爆索起爆法利用绑在导爆索一端的雷管起爆导爆索,由导爆索引爆药包,即导爆索的传爆可直接引爆起爆药包,多用于深孔和洞室爆破。

导爆索由黑索金或泰安等单质炸药卷成,外涂红色或红白间色。导爆索可用火雷管或电雷管引爆。

施工中导爆索的连接一般采用搭接和扭接的方法。连接处的两根导爆索之间不得夹有杂物,且接合紧密两端捆紧。

导爆索起爆法应注意以下几点:

(1)进入孔内的导爆索须与起爆炸药包紧密结合。

(2)起爆导爆索的雷管聚能穴应朝向导爆索的传爆方向。起爆雷管应捆扎在距导爆索末端不小于 15 cm 的位置上。

(3)孔口堵塞前应对导爆索进行检查。

任务 4　特种爆破技术

特种爆破实质上是在某一特殊条件下的控制爆破。特种爆破种类繁多,实践性和针对性较强。本节主要介绍定向爆破、预裂爆破、光面爆破、水下岩塞爆破、拆除爆破及微差挤压爆破等。

1　定向爆破

1.1　定向爆破原理

爆破工程中,药包与临空面的关系相当于爆炸偶极子。当进行抛掷爆破时,介质从爆破漏斗中抛出。介质流主要沿药包中心至临空面的最短距离,即沿最小抵抗线 W 方向抛射。

向外弯曲的临空面及曲心被称为"定向坑"和"定向中心",是单药包爆破时设计的关键。群药包定向爆破,绝大部分介质流的运动是沿着几个药包联合作用所确定的方向。只要药包布置得当,群药包定向爆破的效果比单药包好。在陡峭且狭窄的山谷中采用定向爆破有时可以不用抛掷,因介质流还受重力的作用,靠重力将爆松的土岩滚到沟底预期位置(崩塌爆破)。爆破时应尽量利用天然地形布置药包,或利用辅助药包创造人工临空面,以满足工程定向抛掷的要求。

定向爆破可以用来截流、筑坝、开渠、移山填谷等。这里只对定向爆破筑坝作一些简要介绍。

1.2　定向爆破筑坝

1.2.1　基本要求

地形上要求河谷狭窄,岸坡陡峻(通常 40°以上);坝肩山体有一定的高度、厚度和可爆宽度,要求山高山厚为设计坝高的 2 倍以上,且大于坝顶设计长度。同时满足这些条件的地形是不多见的,根据经验,只要所选地形有某一方面突出的优点,也可以用定向爆破筑坝。

地质上要求爆区岩性均匀、强度高、风化弱、构造简单、覆盖层薄、地下水位低、渗水量小,爆区岩石性质适合作坝体材料,坝址地质构造受爆破震动影响在允许范围内。

定向爆破筑坝要满足整体布置条件,泄水和导流建筑物的进出口应在堆积范围以外并满足防止爆震的安全要求;施工上要求爆前完成导流建筑物、布药岸的交通道路、导洞药室的施工及引爆系统的敷设等。

1.2.2 药包布置

药包布置的总体原则是:在保证安全的前提下,尽可能提高抛掷上坝方量,减少人工加高培厚的工作量,且方便施工。

在已建成的定向爆破筑坝工程中,有20%左右采用的是崩塌爆破。尽管崩塌爆破为首选方案,但目前能直接采用崩塌爆破的地形很少,所以多采用单岸或双岸布药爆破。

条件允许时应尽可能采用双岸爆破,双岸爆破一般一岸为主爆区,另一岸为副爆区,即使在很平缓的岸坡上也可以布置几个药包作为副爆区。

如果一岸不具备条件或河谷特窄,一岸山体雄厚,爆落方量已能满足需要,则单岸爆破也是可行的。定向爆破筑坝一岸药包布置如图2-11所示。

1~5—前排药包;6~8—后排药包;9—爆破漏斗边线;
10—堆积轮廓线;11—爆破定向中心;12—导流隧洞;
13—截水墙轴线;14—设计坝顶高程;15—堆积体顶坡线

图2-11 定向爆破筑坝一岸药包布置图

药包布置的高程,一方面,为了提高抛掷上坝方量,减小人工加高培厚及善后处理工作量,药包布置应尽可能的低;另一方面,从维护工程安全出发,为了防止爆破后基岩破坏造成绕坝渗漏等问题,要求药包位于正常水位以上,且大于垂直破坏半径。药包与坝肩的水平距离大于水平破坏半径。

在实际工程中,定向爆破筑坝一般都采用群药包布置方案,药包布置位置按"排、列、层"系统考虑。药包布置应充分利用天然凹岸,在同一高程按坝轴线对称布置单排药包。若河段平直,则布置双排药包,利用前排的辅助药包创造人工临空面,利用后排的主药包保证上坝堆积方量。

2 预裂爆破

预裂爆破是在开挖区主体爆破之前,先沿设计开挖线钻孔装药并爆破,使岩体形成一条沿设计开挖线延伸的宽 1~4 cm 的贯穿裂缝,在这条缝的"屏蔽"下再进行主体爆破,冲击波的能量通常可被预裂缝削减70%,保留区的震动破坏得到控制,设计边坡稳定平整,同时避免了不必要的超挖和欠挖。预裂爆破常用于大劈坡、基础开挖、深槽开挖等爆破施工中。

2.1 预裂爆破的机制

预裂孔采用的是一种不耦合装药结构(药卷直径小于炮孔直径),由于药包和孔壁间环状空隙的存在,削减了作用在孔壁上的爆压峰值,且为孔与孔间彼此提供了聚能的空穴,冲击波能量主要在孔距较小的预裂孔间传递。因为岩石的抗压强度远大于抗拉强度,所以削减后的爆压峰值不致使孔壁产生明显的压缩破坏,只有切向拉力使炮孔四周产生径向裂纹。加之孔与孔间彼此的聚能作用,使孔间连线产生应力集中,孔壁连线上的初始裂纹进一步发展,而滞后的高压气体,沿缝产生"气刃"劈裂作用,使周边孔间连线上的裂纹全部贯通成缝。

2.2 预裂爆破设计与施工

影响预裂爆破效果的主要因素有炮孔直径 D、炮孔间距 a、装药量及装药集中度、岩石物理力学性质、地质构造、炸药品种及其特性、药包结构、起爆技术、施工条件等。预裂爆破的炮孔直径 D 通常为 50~200 mm,浅孔爆破用小值,深孔爆破用大值;为避免孔壁破坏,采用不耦合装药,不耦合系数 η 一般取 2~4;炮孔间距 a 与岩石特性、炸药性质、装药情况、缝壁平整度要求、孔径等有关,通常为 $a = (8 \sim 12)D$,小孔径取大值,大孔径取小值,岩石均匀完整取大值,反之取小值;预裂炮孔内采用线状分散间隔装药,单位长度的装药量称为线装药密度,根据不同岩性,一般 $Q_{线} = 200 \sim 400$ g/m。为克服岩石对孔底的夹制作用,孔底药包采用线装药密度的 2~5 倍。

钻孔质量是保证预裂面平整度的关键。钻孔轴线与设计开挖线的偏离值应控制在15 cm 之内。

预裂炮孔的孔口应用粒径小于 10 mm 的砾石堵塞。起爆时差控制在 10 ms 以内,以利用微差爆破提高爆破效果。

为阻隔主爆区传来的冲击波,应使预裂孔的深度超过开挖区炮孔深度 Δh,预裂缝的长度应比开挖区里排炮孔连线两端各长 ΔL,同时应与内排炮孔保持 Δa 的距离,表 2-5 为葛洲坝工程预裂爆破开挖区与预裂缝的关系。开挖区里排炮孔宜用小直径药包,远离预裂缝的炮孔可采用大直径药包。前者为了减震,后者可以改善爆破效果。

表 2-5　葛洲坝工程预裂爆破开挖区与预裂缝的关系

药包直径 d(mm)	Δa(m)	ΔL(m)	Δh(m)
55	0.8 ~ 1.0	6	0.8
90	1.5 ~ 2.0	9	1.3
100 ~ 150	2.5 ~ 6.0	10 ~ 15	1.3

2.3　预裂爆破质量控制

预裂爆破的质量控制主要是预裂面的质量控制,通常按如下标准控制:

(1)预裂缝面的最小张开宽度应为 0.5 ~ 1 cm,坚硬岩石取小值,软弱岩石取大值。

(2)预裂面上残留半孔率:坚硬岩石不小于85%,中等坚硬岩石不小于70%,软弱岩石不小于50%。

(3)钻孔偏斜度小于1°,预裂面的不平整度不大于 15 cm。

3　光面爆破

3.1　光面爆破的机制

光面爆破即沿开挖周边线按设计孔距钻孔,采用不耦合装药毫秒爆破,在主爆孔起爆后起爆,使开挖后沿设计轮廓获得保留良好边坡壁面的爆破技术。

从原理上看预裂爆破与光面爆破并没有什么区别。只是光面爆破与预裂爆破在爆破顺序上刚好相反,是先在开挖区内对主体部位的岩石进行爆破,然后利用布置在设计开挖线上的光爆孔,将作为保护层的"光爆层"爆除,从而形成光滑平整的开挖面。

光面爆破被广泛地用于隧道(洞)等地下工程的施工中,因为它具有成型好、爆岩平整光滑、围岩破坏小、超挖少、效率高、与喷锚技术结合施工质量好且安全可靠、省材料、成本低等一系列优点。

3.2　光面爆破设计与施工

影响光面爆破效果的主要因素有炮孔直径 D、炮孔间距 a、装药量及装药集中度 $Q_{线}$、最小抵抗线(光爆层厚度)W、周边孔密集系数 m、岩石物理性质及地质构造、炸药品种及其特性、药包结构、起爆技术、施工条件等。

光面爆破设计说明书的内容有标有起爆方式的炮孔布置图、周边孔装药结构图、光爆参数一览表及其文字说明和计算、技术指标和质量要求等。

(1)炮孔直径 D。对于隧洞,常用的孔径 $D = 35 ~ 45$ mm,光面爆破的周边孔与掘进作业的其他炮孔直径一致。

(2)不耦合系数 η。一般当 $D = 62 ~ 200$ mm 时,$\eta = 2 ~ 4$;当 $D = 35 ~ 45$ mm 时,$\eta = 1.5 ~ 2.0$。

（3）周边炮孔间距 a。a 值过大，W 值大则须加大装药量，从而增大围岩的损坏和震裂，W 值小则周边会凹凸不平；a 值过小而 W 值取大，则爆后难以成缝。通常 $a = (12 \sim 16)D$，具体视岩石硬度而定。如果在两炮孔间加一不装药的导向孔效果更好。

（4）线装药密度 $Q_{线}$。一般当露天光面爆破 $D \geqslant 50$ mm、$W > 1$ m 时，$Q_{线} = 100 \sim 300$ g/m，完整坚硬的取大值，反之取小值。全断面一次起爆时适当增加药量。

（5）光爆层厚度 W 与周边炮孔密集系数 m。光爆层是周边炮孔与主爆区最边一排炮孔之间的那层岩石，其厚度就是周边炮孔的最小抵抗线 W，一般等于或略大于炮孔间距 a，在隧洞爆破中取 $W = 70 \sim 80$ cm 较好。a 与 W 的比值称为炮孔密集系数 m，它随岩石性质、地质构造和开挖条件的不同而变化，一般 $m = a/W = 0.8 \sim 1.0$。

（6）周边孔的深度和角度。对于隧洞开挖，从光爆效果来说周边孔越深越好，但受岩壁的阻碍，一般深度为 1.5 ~ 2.0 m，采用钻孔台车作业时为 3 ~ 5 m，以一个工作班能进行一个掘进循环为原则。钻孔要求"准、平、直、齐"，但受岩壁的阻碍，凿岩机钻孔时不得不甩出一个小角度，一般要求将此角度控制在 4°以内。

（7）装药结构。常用的装药结构有三种：一是普通标准药卷（ϕ32 mm）空气间隔装药，二是小直径药卷径向空气间隙连续装药，三是小直径药卷（ϕ20 ~ 25 mm）间隔装药。

3.3　光面爆破质量控制

（1）周边轮廓尺寸符合设计要求，岩石壁面平整。露天光爆壁面不平整度控制在 ±20 cm 以内；隧洞工程欠挖≤5 cm，超挖≤5 cm；岩石起伏差控制在 15 ~ 20 cm 以内。

（2）光爆后岩面上残留半孔率：坚硬岩石不小于80%、中等坚硬岩石不小于65%、软弱岩石不小于50%。

（3）光爆后，地质好的无危石，质地差的无大危石，保留面上无粉碎和明显的新裂缝。

（4）两排炮孔衔接处的"台阶"，露天大直径深孔光爆应控制在 30 ~ 50 cm 以内，地下隧洞工程应控制在 10 ~ 15 cm 以内。

4　水下岩塞爆破

岩塞爆破是一种水下控制爆破。一般从隧洞出口逆水流方向按常规开挖，待掌子面接近进水口位置时，预留一定厚度的岩石（称为岩塞），待隧洞和进口控制闸门全部完建后，采用爆破将岩塞一次炸除，形成进水口，使隧洞和水库连通。

4.1　岩塞布置及爆落石渣处理

4.1.1　岩塞布置

岩塞布置应根据隧洞的使用要求、地形、地质等因素确定，宜选择在覆盖层薄、岩石坚硬完整且层面与进口中心交角大的部位，特别应避开节理、裂隙、构造发育的地段。岩塞的开口尺寸应满足进水流量的要求。岩塞厚度一般为岩塞底部直径的 1 ~ 1.5 倍，太厚则难以一次爆通，太薄则不安全（见图 2-12）。

4.1.2　岩塞爆落石渣处理

岩塞爆落石渣常采用集渣和泄渣两种处理方法，如图 2-12 所示。前者为爆前在洞内正对岩塞的下方挖一容积相当的集渣坑，让爆落的石渣大部分抛入坑内，且保证运行期坑内石渣不被带走。后者为爆破时闸门开启，借助高速水流将石渣冲出洞口。采用泄渣方

(a)设集渣坑集渣　　　　　　　　(b)设缓冲坑泄渣

1—岩塞;2—集渣坑;3—缓冲坑;4—闸门井;5—引水隧洞;6—操作室

图 2-12　岩塞爆破时的岩塞布置

式时,除要严格控制岩渣块度、对闸门埋件和门楣作必要的防护处理外,为避免瞬间石渣堵塞,正对岩塞可设一流线型缓冲坑,其容积相当于爆落石渣总量的 1/4 ~ 1/5。泄渣处理方式适用于灌溉、供水、防洪隧洞一类的取水口岩塞爆破。

4.2　岩塞爆破设计

岩塞爆破设计的主要内容有:

(1)爆破器材品种、规格、数量及爆破方案。

(2)钻孔爆破施工组织和施工程序。

(3)排孔或洞室布置和装药结构。

(4)周边预裂孔网及其爆破参数。

(5)起爆分段顺序时差、起爆网路计算。

(6)爆破地震、水击波对附近建(构)筑物、设施、山坡稳定影响的计算,预防发生危害性的安全技术措施等。

岩塞爆破属于水下爆破,用药量计算应考虑静水压力的阻抗,比常规抛掷爆破药量增大 20% ~ 30%,即

$$Q = (1.2 \sim 1.3)KW^3(0.4 + 0.6n^3) \tag{2-21}$$

式中　n——爆破作用指数,一般取 1 ~ 1.5。

岩塞爆破可以是钻孔爆破,也可以是洞室爆破。药室在岩塞内呈"王"字形布置,药室开挖采用浅孔小炮,另钻少量超前孔。若发现渗水集中,可用胶管将水排出洞外,当漏水量小而分散时,可进行灌浆处理。为控制和保证洞脸围岩稳定,岩塞周边可采用预裂爆破减震防裂。

5　拆除爆破

在工程建设中,根据工程要求和爆破对象的具体条件,通过一定的技术措施,严格控制爆破能量的释放过程和介质破碎过程,使爆破对象能按预定块度破碎并坍塌在规定的范围内,保留部分及其周围建筑物、构筑物和设施不遭损害,爆破震动、空气冲击波、噪声及破碎物飞散等危害控制在规定限度以内,这样的爆破技术使用在建筑物或构筑物的全部或部分拆除上,称为拆除爆破。

与其他爆破相比,拆除爆破往往环境复杂,爆破对象和材质多种多样(主要是混凝土、钢筋混凝土、砖石砌体、三合土等),对爆破和起爆技术的准确性要求非常高。常要求

爆破过程实现定向、定距、定量及减震、减冲(击波)、减飞(石)、和减声(音)等控制。在爆破参数选择、布孔、药量计算和炸药单耗确定等设计中,常依据等能、微分、失稳等原理,采取相应的技术措施,以达到拆除爆破控制的目的。

拆除爆破应用很广,但主要用于钢筋混凝土整体框架结构、烟囱、水塔等拆除。要使这类建筑物倾倒并摔碎,必须具备三个条件:一是形成塑性铰,要在钢筋混凝土结构的各刚性结点处布置炮孔并将其炸酥;二是要形成整体倾覆力矩;三是要使钢筋混凝土承重结构失稳,即不仅要使建筑物倾倒,还要保证爆后露出的钢筋骨架在上部静压荷载的作用下超过其抗压极限强度或达到压杆失稳条件。

常用的爆除方案有原地坍塌、定向倒塌、折叠倒塌等。原地坍塌方案的实质是向内折叠坍塌方案的一种。定向倒塌方案是在建筑物底部炸开一定形状和大小的缺口,让整个建筑物绕定轴转动一定倾角后向预定方向倾倒,冲击地面而解体破坏。它是通过在承重结构的倾倒方向上布置不同破坏高度的炮孔并用不同的起爆顺序(毫秒延期)。

折叠倒塌方案适用于建筑物高度大而周围场地相对较小的情况,一般沿建筑物的高度分若干层或若干段,炸开多个缺口,使建筑物自上而下顺序定向倒塌,如图 2-13 所示。

(a)单向倾倒　　　　　　　　　　(b)双向交替倒塌

图 2-13　高耸建筑物折叠倒塌方案示意图

拆除爆破在水利水电工程施工中主要被用来拆除临时围堰、临时导墙、砂石料仓的隔墙、拌和楼的钢筋混凝土支承构架等。

6　微差挤压爆破

所谓微差挤压爆破,就是在大规模的深孔爆破中,将炮孔以毫秒级的时间间隔,分组进行顺序起爆的爆破方法。

微差爆破破碎岩石的大致过程是:先起爆的深孔相当于单孔漏斗爆破,在压缩波和拉伸波的作用下,形成破裂漏斗,并在漏斗体外的周围岩石中产生应力场及微裂隙。短时间内漏斗体内的岩石尚未明显移动,深孔内的高压爆气也未消失;在第一组深孔爆破漏斗形成后,第二组微差延发的深孔紧接着起爆,爆破漏斗成为第二组的新增临空面,爆破效果提高;若先爆一组的应力波和高压爆气在周围岩体中尚未消失,将与后一组的相互叠加,加强岩石的破碎效果;前一组爆碎的岩石在后一组爆碎岩石的挤压作用下更加破碎,前后两次产生的少量飞散岩石也相互碰撞产生补充破碎,使爆堆集中,飞散较远的碎石量也较少。

由于不同组的起爆时间有微差间隔,因而地震强度大大降低。观测资料表明,微差爆破的地震作用比一般爆破降低 1/3～2/3。

　　由于微差挤压爆破应用于深孔爆破中具有增加自由面、应力波叠加、岩块相互碰撞和挤压、地震效应减弱等一系列优点,所以微差挤压爆破被广泛应用于水利水电工程施工的基坑开挖中。

　　微差挤压爆破是爆破工作面前有堆渣的微差爆破。在一般条件下,爆破后破碎岩石的体积要比在原岩状态下增加 50%～60%,所以在自由面要留出足够的空间,在基坑开挖中一般称先锋槽。采用深孔台阶挤压爆破,爆破后岩石仅产生微动,碎胀系数仅为 1.05～1.10,这大大减少了等待爆破的停产时间和设备及建筑物转移或保护的工作量。

　　微差挤压爆破一般采用大型机械装渣,这样不怕爆渣过度挤压,只要破碎均匀块度适当即可。考虑到爆破工作面堆渣连成一体,反射波的能量减少,可适当增加单位耗药量。

　　【案例 2-2】　三峡水利枢纽坝址区基岩为坚硬的闪云斜长花岗岩体,且以微新岩体为主,岩体结构完整,整体强度较强。坝区岩体按照风化程度,自上而下一般可分为全、强、弱、微 4 个风化带,全、强风化岩体最厚接近 50 m。枢纽工程土石方开挖工程量超过 1 亿 m³,主要分布在永久船闸,临时船闸与升船机,左右岸边坡,挡水、发电和导流建筑物基础等。下面以永久船闸高边坡、坝基及保护层开挖、下岸溪砂石料场开采及围堰拆除等为例,介绍爆破开挖的程序、方法、参数及爆破安全控制标准等内容。

　　三峡工程双线五级连续永久船闸由上游引航道、闸室主体段、下游引航道、输水系统、山体排水系统组成。主体段全长 1 621 m,船闸最高边坡最大开挖深度达 170 m,闸槽开挖宽度 37 m,其中直立墙最大开挖深度 67.18 m,中间保留 57.0 m 宽的岩体中隔墩。

　　高边坡开挖遵循从上而下的开挖程序,如图 2-14 所示为永久性船闸三闸首岩石高边坡北坡开挖程序示意图。入槽前,分 5 层开挖,每层开挖高度与边坡台阶高度相同。

Ⅰ、Ⅱ、Ⅲ、Ⅳ、Ⅴ—高边坡开挖程序;①、②、③、④—临近开挖轮廓面开挖程序

图 2-14　岩石高边坡北坡开挖程序示意图　（单位:m）

　　梯段爆破中采用的钻孔直径有 76 mm、90 mm、105 mm 和 135 mm 多种,以 105 mm 为

主。采用的药卷直径为 55～130 mm 多种,与孔径相匹配。根据钻孔直径和岩石风化程度的不同,采用的孔距为 2.5～4.0 m,排距为 2.0～3.0 m,炸药单耗为 0.5～0.7 kg/m³。

为获得平整的边坡开挖面,在开挖轮廓面上,应采用预裂爆破或光面爆破,临近边坡岩体轮廓面的开挖爆破设计示意图如图 2-15 所示。边坡轮廓开挖若采用预裂爆破方式,起爆顺序为预裂爆破孔→主爆孔→缓冲孔;若采用光面爆破方式,则起爆顺序为主爆孔→缓冲孔→光面爆破孔。

图 2-15　临近边坡岩体轮廓面的开挖爆破设计示意图

预裂孔一般采用 76 mm 和 90 mm 两种孔径,孔径 0.8～1.8 m;采用 φ32 mm 药卷不耦合间隔装药,线装药密度为 350～550 g/m。

高边坡马道的保护和边坡的保护同样重要,因此在马道顶部一般需要保留 2～3 m 的马道保护层,马道保护层的开挖与坝基保护层开挖类似,宜采用水平光面爆破的方式爆破。高边坡岩体开挖中一般每次布置 4～5 排炮孔,采用微差起爆技术,梯段爆破的最大单响药量一般控制在 300 kg 以内,预裂爆破的最大单响药量一般不超过 120 kg,进入永久船闸槽开挖阶段后,梯段爆破主爆孔、缓冲孔和预裂孔的单响药量分别按照 70 kg、50 kg 和 30 kg 严格控制。

任务 5　爆破安全控制

由于炸药在土岩中爆炸时释放出的巨大能量,只有 10%～25% 用于破坏土岩,其余大部分能量都消耗于土岩的过分粉碎、抛掷以及质点振动引起的地震波和空气冲击波等方面,而爆破又往往与其他工程施工同时进行,所以爆破作业对施工现场的人员、机械设备和周围建筑物的安全构成威胁,必须认真对待和加以重视。

1　爆破作业安全防护措施

1.1　瞎炮及其处理

通过引爆而未能爆炸的药包称为瞎炮、哑炮或盲炮。瞎炮不仅达不到预期的爆破效果,造成人力、物力、财力的浪费,而且会直接影响现场施工人员的人身安全,故对瞎炮必须及时查明并加以处理。

造成瞎炮(盲炮)的原因主要是起爆材料的质量检查不严,起爆网路连接不良和网络电阻计算有误及堵塞炮泥操作时损坏起爆线路。例如,雷管或炸药过期失效,非防水炸药受潮或浸水,引爆系统线路接触不良,起爆的电流电压不足等;另外,执行爆破作业的规章制度不严或操作不当容易产生瞎炮。

爆破后,发现瞎炮(盲炮)应立即设置明显标志,并派专人监护,查明原因后进行处理。对于明挖钻孔爆破,一般瞎炮(盲炮)处理方法有:

(1)当网路中有拒爆引起瞎炮,可进行支线、干线检查处理,重新连线再次起爆。

(2)炮孔深度在 0.5 m 以内时,可用表面爆破法处理。

(3)炮孔深度在 0.5～2 m 时,宜用冲洗法处理。可先用竹、木工具掏出上部堵塞的炮泥,再用压力水将雷管冲出来或采用起爆药包进行诱爆。

(4)孔深超过 2 m 时,应用钻孔爆破法处理,即在瞎炮(盲炮)孔附近打一平行孔,孔距为原炮孔孔径的 10 倍,但不得小于 50 cm,装药爆破。

1.2　爆破器材的储运安全技术

气温低于 10 ℃运输易冻的硝化甘油炸药时,应采取防冻措施;气温低于 –15 ℃运输难冻硝化甘油炸药时,也应采取防冻措施。禁止用翻斗车、自卸汽车、拖车、机动三轮车、人力三轮车、摩托车和自行车等运输爆破器材。运输炸药雷管时,装车高度要低于车厢 10 cm。车厢、船底应加软垫。雷管箱不许倒放或立放,层间也应垫软垫。水路运输爆破器材,停泊地点距岸上建筑物不得小于 250 m。汽车运输爆破器材,汽车的排气管宜设在车前下侧,并应设置防火罩装置;汽车在视线良好的情况下行驶时,时速不得超过 20 km(工区内不得超过 15 km);在弯多坡陡、路面狭窄的山区行驶,时速应保持在 5 km 以内。行车间距:平坦道路应大于 50 m,上下坡应大于 300 m。

1.3　爆破施工安全技术

(1)装药和堵塞应使用木、竹制作的炮棍,严禁使用金属棍棒装填。

(2)地下相向开挖的两端在相距 30 m 以内时,装炮前应通知另一端暂停工作,退到安全地点。当相向开挖的两端相距 15 m 时,一端应停止掘进,单头贯通。斜井相向开挖。除遵守上述规定外,并应对距贯通尚有 5 m 长地段自上端向下打通。

(3)火花起爆,应遵守下列规定:

①深孔、竖井、倾角大于 30°的斜井,有瓦斯和粉尘爆炸危险等工作面的爆破,禁止采用火花起爆。

②炮孔的排距较密时,导火索的外露部分不得超过 1.0 m,以防止导火索互相交错而起火。

③一人连续单个点火的火炮,暗挖不得超过 5 个,明挖不得超过 10 个,并应在爆破负责人指挥下,做好分工及撤离工作。

④在信号炮响后,全部人员应立即撤出炮区,迅速到安全地点掩蔽。

⑤点燃导火索应使用香或专用点火工具,禁止使用火柴、香烟和打火机。

(4)电力起爆,应遵守下列规定:

①用于同一爆破网路内的电雷管,电阻值应相同。康铜桥丝雷管的电阻极差不得超过 0.25 Ω,镍铬桥丝雷管的电阻极差不得超过 0.5 Ω。

②网路中的支线、区域线和母线彼此连接之前各自的两端应短路、绝缘。

③装炮前工作面一切电源应切除,照明至少设于距工作面 30 m 以外,只有确认炮区

无漏电、感应电后才可装炮。

④雷雨天严禁采用电爆网路。

⑤供给每个电雷管的实际电流应大于准爆电流,具体要求是:直流电源,一般爆破不小于 2.5 A,对于洞室爆破或大规模爆破不小于 3 A;交流电源,一般爆破不小于 3 A,对于洞室爆破或大规模爆破不小于 4 A。

⑥网路中全部导线应绝缘。有水时导线应架空。各接头应用绝缘胶布包好,两条线的搭接口禁止重叠,至少应错开 0.1 m。

⑦测量电阻只许使用经过检查的专用爆破测试仪表或线路电桥。严禁使用其他电气仪表进行量测。

⑧通电后若发生拒爆,应立即切断母线电源,将母线两端拧在一起,锁上电源开关箱进行检查。进行检查的时间:对于即发电雷管,至少在 10 min 以后;对于延发电雷管,至少在 15 min 以后。

(5)导爆索起爆,应遵守下列规定:

①导爆索只准用快刀切割,不得用剪刀剪断导火索。

②支线要顺主线传爆方向连接,搭接长度不应小于 15 cm,支线与主线传爆方向的夹角应不大于 90°。

③起爆导爆索的雷管,其聚能穴应朝向导爆索的传爆方向。

④导爆索交叉敷设时,应在两根交叉导爆索之间设置厚度不小于 10 cm 的木质垫板。

⑤连接导爆索中间不应出现断裂破皮、打结或打圈现象。

(6)导爆管起爆,应遵守下列规定:

①用导爆管起爆时,应有设计起爆网路,并进行传爆试验。网路中所使用的连接元件应经过检验并合格。

②禁止导爆管打结,禁止在药包上缠绕。网路的连接处应牢固,两元件应相距 2 m。敷设后应严加保护,防止冲击或损坏。

③一个 8 号雷管起爆导爆管的数量不宜超过 40 根,层数不宜超过 3 层。

④只有确认网路连接正确,与爆破无关人员已经撤离,才准许接入引爆装置。

2 安全控制距离

在制订爆破作业安全措施时,应根据各种情况对安全控制距离进行计算,以便确定安全警戒范围和安全保护措施。

2.1 飞石安全控制距离 R_f

爆破时个别飞石对人的安全距离 R_f(m)可按下式计算:

$$R_f = 20n^2 W K_f \tag{2-22}$$

式中 W——最小抵抗线,m;

      n——爆破作用指数;

      K_f——安全系数,一般取 1.0 ~ 1.5,大风时取 1.5 ~ 2.0。

2.2 爆破地震作用安全控制距离

爆破地震安全多采用质点振速 v 进行控制,即以实测质点振速是否大于允许振速 $[v]$

（见表2-6）来判断该点处的建筑物是否安全。地表某质点振速 v 可根据一些半经验半理论的公式进行计算,可查阅有关参考书。

表2-6　爆破振动破坏允许振速 $[v]$

建筑物或构筑物情况	允许振速（cm/s）
简易木结构房屋、砖砌居住房屋、钢筋混凝土烟囱	5
无胶结材料的大型砌体房屋	1.2 ~ 1.5
砖砌体烟囱	2 ~ 5
有精密仪器的工业厂房	1.5 ~ 3
一般工业厂房、桥梁	5 ~ 10
钢筋混凝土框架结构	5 ~ 15
钢构件结构	8 ~ 16
跨度 8 ~ 10 m 的洞室（顶部岩石坚硬或中等坚硬）	8 ~ 12
跨度 15 ~ 18 m 的洞室（顶部岩石坚硬或中等坚硬）	7 ~ 10
跨度 19 ~ 25 m 的洞室（顶部岩石坚硬或中等坚硬）	4 ~ 6

在混凝土浇筑或其基础灌浆过程中,若邻近的部位还在钻孔爆破,为确保爆破时混凝土、灌浆、预应力锚杆（索）质量及电站设备不受影响,必须采取控制爆破。控制标准见表2-7。

表2-7　允许爆破质点振动速度　　　　　　　　　　（单位:cm/s）

项目	龄期(d)			说明
	3	3 ~ 7	7 ~ 28	
混凝土	1 ~ 2	2 ~ 5	6 ~ 10	
坝基灌浆	1	1.5	2 ~ 2.5	含坝体、接缝灌浆
预应力锚索	1	1.5	5 ~ 7	含锚杆
电站机电设备	0.9			含仪表、主变压器

2.3　空气冲击波影响的安全距离 R_b

空气冲击波为球形波,为保证人身安全,其波阵面的超压不应大于 1.96 万 Pa。对于建筑物避免危害影响的半径,可按下式计算:

$$R_b = K_b \sqrt{Q} \tag{2-23}$$

式中　Q——一次同时起爆药包质量,kg;

　　　K_b——与装药情况和限制破坏程度有关的系数,对于人 $K_b = 5 ~ 10$,对于建筑物要求安全无损时,裸露药包 $K_b = 50 ~ 150$,埋入药包 $K_b = 10 ~ 50$。

2.4　有害气体扩散安全控制距离

炸药爆炸生成的各种有害气体,如一氧化碳、二氧化碳、二氧化硫和硫化氢等,在空气中的含量超过一定数值就会危及人身安全。空气中爆生有害气体浓度随扩散距增加而渐减,直到许可标准,这段扩散距离可作为有害气体扩散的控制安全距离,爆破有害气体的许可量视有害气体种类不同而各异,可参考有关安全规程确定。

2.5　库区外部安全距离和库间殉爆安全距离

炸药库与炸药库之间、炸药库与雷管库之间要相隔一段殉爆安全距离,防止一处爆炸引起另一处发生爆炸。炸药库房之间、雷管库与炸药库间的最小安全距离;爆破器材库或药堆至居民区或村庄边缘的最小外部距离可参见有关规范。

项目实训

背景资料:

某枢纽由斜心墙堆石坝和水工隧洞等建筑物组成,斜心墙堆石坝坝高154 m,坝顶长1 320 m,坝底最大宽度约870 m;坝体总填筑量5 185万 m^3,坝基总开挖量866.1万 m^3。右岸坝基岩石以黏土岩和砂岩为主,软硬相同,呈互层状。黏土岩易风化破碎,砂岩裂隙发育。左岸岩层倾向偏下游,倾角7°～10°。临河地段为顺向坡,岩层倾向岸里,倾角7°～9°,左岸岩石以砂岩为主,夹薄层黏土岩。河床冲积层主要为第四系 Q_3 砂卵砾石层,渗透系数为 10^{-2}～ 10^{-4} cm/s。

(1)大坝右岸坝基于2004年12月开始开挖,2005年3月、2006年4月,右、左岸岩石爆破作业分别开始,2006年10月坝基、坝肩开挖完成。大坝采石场距坝2 km,于2006年10月开始爆破石料,采用药壶爆法施工,20 t自卸车运输上坝。

(2)此大坝基础岩石开挖爆破形式有三种:心墙齿槽区周边采用预裂爆破;心墙齿槽区底部采用保护层浅孔小药量爆破;左岸心墙槽高程139 m边坡,为保护高程145 m的混凝土盖板及固结灌浆区不受伤害,采用防震孔进行预裂爆破。

(3)岸坡石方爆破开挖布置如图2-16所示。

(4)水工隧洞相向开挖采用电爆网路光面爆破技术,用电阻表测试爆破线路的康铜桥丝电雷管的电阻极差0.5 Ω;经设计实际电流2 A,起爆器开关钥匙由每天负责爆破作业的班组长轮流保管。在隧洞开挖时相向20 m双方爆破,造成对方机械损坏和人员伤亡。

图2-16　岸坡石方爆破开挖布置

(5)在距离混凝土灌浆区20 m的3级土石围堰拆除爆破时,施工单位采用导爆索起爆方式,网路设计采用串联法。导爆索支线与主线爆破搭接长度为5 cm,在导爆索交叉处直接设置木垫板交叉,炮工把导爆索牢固缠在药包上,确认连接之后,经信号预告,无关人员迅速撤离,在预备信号发生后3 min发出起爆信号后准备起爆。

在 200 m 开外造成飞石伤人,3 人死亡。

问题:

(1)坝基和坝肩开挖有无不妥? 说出正确做法。

(2)石方开挖常用的爆破方法有哪些? 左坝肩开挖有何不妥之处?

(3)指出心墙齿槽区周边预裂爆破设计技术要点以及质量控制要点,此工程心墙齿槽区底部、采石场基坑和覆盖层分别应采用的爆破方法。

(4)指出图中参数 W_p、L_1、L_2、h 的名称。

(5)改正施工方案(4)中关于爆破作业的不妥之处。

(6)指出方案(5)中不安全之处,并说出正确做法。

项目 3　基础处理工程

学习指南

工作任务

(1)灌浆工程；

(2)高压喷射灌浆；

(3)防渗墙施工；

(4)桩基础施工；

(5)劈裂灌浆。

知识目标

(1)了解灌浆材料的性质,掌握灌浆施工工艺；

(2)掌握高压喷射灌浆施工技术；

(3)掌握防渗墙施工技术要点；

(4)熟悉桩基施工工艺；

(5)掌握土坝劈裂灌浆技术要求。

能力目标

(1)会选择灌浆方式,能指导灌浆施工；

(2)能指导高压喷射灌浆施工；

(3)能指导防渗墙施工；

(4)会指导灌注桩施工；

(5)能指导土坝劈裂灌浆施工。

　　水利工程地基按地层性质分为两大类:一类是岩基,另一类是软基(包括土基和砂砾石地基)。土基是建筑工程中最常见的地基之一,软基处理的目的:一是提高地基的承载力,二是改善地基的防渗性能。提高地基承载力常见的处理方法有开挖、置换、强夯、预压、打桩等;改善地基防渗承载力常见的方法有混凝土防渗墙、垂直铺塑、深层搅拌桩等。岩石地基的一般缺陷,经过开挖和灌浆处理后,地基承载力和防渗性能都可以得到不同程度的改善。

任务 1　灌浆工程

　　灌浆是将具有流动性和胶凝性的浆液按一定的配比要求,以适当的压力灌入地基孔隙、裂缝或建筑物自身的接缝、裂隙中作充填、胶结的防渗或加固处理。一般的灌浆工程包括的工序有布孔、钻孔、清孔、压水试验、灌浆、灌浆结束、封孔、质检。

1　灌浆的种类

1.1　按灌浆材料分类

按灌浆材料的不同,灌浆主要分为水泥灌浆、黏土灌浆和化学灌浆等。

1.1.1　水泥灌浆

水泥是一种主要的灌浆材料。效果比较可靠,成本比较低廉,材料来源广泛,操作技术简便,在水利水电工程中被普遍采用。

在缝隙宽度比较大($0.15 \sim 0.2$ mm)、单位吸水率较高(大于0.01 L/(min·m·m))、地下水流速度较小($80 \sim 200$ m/d)、侵蚀性不严重的情况下,水泥灌浆的效果较好。

灌浆材料一般多选用普通硅酸盐水泥或硅酸盐大坝水泥,在有侵蚀性地下水的情况下,可用抗酸水泥等特种水泥。矿渣硅酸盐水泥和火山灰质硅酸盐水泥不宜用于灌浆。

帷幕灌浆和固结灌浆水泥强度等级不宜低于42.5,接缝灌浆水泥强度等级不宜低于52.5。

水泥的细度对于灌浆效果影响很大,水泥颗粒愈细,浆液才能顺利进入细微的裂隙,提高灌浆的效果,扩大灌浆的范围。一般规定:灌浆用的水泥细度,要求通过标准筛孔($4\,900$ 孔/cm²)的筛余量不大于5%。应特别注意水泥的保管,不准使用过期、结块或细度不符合要求的水泥。一般的水泥浆只能灌注$0.2 \sim 0.3$ mm 的裂隙或孔隙,所以我国研制出了 SK 型和 CX 型超细水泥,并在二滩水电站坝基成功试用。

根据灌浆需要,可掺铝粉及速凝剂、减水剂等外加剂,改善浆液的扩散性和流动性。

1.1.2　黏土灌浆

黏土灌浆的浆液是黏土和水拌制而成的泥浆。可就地取材,成本较低。它适用于土坝坝体裂缝处理及砂砾石地基防渗灌浆。

灌浆用的黏土,要求遇水后吸水膨胀,能迅速崩解分散,并有一定的稳定性、可塑性和黏结力。在砂砾石地基中灌浆,一般多选用塑性指数为 $10 \sim 20$、黏粒($d < 0.005$ mm)含量为40% ~ 50%、粉粒($d = 0.005 \sim 0.05$ mm)含量为45% ~ 50%、砂粒($d = 0.05 \sim 2$ mm)含量不超过5%的土料;在土坝坝体灌浆中,一般采用与土坝相同的土料,或选取黏粒含量20% ~ 40%、粉粒含量30% ~ 70%、砂粒含量5% ~ 10%、塑性指数 $10 \sim 20$ 的重壤土或粉质黏土。对于黏粒含量过大或过小的黏土都不宜做坝体灌浆材料。

1.1.3　化学灌浆

化学灌浆是以各种化学材料配制的溶液作为灌浆材料的一种新型灌浆。浆液流动性好、可灌性高,小于0.1 mm 的缝隙也能灌入。可以准确地控制凝固时间,防渗能力强,有些化学灌浆浆液胶结强度高,稳定性和耐久性好,能抗酸、碱、水生物、微生物的侵蚀。这种灌浆多用于坝基处理及建筑物的防渗、堵漏、补强和加固。缺点是成本高,有些材料有一定毒性,施工工艺较复杂。

化学灌浆的工艺按浆液的混合方式,可分为单液法和双液法两种灌浆法。

单液法是在灌浆之前,浆液的各组成材料按规定一次配成,经过气压和泵压压到孔段内,这种方法的浆液配合比较准确,设备及操作工艺均较简单,但在灌浆中要调整浆液的比例很不方便,余浆不能再使用。此法适用于胶凝时间较长的浆液。

双液法是将预先已配置好的两种浆液分别盛在各自的容器内,不相混合,然后用气压或泵压按规定比例送浆,使两液在孔口附近的混合器中混合后送到孔段内,两液混合后即起化学反应,浆液固化成聚合体。这种方法在施工过程中,可根据实际情况调整两液用量的比例适应性强,储浆筒中的剩余浆液分别放置,不起化学反应,还可继续使用。此法适用于胶凝时间较短的浆液。

化学灌浆材料品种很多,一般可分为防渗堵漏和固结补强两大类。前者有丙烯酰胺类、木质素类、聚氨酯类、水玻璃类等;后者有环氧树脂类、甲基丙烯酸酯类等。

1.2　按灌浆目的分类

按灌浆目的的不同,灌浆分为帷幕灌浆、固结灌浆、接触灌浆、接缝灌浆和回填灌浆等。

(1)帷幕灌浆:是用浆液灌入岩体或土层的裂隙、孔隙,形成防水幕,以减小渗流量或降低扬压力的灌浆。

(2)固结灌浆:是用浆液灌入岩体裂隙或破碎带,以提高岩体的整体性和抗变形能力的灌浆。

(3)接触灌浆:是通过浆液灌入混凝土与基岩或混凝土与钢板之间的缝隙,以增加接触面结合能力的灌浆。

(4)接缝灌浆:是通过埋设管路或其他方式将浆液灌入混凝土坝体的接缝,以改善传力条件增强坝体整体性的灌浆。

(5)回填灌浆:是用浆液填充混凝土与围岩或混凝土与钢板之间的空隙和孔洞,以增强围岩或结构的密实性的灌浆。

2　帷幕灌浆

帷幕灌浆施工工艺主要包括钻孔、钻孔冲洗、压水试验、灌浆和灌浆的质量检查等。

2.1　钻孔

帷幕灌浆宜采用回转式钻机和金刚石钻头或硬质合金钻头钻进。

钻孔质量要求有:

(1)钻孔位置与设计位置的偏差不得大于 10 cm。

(2)孔深应符合设计规定。

(3)灌浆孔宜选用较小的孔径,钻孔孔壁应平直完整。

(4)钻孔必须保证孔向准确。钻机安装必须平正稳固,钻孔宜埋设孔口管,钻机立轴和孔口管的方向必须与设计孔向一致,钻进应采用较长的粗径钻具并适当地控制钻进压力。

2.2　钻孔冲洗、裂隙冲洗和压水试验

灌浆孔(段)在灌浆前应进行钻孔冲洗,孔内沉积厚度不得超过 20 cm。同时在灌浆前宜采用压力水进行裂隙冲洗,直至回水清净。冲洗压力可为灌浆压力的 80%,该值若大于 1 MPa,则采用 1 MPa。

冲洗时,可将冲洗管插入孔内,用阻塞器将孔口堵紧,用压力水冲洗,压力水和压缩空

气轮换冲洗或压力水和压缩空气混合冲洗。

帷幕灌浆采用自上而下分段灌浆法时,先导孔应自上而下分段进行压水试验,各次序灌浆孔的各灌浆段在灌浆前宜进行简易压水;采用自下而上分段灌浆法时,先导孔仍应自上而下分段进行压水试验。各次序灌浆孔在灌浆前全孔应进行一次钻孔冲洗和裂隙冲洗。除孔底段外,各灌浆段在灌浆前可不进行裂隙冲洗和简易压水。压水试验应在裂隙冲洗后进行,采用五点法或单点法。

2.3　灌浆方式和灌浆方法

2.3.1　灌浆方式

2.3.1.1　按浆液的灌注流动方式分类

灌浆方式按浆液的灌注流动方式分纯压式(见图3-1(a))和循环式(见图3-1(b))。

(a)纯压式　　　　　　　　　　(b)循环式

1—水;2—拌浆筒;3—灌浆筒;4—压力表;5—输浆管;6—灌浆塞;7—回浆管

图3-1　灌浆方式

1)纯压式

纯压式是把浆液压入孔段中,浆液从灌浆机单向压入钻孔的灌浆方式。

2)循环式

循环式是将浆液压入钻孔,一部分浆液被压入地基裂隙中,另一部分由回浆管路返回拌浆筒中的灌浆方式。

2.3.1.2　按在灌浆中的灌浆程序分类

灌浆方式按在灌浆中的灌浆程序分一次灌浆和分段灌浆。

1)一次灌浆

一次灌浆是钻孔一次完成,全孔段一次灌注。在灌浆深度不大、岩基裂隙不大,岩性基本不变又比较坚固情况下适用该方法。

2)分段灌浆

分段灌浆是将灌浆孔划分几个灌浆孔段,采用自下而上或自上而下的方式进行。自上而下是钻孔一次钻至孔深,然后从底部分段向上施灌,此法施工速度快,适用于孔深大、地基条件较好或者地表上部有混凝土盖重的情况。自上而下法是钻一段,灌浆一段,施工速度慢,地层裂隙发育、与地表连通的地基常采用此法灌浆。此外,在灌浆孔深度大、孔内岩性又有一定变化的地基也可采用先自上而下,再自下而上的综合灌浆方法。

2.3.2 灌浆方法

帷幕灌浆必须按分序加密的原则进行。

由三排孔组成的帷幕,应先进行边排孔的灌浆,然后进行中排孔的灌浆。边排孔宜分为三序施工,中排孔可分为二序施工或三序施工;由两排孔组成的帷幕,宜先进行下游排孔的灌浆,然后进行上游排孔的灌浆。每排孔宜分为三序施工,单排帷幕灌浆孔应分为三序施工,如图 3-2 所示。

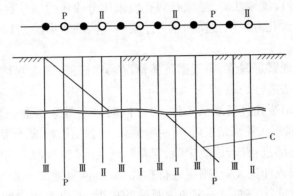

P—先导孔;I、II、III—第一、二、三次序孔;C—检查孔

图 3-2 帷幕灌浆孔的施工工序

帷幕灌浆段长度宜采用 5~6 m,特殊情况下可适当缩减或加长,但不得大于 10 m。当采用自上而下分段灌浆法时,灌浆塞应塞在已灌段段底以上 0.5 m 处,以防漏灌;孔口无涌水的孔段,灌浆结束后可不待凝,但在断层、破碎带等地质条件复杂地区则宜待凝。当采用自下而上分段灌浆法时,灌浆段的长度因故超过 10 m,对该段宜采取补救措施。

2.4 灌浆压力和浆液变换

2.4.1 灌浆压力

灌浆压力宜通过灌浆试验确定,也可通过公式计算或根据经验先行拟定,而后在灌浆施工过程中调整确定。强制性条文规定:对 1、2 级水工建筑物基岩帷幕灌浆,在施工前或施工初期应进行现场试验。采用循环式灌浆,压力表应安装在孔口回浆管路上;采用纯压式灌浆,压力表应安装在孔口进浆管路上。灌浆应尽快达到设计压力,但注入率大时应分级升压。

灌浆浆液的浓度应由稀到浓,逐级变换。浆液水灰比可采用 5:1、3:1、2:1、1:1、0.8:1、0.6:1、0.5:1 七个比级。开灌水灰比可采用 5:1。

2.4.2 灌浆浆液变换

当灌浆压力保持不变、注入率持续减小时,或当注入率不变而压力持续升高时,不得改变水灰比;当某一比级浆液的注入量已达 300 L 以上或灌注时间已达 1 h,而灌浆压力和注入率均无改变或改变不显著时,应改浓一级;当注入率大于 30 L/min 时,可根据具体情况越级变浓。

灌注细水泥浆液,可采用水灰比为2:1、1:1、0.6:1或1:1、0.8:1、0.6:1三个比级。

2.5 灌浆结束标准和封孔方法

2.5.1 灌浆结束标准

采用自上而下分段灌浆法时,在规定的压力下,当注入率不大于0.4 L/min时,继续灌注60 min;或当注入率不大于1 L/min时,继续灌注90 min,灌浆可以结束。采用自下而上分段灌浆法时,继续灌注的时间可相应地减少为30 min和60 min,灌浆可以结束。

2.5.2 封孔方法

采用自上而下分段灌浆法时,灌浆孔封孔应采用分段压力灌浆封孔法;采用自下而上分段灌浆时,灌浆孔封孔应采用置换和压力灌浆封孔法或压力灌浆封孔法。

2.6 特殊情况处理

灌浆过程中,发现冒浆漏浆,应根据具体情况采用嵌缝、表面封堵、低压、浓浆、限流、限量、间歇灌浆等方法进行处理。

发生串浆时,如串浆孔具备灌浆条件,可以同时进行灌浆。应一泵灌一孔,否则应将串浆孔用塞塞住,待灌浆孔灌浆结束后,再对串浆孔并行扫孔、冲洗,而后继续钻进和灌浆。

灌浆工作必须连续进行,若因故中断,应及早恢复灌浆;否则应立即冲洗钻孔,而后恢复灌浆。若无法冲洗或冲洗无效,则应进行扫孔,而后恢复灌浆。恢复灌浆时,应使用开灌比级的水泥浆进行灌注。如注入率与中断前的相近,即可改用中断前比级的水泥浆继续灌注;如注入率较中断前的减小较多,则浆液应逐级加浓继续灌注。恢复灌浆后,如注入率较中断前的减小很多,且在短时间内停止吸浆,应采取补救措施。

2.7 质量检查

灌浆质量检查应以检查孔压水试验成果为主,结合对竣工资料和测试成果的分析,综合评定。灌浆检查孔应在下述部位布置:

(1)帷幕中心线上。

(2)岩石破碎、断层、大孔隙等地质条件复杂的部位。

(3)钻孔偏斜过大、灌浆情况不正常以及经分析资料认为对帷幕灌浆质量有影响的部位。

灌浆检查孔的数量宜为灌浆孔总数的10%。一个坝段或一个单元工程内,至少应布置一个检查孔;检查孔压水试验应在该部位灌浆结束14 d后进行;同时应自上而下分段卡塞进行压水试验,试验采用五点法或单点法。

检查孔压水试验结束后,按技术要求进行灌浆和封孔;检查孔应采取岩芯,计算岩芯获得率并加以描述。

3 固结灌浆

3.1 灌浆方式与施工工艺

固结灌浆灌浆方式有循环式和纯压式两种,灌浆施工工艺和帷幕灌浆基本相同。

3.2 灌浆技术要求

灌浆孔的施工按分序加密的原则进行,可分为二序施工或三序施工。每孔采取自上而下分段钻进、分段灌浆或钻进终孔后进行灌浆。

灌浆孔基岩段长小于 6 m 时,可全孔一次灌浆。当地质条件不良或有特殊要求时,可分段灌浆。灌浆压力大于 3 MPa 的工程,灌浆孔应分段进行灌浆。

灌浆孔应采用压力水进行裂隙冲洗,直至回水清净。冲洗压力可为灌浆压力的 80%,该值若大于 1 MPa,应采用 1 MPa。

灌浆孔灌浆前的压水试验应在裂隙冲洗后进行,采用单点法。试验孔数不宜少于总孔数的 5%。

在规定的压力下,当注入率不大于 0.4 L/min 时,继续灌注 30 min,灌浆可以结束。

固结灌浆质量压水试验检查、岩体波速检查、静弹性模量检查应分别在灌浆结束 3 ~ 7 d、14 d、28 d 后进行。

灌浆质量压水试验检查,孔段合格率应在 80% 以上,不合格孔段的透水率值不超过设计规定值的 50%,且不集中。

灌浆孔封孔应采用机械压浆封孔法或压力灌浆封孔法。

【案例3-1】　清江隔河岩水利枢纽坝体帷幕灌浆

清江隔河岩水利枢纽是建在岩溶化程度很高、地质条件复杂的石灰岩地基上的大型水利枢纽。坝体河床沿防渗墙轴线设置基础灌浆廊道,深孔帷幕灌浆;在两岸山体沿防渗墙轴线各设置 4 层灌浆平洞,分层叠瓦式搭接帷幕。上、下层帷幕的水平距离为 5 m,其间从下层平洞内的上游侧布置一排水平略向下倾斜的灌浆孔,以形成衔接帷幕,从而确保防渗帷幕的整体性。帷幕布设示意图见图 3-3,帷幕布设形式图 3-4。

1—左岸灌浆平洞,单洞长 170 ~ 400 m;2—右岸灌浆平洞,单洞长 200 ~ 490 m;

3—板梯灌浆廊道;4—层间剪切带;F—断层

图 3-3　帷幕布设示意图　（单位:m）

1—灌浆平洞;2—垂直帷幕;3—衔接帷幕

图 3-4　帷幕布设形式　（单位:m）

任务2　高压喷射灌浆

高压喷射灌浆是采用钻孔,将装有特制合金喷嘴的注浆管下到预定位置,然后用高压水泵或高压泥浆泵(20～40 MPa)将水或浆液通过喷嘴喷射出来,冲击破坏土体,使土粒在喷射流束的冲击力、离心力和重力等综合作用下,与浆液搅拌混合,并按一定的浆土比例和质量大小,有规律地重新排列。待浆液凝固以后,在土内就形成一定形状的固结体。

1　高压喷射灌浆的适用范围

高压喷射灌浆防渗和加固技术适用于软弱土层。实践证明,砂类土、黏性土、黄土和淤泥等地层均能进行喷射加固,效果较好。对粒径过大的含量过多的砾卵石以及有大量纤维质的腐殖土层,一般应通过现场试验确定施工方法。对含有较多漂石或块石的地层,应慎重使用。

2　高压喷射灌浆的基本方法

高压喷射灌浆的基本方法有单管法、二管法、三管法(见图3-5)和多管法等。

(a)单管法　　　　　(b)二管法　　　　　(b)三管法

图3-5　高压喷射灌浆法施工方法

2.1　单管法

单管法是用高压泥浆泵以20～25 MPa或更高的压力,从喷嘴中喷射出水泥浆液射流,冲击破坏土体,同时提升或旋转喷射管,使浆液与土体上剥落下来的土石掺搅混合,经一定时间后凝固,在土中形成凝结体。这种方法形成凝结体的范围(桩径或延伸长度)较小,一般桩径为0.5～0.9 m,板状凝结体的延伸长度可达1～2 m。其加固质量好,施工速度快,成本低。

2.2　二管法

二管法是用高压泥浆泵等高压发生装置产生20～25 MPa或更高压力的浆液,用压缩空气机产生0.7～0.8 MPa压力的压缩空气。浆液和压缩空气通过具有两个通道的喷射管,在喷射管底部侧面的同轴双重喷嘴中同时喷射出高压浆液和空气两种射流,冲击破坏土体,其直径达0.8～1.5 m。

2.3　三管法

三管法是使用能输送水、气、浆的三个通道的喷射管,从内喷嘴中喷射出压力为30～

50 MPa 的超高压水流,水流周围环绕着从外喷嘴中喷射出一般压力为 0.7～0.8 MPa 的圆状气流,同轴喷射的水流与气流冲击破坏土体。由泥浆泵灌注压力为 0.2～0.7 MPa、浆量 80～100 L/min、密度 1.6～1.8 g/cm³ 的水泥浆液进行充填置换。其直径一般为 1.0～2.0 m,较二管法大,较单管法要大 1～2 倍。

3　浆液材料和施工机具

3.1　浆液材料

高喷灌浆最常用的材料为水泥浆,在防渗工程中使用黏土(膨润土)水泥浆。化学浆液使用较少,国内仅在个别工程中应用过丙凝等浆液。

3.2　机具和设备

高压喷射灌浆的施工机械由钻机或特种钻机、高压发生装置等组成。喷射方法不同,所使用的机械设备也不相同。

4　高压喷射灌浆的喷射形式

高压喷射灌浆的喷射形式有旋喷、摆喷和定喷三种。

高压喷射灌浆形成凝结体的形状与喷嘴移动方向和持续时间有密切关系。喷嘴喷射时,一面提升,一面进行旋喷则形成柱状体;一面提升,一面进行摆喷则形成哑铃体;当喷嘴一面喷射,一面提升,方向固定不变,进行定喷,则形成板状体。三种凝结体的形式如图 3-6 所示。上述三种喷射形式切割破碎土层的作用,以及被切割下来的土体与浆液搅拌混合,进而凝结、硬化和固结的机制基本相似,只是喷嘴运动方式的不同致使凝结体的形状和结构有所差异。

5　高压喷射灌浆的施工程序

高喷灌浆应分排分序进行。在坝、堤基或围堰中,由多排孔组成的高喷墙应先施工下游排孔,后施工上游排孔,最后施工中间排孔。在同一排内如采用钻、喷分别进行的程序施工时,应先施工Ⅰ序孔,后施工Ⅱ序孔。先导孔应最先施工。Ⅰ序孔和Ⅱ序孔可采用“焊”接或“切”入式连接。

施工程序为钻孔、下置喷射管、喷射提升、成桩成板或成墙等。图 3-7 为高压喷射灌浆施工流程示意图。

6　高压喷射灌浆的质量检验

检验内容:包括固结体的整体性、均匀性和垂直度;有效直径或加固长度、宽度;强度特性(包括轴向压力、水平推力、抗酸碱性、抗冻性和抗渗性等);溶蚀和耐久性能等几个方面。

质量检测方法:有开挖检查、室内试验、钻孔检查、载荷试验以及其他非破坏性试验方法等。

A—延伸长度(半径);B—有效长度(半径)

图 3-6　高喷凝结体的形式

图 3-7　高压喷射灌浆施工流程示意图

【案例 3-2】　二滩围堰工程堰基高压喷射灌浆防渗板墙施工

四川雅砻江二滩水电站工程的上、下游围堰为黏土斜心墙堆石坝,围堰堰基的防渗均采用高喷防渗板墙。上游围堰的高喷防渗板墙底部与灌浆帷幕相连,下游为悬挂式,高喷防渗板墙的顶部则与围堰防渗体相接。上游围堰需承受的最大水头约 97 m,下游围堰为 60 m。作为围堰堰基,上游覆盖层的厚度 15～30 m,下游为 20～40 m,是以块碎石和砂卵砾石为主,并含有大量漂石和大孤石的地层。工程采用双管法高压旋喷工艺,取得了在此类地层建造承受高水头防渗板墙的成功经验。

(1)设计参数。由三排高压旋喷套接柱状孔组成一道防渗板墙,柱状孔直径为 1.5 m,孔距 1.0 m,排距 0.75 m,有效厚度约 2.6 m;上游围堰板墙下端嵌入基岩 0.5～1.0 m。

(2)高压喷射施工。采用跟管钻进式钻机,边钻进,边跟套管,在拔出套管之前放入起护臂作用的 PVC 塑料管,直径约 105 mm,管壁上均布窄缝。

双管法高喷的设备有:①超高压灌浆泵(最高压力 80 MPa);②空压机(气压 2.0 MPa,气量 20 m³/min);③履带吊车式高架高喷台车(架高 34 m,喷射杆长 26～30 m)。

将喷射杆和喷枪下入 PVC 管底,从基岩内开始,一边喷浆、喷气,一边旋转提升。PVC 管在强大喷射压力下被切割粉碎,浆气射流喷入地层中。

主要施工参数如下:喷嘴浆压 42～43 MPa;输浆率 180 L/min;喷嘴气压 0.8～1 MPa;输气率 10 m³/min;喷射杆提升速度 20 cm/min,喷枪旋转速度 25～30 r/min;浆液配合比为:水泥: 水: 膨润土 = 840: 730: 5(1:0.87:0.06)。

按先上、下游排,再中间排的顺序进行施工。每排孔已以逐序加密法分三序进行,待一、二序旋喷柱达一定强度时,再开始第三序孔的施喷。

(3)高喷的防渗效果。对上游围堰的检查孔进行压水试验,测得渗透系数为 2.7×10^{-7}～7×10^{-8} cm/s 量级;整个基坑排水量小,加上施工弃水,不超过 150 m³/h。结果表明,采用高喷防渗板墙的防渗效果是明显的。

上游围堰造孔总进尺 10 370 m,最大孔深 44 m 心墙以下截水面面积 2 100 cm²,70 d 竣工;下游围堰造孔总进尺 7 300 m,最大孔深 32 m,斜墙以下截水面面积 1 560 cm²,63 d 竣工。

任务 3　防渗墙施工

1　防渗墙的类型

水工混凝土防渗墙的类型可按墙体结构形式、墙体材料、布置方式和成槽方法分类。

1.1　按墙体结构形式分类

按墙体结构形式水工混凝土防渗墙分为槽孔型防渗墙、桩柱型防渗墙和混合型防渗墙三类(见图3-8),其中槽孔型防渗墙使用更为广泛。

(a)槽孔型防渗墙　　　(b)桩柱型防渗墙

(c)混合型防渗墙

1、2、3—槽孔编号

图 3-8　混凝土防渗墙的结构形式

1.2　按墙体材料分类

按墙体材料分,水工混凝土防渗墙主要有普通混凝土防渗墙、钢筋混凝土防渗墙、黏土混凝土防渗墙、塑性混凝土防渗墙和灰浆防渗墙。

1.3　按成槽方法分类

按成槽方法分,水工混凝土防渗墙主要有钻挖成槽防渗墙、射水成槽防渗墙、链斗成槽防渗墙和锯槽防渗墙。

2　成槽机械

槽孔型防渗墙的施工程序包括平整场地、挖导槽、做导墙、安装挖槽机械设备、制备泥浆注入导槽、成槽、混凝土浇筑成墙等。

成槽机械有钢绳冲击钻机、冲击式反循环钻机、回转式钻机、抓斗挖槽机、射水成槽机、锯槽机及链斗式挖槽机等。

3　混凝土防渗墙施工工艺

混凝土防渗墙的施工顺序一般可分为造孔前的准备、造孔、混凝土浇筑等。

3.1 造孔前的准备

造孔前应根据防渗墙的设计要求,做好定位、定向工作。同时要沿防渗墙轴线安设导向槽,用以防止孔口坍塌,并起导向作用。槽壁一般为混凝土。其槽孔净宽一般略大于防渗墙的设计厚度,深度一般约 2.0 m;松软地层导向槽的深度宜大些。为防止地表水倒流及便于自流排浆,其顶部高程应高于地面高程。

3.2 造孔

在造孔过程中,需要用泥浆固壁,因泥浆比重大、有黏性,造孔多用钻机进行。常用的钻机有冲击钻和回转钻两种。

圆孔型防渗墙是由互相搭接的混凝土柱组成的。施工时,先建单号孔柱,再建双号孔柱,搭接成为一道连续墙(见图 3-9)。这种墙由于接缝多,有效厚度相对难以保证,孔斜要求较高,施工进度较慢,成本较高,已逐渐被槽孔型取代。

槽孔型防渗墙由一段段厚度均匀的墙壁搭接而成。施工时先建单号墙,再建双号墙,搭接成一道连续墙(见图 3-10)。这种墙的接缝减少,有效厚度加大,孔斜的控制只在套接部位要求较高,施工进度较快,成本较低。下面以槽孔型防渗墙为例加以介绍。

(a)钻孔的方法 (b)中间柱的钻孔
(未表示中间柱)

(c)防渗墙平面图

1—钻头;2—已完成的混凝土柱;
Ⅰ,Ⅱ,Ⅲ,……—施工顺序

图 3-9 圆孔型防渗墙施工程序

(a) 已浇好的 (b) 正在浇筑的 (c) 正在打钻
混凝土墙段   混凝土墙段   的槽孔

1—混凝土浇筑设备;2—钻机;3—钻孔后放入的钢管;
4—钻杆;5—导管

图 3-10 槽孔型防渗墙施工程序

为了保证防渗墙的整体性,应尽量减少槽孔间的接头,尽可能采用较长的槽孔。但槽孔过长,可能影响混凝土墙的上升速度(一般要求不小于 2 m/h),导致产生质量事故。为此要提高拌和与运输能力,增加设备容量,所以槽孔长度必须满足下述条件,即

$$L \leqslant \frac{Q}{kBv} \tag{3-1}$$

式中 L——槽孔长度,m;

Q——混凝土生产能力,m³/h;

B——防渗墙厚度,m;

v——槽孔混凝土上升速度,m/h;

k——墙厚扩大系数,可取 $1.2 \sim 1.3$。

槽孔长度应综合分析地层特性、槽孔深浅、造孔机具性能、工期要求和混凝土生产能力等因素确定,一般为 $5 \sim 9$ m,深槽段、槽壁易塌段宜取小值。

根据土质不同,槽孔法又可分为钻劈法和平打法两种。钻劈法适用于砂卵石或土粒松散的土层。施工时先在槽孔两端钻孔,称为主孔。当主孔打到一定深度后,在主孔内放入提砂筒,然后劈打邻近的副孔,把砂石挤落在提砂筒内取出。副孔打至距主孔底 1 m 处停止,再继续钻主孔。如此交替进行,直至设计深度。图 3-11 为主、副孔划分示意图。

1—主孔;2—副孔;L—槽孔长;d—主孔长;l—副孔长

图 3-11　主、副孔划分示意图

平打法适用于细砂层或胶结的土层。施工时也是先在槽孔两端打主孔,主孔较一般孔深 1 m 以上,其他部分每次平打 $20 \sim 30$ cm。

为了保证造孔质量,在施工过程中要控制泥浆黏度、比重、含砂量等指标在允许范围内,严格按操作规程施工;保持槽壁平直,保证孔斜、孔位、孔宽、搭接长度、嵌入基岩深度等满足设计要求,防止漏钻、漏挖和欠钻、欠挖。

造孔结束后,要做好终孔验收,其要求项目可参考表 3-1。

表 3-1　终孔验收项目和要求

验收项目	验收要求	验收项目	验收要求
孔位允许偏差	± 3 cm	槽孔搭接部位孔底偏差	$\leqslant \frac{1}{3}$ 设计墙厚
孔宽	$\geqslant$ 设计墙厚	槽孔横断面	没有梅花孔、小墙
孔斜	$\leqslant 0.4\%$	槽孔嵌入基岩深度	满足设计要求

造孔完毕后,孔内泥浆,特别是孔底泥浆,常含有过量的土石渣,影响混凝土与基岩的连接。因此,必须清孔换浆、清除石渣,保证混凝土浇筑的质量。清孔换浆 1 h 后,标准要求:

(1)孔底淤积厚度不大于 10 cm。

(2)孔底泥浆比重不大于 1.3,黏度不大于 30 s,含砂量不大于 10%。

一般要求清孔换浆以后 4 h 内开始浇筑混凝土,否则应采取措施。

3.3　混凝土浇筑

防渗墙的混凝土浇筑和一般的混凝土浇筑不同,是在泥浆液面下进行的,所以浇筑要求和一般混凝土浇筑不同。其主要特点如下:

（1）不允许泥浆和混凝土掺成泥浆夹层。

（2）确保混凝土与基础及一、二期混凝土间的结合。

在泥浆下浇筑混凝土多采用导管提升法,施工时按一定间距沿槽孔轴线方向布置若干组导管。每组导管由若干节直径 20～25 cm 的钢管组成。除底部一节稍长外,其余每节长 1～2 m。导管顶部为受料斗,整个导管悬挂在导向槽上,并通过提升设备升降。导管安设时,要求管底与孔底距离为 10～25 cm,以便浇筑混凝土时将管内泥浆排出管外。

导管的布置如图 3-12 所示。导管的间距取决于混凝土的扩散半径。间距太大,易在相邻导管所浇混凝土间形成泥浆夹层;间距太小,易影响现场布置和施工操作。由于防渗墙混凝土坍落度一般为 18～22 cm,其扩散半径为 1.5～2.0 m,故导管间距不宜大于 3.5 m。一期槽孔端部混凝土,由于要套打切去,所以端部导管与孔端间距采用 1.0～1.5 m。为了保证二期槽孔端部混凝土与一期混凝土结合好,二期槽孔的导管与孔端间距可采用 0.5～1.0 m。此外,还应考虑孔底地形变化,当地形突变且高差大于 0.5 m 时,可增设导管,并布置在较低的部位。小浪底工程防渗墙墙段接头采用低强度混凝土包裹接头法,即用横向接头槽孔并浇筑低强度混凝土包裹在槽段接缝两端,对接缝起着保护作用,此法施工速度快,接缝质量可靠。

1—导向槽;2—受料斗;3—导管;4—混凝土;5—泥浆

图 3-12　导管布置图　（单位:m）

浇筑前应仔细检查导管形状、接头、焊缝等是否有不能使用的,然后进行试组装并编号。导管安装好后,开始浇筑前要在导管内放入一个直径较导管内径略小的导注塞(木或橡胶球),并用绳(绳长等于导管长)系住导注塞,再将受料斗充满水泥砂浆,水泥砂浆的重量将导注塞压至导管底部,将管内泥浆挤出管外,然后剪断绳子。及时连续加供混凝土,使导注塞被挤出后,能一举将导管底端埋住。导管埋入混凝土的深度不得小于 1.0 m不宜超过 6 m。此后,在管内混凝土自重的作用下,不断地将管内的混凝土向上挤升,从而使槽孔内的混凝土仅表层与泥浆接触,而其他部分不与泥浆掺混。在浇筑过程中,要不间断供料,以保证混凝土均匀上升。

浇筑一般从孔深较大的导管开始。当混凝土面上升到邻近导管的孔底高程时,用同样方法开始浇筑第二组导管,直到全槽混凝土面浇平后,再使全槽均衡上升。

当混凝土面上升到距槽口4～5 m时,由于混凝土柱压力减小,槽内泥浆浓度增大,混凝土扩散能力相对减弱,易发生堵管和夹泥等事故,这时可采取加强排浆、稀释泥浆、抬高漏斗、增加起拔次数和控制混凝土坍落度等措施来解决。

总之,槽孔混凝土的浇筑,必须保持均衡、连续上升,直到全槽成墙。

4　防渗墙检测方法

（1）开挖检验。测量墙体中桩的垂直度偏差、桩位偏差、桩顶标高,观察桩与桩之间的搭接状态、搅拌的均匀度、渗透水情况、裂缝、缺损等。

（2）取芯试验。在墙体中取得水泥土芯样,室内养护到28 d,做无侧限抗压强度和渗透试验,取得抗压强度、渗透系数和渗透破坏比降等指标,试验点数不少于3点。

（3）注水试验。在水泥土凝固前,于指定的防渗墙位置贴接加厚一个单元墙,待凝固28 d后,在两墙中间钻孔,进行现场注水试验,试验孔布置方法如图3-13所示。试验点数不少于3点。本试验可直观地测得设计防渗墙厚度处的渗透系数。

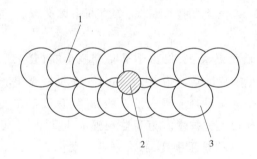

1—工程防渗墙;2—注水试验孔;3—试验贴接防渗墙段
图3-13　注水试验孔布置示意图

（4）无损检测。为探测墙体的完整性、连续性以及判别是否存在墙体缺陷,可采用地质雷达检测等方法,沿中心线布测线,全程检测。

【案例3-3】　小浪底工程基础防渗墙施工

小浪底水利枢纽工程是集防洪、防凌、减淤、灌溉、供水、发电为一体的综合性水利工程。大坝为壤土斜心墙堆石坝,轴线长1 667 m,最大坝高154 m,水库库容为126.5亿m³。水电站为坝旁引水式地下厂房,6台发电机组,总装机容量180万kW,年发电量51亿kWh。

大坝基础的河床覆盖层深厚,最深处达80余m。覆盖层自上而下大致分为四层:表砂层、上部砂砾石层、底砂层和底部砂砾石层。河床基岩为二叠系的P_{12}黏土岩和三叠系的T_{11}、T_{12}砂岩,断裂构造发育,穿越帷幕轴线的断层主要有右岸F_1、F_{233}、F_{231}、F_{23}等,左岸F_{236}、F_{238}、F_{240}和F_{28}等。

根据黄河多泥沙的特点以及对土石坝基防渗处理的特点,确定小浪底防渗工程设计思想为以垂直防渗为主、水平防渗为辅。坝基覆盖层采用混凝土防渗墙,墙下及两岸岩体采用帷幕灌浆。

混凝土防渗墙设计厚度 1.2 m,墙体混凝土设计强度等级 $R_{90} = 33$ MPa(保证率 85%),变形模量 $E = 30\ 000$ MPa,抗渗强度等级不小于 P8,混凝土坍落度 18 ~ 22 cm,扩散度 34 ~ 38 cm。墙顶设计高程为 126 m 和 138 m,高程 126 m 以上的墙体内要求下设钢筋笼,墙段接头采用钻凿接头孔法。要求槽孔孔斜率不大于 4‰,接头孔孔斜率不大于 2‰。

右岸防渗墙轴线长 259.6 m,最大深度 81.90 m,成墙面积 10 540.63 m^2,浇筑混凝土 21 526.9 m^3。

防渗墙共分 43 个槽段施工,槽孔长 6.6 ~ 6.7 m。防渗墙采用 CZ30 和 CZ22 型冲击钻机和液压抓斗造孔,施工高峰期冲击钻机造主孔工效达 1.8 m^2,造副孔工效达 3 m^2,抓斗工效达 48 m^2,钻凿混凝土工效达 2.3 m^2。

防渗墙混凝土由 JS500 型混凝土搅拌机拌和,采用自动称量系统称量骨料,人工加水泥和掺合料,该搅拌站的生产能力为 53 m^3/h。搅拌好的混凝土由搅拌车运输并灌入导管。

造孔泥浆由 10 台 2 m^3 泥浆搅拌机制浆,备有 6 个贮浆池,总贮量为 900 m^3,该制浆站制浆能力为 548 m^3/d。

工程初期使用了普通型混凝土,但由于其早期强度高(R_5 为 30.7 MPa、R_{23} 为 44.7 MPa),使得接头孔的造孔非常困难。为此,专门研制了缓凝型混凝土。这种混凝土早期强度低,后期强度高,完全满足早期混凝土接头的钻凿,保证了工程的顺利进行。缓凝型混凝土的应用是该项工程的关键技术。为了监测混凝土质量,在混凝土浇筑过程中进行机口取样,以求得 28 d、90 d 的抗压强度,部分样品还求得 7 d、14 d、60 d 和 360 d 的抗压强度、抗渗指标及弹性模量。

对机口取样混凝土 90 d 的抗压强度试验结果进行数理统计分析得到:R_{90} 的平均值为 38.7 MPa,标准离差 σ 为 3.8 MPa,离差系数 $C_v = 0.098$,强度保证率 $P = 93.5\%$,合格率 100%,抗渗强度等级均大于 P12,弹性模量 E 在 30 000 MPa 左右。混凝土质量完全满足设计要求。

连接墙段的 43 个接头孔孔斜率均满足设计要求,混凝土浇筑速度为 2.5 ~ 5.22 m/h,符合规范要求。经检测,防渗墙质量良好。

▨ 任务4 桩基础施工

桩基础是由若干个沉入土中的单桩组成的一种深基础。在各个单桩的顶部再用承台或梁连系起来,以承受上部建筑物的重量。桩基础的作用就是将上部建筑物的重量传到地基深处承载力较大的土层中,或将软弱土挤密实以提高地基的承载能力。在软弱土层上建造建筑物或上部结构荷载很大,天然地基的承载能力不满足时,采用桩基础可以取得较好的经济效果。

按桩的传力和作用性质的不同,桩可分端承桩和摩擦桩两种,如图3-14所示。

　　端承桩就是穿过软弱土层并将建筑物的荷载直接传递给坚硬土层的桩。摩擦桩是沉至软弱土层一定深度、将软弱土层挤密实,提高了土层的密实度和承载能力,上部结构的荷载主要由桩身侧面与土之间的摩擦力承受,桩尖阻力也承受少量的荷载作用的桩。

　　按桩的施工方法分,桩有预制桩和灌注桩两类。

　　预制桩是在工厂或施工现场用不同的建筑

1—桩;2—承台;3—上部结构

图3-14　端承桩和摩擦桩

材料制成的各种形状的桩(如钢筋混凝土桩、钢桩、木桩,桩的形状有方形、圆形等),然后用打桩设备将预制好的桩沉入地基土中。沉桩的方法有锤击打入、静力压桩、振动沉桩等。

　　灌注桩是在设计桩位先成孔,然后放入钢筋骨架,再浇筑混凝土而成的桩。灌注桩按其成孔方法的不同,可分为泥浆护壁成孔灌注桩、干作业成孔灌注桩、套管成孔灌注桩、爆扩成孔灌注桩、人工挖孔护壁灌注桩等。

1　钢筋混凝土预制桩施工

　　钢筋混凝土预制桩是目前工程上应用最广的一种桩。钢筋混凝土预制桩有管桩和实心桩两种。管桩为空心桩,由预制厂用离心法生产,管桩的混凝土强度较高,可达C30～C40级,管桩截面有外径为400～500 mm等数种。较短的实心桩一般在预制厂制作,较长的实心桩大多在现场预制。为了便于制作,实心桩大多为方形截面,截面尺寸从200 mm×200 mm至550 mm×550 mm几种。现场预制桩的单根桩长取决于桩架高度,一般不超过27 m,必要时可达30 m。但一般情况下,为便于桩的制作、起吊、运输等,如桩长超过30 m,应将桩分段预制,在打桩过程中再接长。

　　钢筋混凝土预制桩施工包括制作、起吊、运输、堆放、打桩、接桩、截桩等过程。

2　混凝土及钢筋混凝土灌注桩施工

　　灌注桩按成孔方法分为泥浆护壁成孔灌注桩、干作业成孔灌注桩、套管成孔灌注桩等,其适用范围见表3-2。

2.1　泥浆护壁成孔灌注桩施工

　　泥浆护壁成孔灌注桩的施工先由钻孔设备进行钻孔,待孔深达到设计要求后即行清孔,放入钢筋笼,然后进行水下浇筑混凝土而成桩。为防止在钻孔过程中塌孔,在孔中注入具有一定浓度要求的泥浆进行护壁。其施工过程如图3-15所示。

2.2　干作业成孔灌注桩施工

　　干作业成孔灌注桩施工工艺如图3-16所示。与泥浆护壁成孔灌注桩施工类似,适用于在地下水位以上的干土层中施工。

表 3-2　　灌注桩适用范围

成孔方法及机械		适用范围
泥浆护壁成孔	冲抓	碎石土、砂土、黏性土及风化岩
	冲击	
	回转钻	
	潜水钻	黏性土、淤泥质土及砂土
干作业成孔	螺旋钻	地下水位以上的黏性土、砂土及人工填土
	钻孔扩底	地下水位以上的坚硬、硬塑的黏性土及中密以上的砂土
	机动(人工洛阳铲)	地下水位以上的黏性土、黄土及人工填土
套管成孔	锤击振动	可塑、软塑、流塑的黏性土,稍密及松散的砂土
人工挖孔		地下水位以上的黏性土、黄土、坚密砂土

(a)钻孔　　(b)清孔　　(c)放入钢筋笼　　(d)水下浇筑混凝土

1—钻机;2—护筒;3—泥浆护壁;4—压缩空气;5—清水;
6—钢筋笼;7—导管;8—混凝土;9—地下水位

图 3-15　泥浆护壁成孔灌注桩施工过程

图 3-17 所示为用于干作业成孔的全叶螺旋钻机示意图。该钻机适用于地下水位以上的一般黏性土、硬土或人工填土地基的成孔。成孔直径一般为 300～500 mm,最大可达 800 mm,钻孔深度为 8～12 m。

当在软塑土层,含水率较大时,可用叶片螺距较大的钻杆钻机。当在可塑或硬塑的土层或含水率较小的砂土中,则应用螺距较小的钻杆,以便缓慢、均匀、平稳地钻孔。

钻孔至设计深度后,应先在原处空转清孔,然后停转,提升钻杆。如孔底虚土超过允许厚度,应掏土或二次投钻清孔,然后保护好孔口。

清孔后应及时放入钢筋笼,浇筑混凝土,随浇随振,每次浇筑高不大于 1.5 m。混凝土最后标高应超出设计高度,以保证在凿除浮浆后与设计标高符合。

(a)钻孔　　(b)放钢筋笼　　(c)浇筑混凝土

图 3-16　干作业成孔灌注桩施工工艺

1—导向滑轮;2—钢丝绳;3—龙门导架;
4—动力箱;5—千斤顶支腿;6—螺旋钻杆

图 3-17　螺旋钻机示意图

2.3　套管成孔灌注桩施工

　　套管成孔灌注桩有振动沉管灌注桩和锤击沉管灌注桩两种。施工时,将带有预制钢筋混凝土桩靴(见图 3-18(a))或活瓣桩靴(见图 3-18(b))的钢管沉入土中。待钢桩管达到要求的贯入度或标高后,即在管内浇筑混凝土或放入钢筋笼后浇筑混凝土,再将钢桩管拔出即成。

(a)预制钢筋混凝土桩靴　　(b)活瓣桩靴

1—桩管;2—活瓣

图 3-18　桩靴示意图

2.4　人工挖孔灌注桩施工

　　人工挖孔灌注桩是指在桩位用人工挖孔,每挖一段即施工一段支护结构,如此反复向下挖至设计标高,然后放下钢筋笼,浇筑混凝土而成桩。

　　人工挖孔灌注桩的优点是设备简单;对施工现场周围的原有建筑物影响小;在挖孔时,可直接观察土层变化情况;清除沉渣彻底;如需加快施工进度,可同时开挖若干个桩孔;施工成本低等。特别在施工现场狭窄的市区修建高层建筑时,更显示其优越性。人工挖孔灌注桩构造示意图如图 3-19 所示。

1—现浇混凝土护壁;2—主筋;3—箍筋;4—桩帽

图 3-19　人工挖孔灌注桩构造示意图

任务 5　劈裂灌浆

1　水力劈裂原理

劈裂灌浆是利用水力劈裂原理,对存在隐患或质量不良的土坝在坝轴线上钻孔、加压灌注泥浆形成新的防渗墙体的加固方法,堤坝体沿坝轴线劈裂灌浆后,在泥浆自重和浆、坝互压的作用下,固结而成为与坝体牢固结合的防渗墙体,堵截渗漏;与劈裂缝贯通的原有裂隙及孔洞在灌浆中得到充填,可提高堤坝体的整体性;通过浆、坝互压和干松土体的湿陷作用,部分坝体得到压密,可改善坝体的应力状态,提高其变形稳定性。

对于土坝位于河槽段的均质土坝或黏土心墙坝,其横断面基本对称,当上游水位较低时,荷载也基本对称,施以灌浆压力,土体就会沿纵断面开裂。如能维持该压力,裂缝就会由于其尖端的拉应力集中作用而不断延伸(即水力劈裂),从而形成一个相当大的劈裂缝。

劈裂灌浆裂缝的扩展是多次灌浆形成的,因此浆脉也是逐次加厚的。一般单孔灌浆次数不少于 5 次,有时多达 10 次,每次劈裂宽度较小,可以确保坝体安全。

基于劈裂灌浆的原理,只要施加足够的灌浆压力,任何土坝都是可灌的,但只在下列情况下才考虑采用劈裂灌浆:①松堆土坝;②坝体浸润线过高;③坝体外部、内部有裂缝或大面积的弱应力区(拉应力区、低压应力区);④分期施工土坝的分层和接头处有软弱带和透水层;⑤土坝内有较多生物洞穴等。

2　浆液的选择

根据灌浆要求、坝型、土料隐患性质和隐患大小等因素,常用土料的物理力学性质指标和泥浆物理力学性质指标如表3-3和表3-4所示。

表3-3　土料的物理力学性质指标

名称	项目	指标(%)	说明
土料	流限	30 左右	砂以细、中砂为主,并可用矿渣
	塑限	20 左右	
	黏粒含量	25 ~ 35	
	粉粒含量	30 ~ 50	
	砂粒含量	20 ~ 30	
	有机质含量	<2	

表3-4　泥浆物理力学性质指标

名称	项目	指标
泥浆	容重(g/cm³)	1.3 ~ 1.6
	黏度(s)	30 ~ 60
	稳定性(g/cm³)	0.1 ~ 0.15
	胶体率(%)	>80
	失水量(cm³/30 min)	10 ~ 30
	浆液干容重(g/cm³)	>1.45
	浆体渗透系数(cm/s)	10^{-6} ~ 10^{-3}

3　劈裂灌浆施工

劈裂灌浆属于纯压式灌浆,其工艺流程如图3-20所示。

劈裂灌浆施工的基本要求是:土坝分段,区别对待;单排布孔,分序钻灌;孔底注浆,全孔灌注;综合控制,少灌多复。

3.1　土坝分段,区别对待

土坝灌浆一般根据坝体质量、小主应力分布、裂缝及洞穴位置、地形等情况,将坝体区分为河槽段、岸坡段、曲线段及特殊坝段(裂缝集中、洞穴、塌陷和施工接合部位等),提出不同的要求,采用不同的灌浆方法施灌。

河槽段属平面应变状态,小主应力面是过坝轴线的铅直面,可采用较大孔距、较大压力进行劈裂灌浆。岸坡段由于坝底不规则,属于空间应力状态,坝轴线处的小主应力面可能是与坝轴线斜交或正交的铅直面,如灌浆导致贯穿上、下游的劈裂则是不利的,所以应压缩孔距,采用小于 0.05 MPa 的低压灌注,用较稠的浆液逐孔轮流慢速灌注,并在较大裂缝的两侧增加 2 ~ 3 排梅花形副孔,用充填法灌注。曲线坝段的小主应力面偏离坝轴线(切线方向),应沿坝轴线弧线加密钻孔,逐孔轮流灌注,单孔每次灌浆量应小于 5 m³,控

图 3-20   劈裂灌浆工艺流程

制孔口压力应不大于 0.05 MPa,轮灌几次后,每孔都发生沿切线的小劈裂缝,裂缝互相连通后,灌浆量才可逐渐加大,直至灌完,形成与弯曲坝轴线一致的泥浆防渗帷幕。

3.2   单排布孔,分序钻灌

单排布孔是劈裂灌浆特有的布孔方式。单排布孔可以在坝体内纵向劈裂,构造防渗帷幕,工程集中,简便有效。

钻孔遵循分序加密的原则,一般分为三序。第一序孔的间距一般采用坝高的 2/3 左右。当土坝高、质量差、黏性低时,可用较大的间距;当定向劈裂无把握时,可采用一序密孔,多次轮灌的方法。

孔深应大于坝体隐患深度 2～3 m。如果坝体质量普遍较差,孔深可接近坝高,但坝基为透水性地层,孔深不得超过坝高的 2/3,以免劈裂贯通坝基,造成大量泥浆损失。孔

径一般以 5 ~ 10 cm 为宜,太细则阻力大,易堵塞。钻孔采用干钻或少量注水的湿钻,应保证不出现初始裂缝,影响沿坝轴线劈裂。

3.3 孔底注浆,全孔灌注

应将注浆管底下至离孔底 0.5 ~ 1.0 m 处,不设阻浆塞,浆液从底口处压入坝体。泥浆劈裂作用自孔底开始,沿小主应力面向左右、上下发展。孔底注浆可以施加较大灌浆压力,使坝体内部劈裂,能把较多的泥浆压入坝体,更好地促进浆、坝互压,有利于提高坝体和浆脉的密度。孔底注浆控制适度,可以做到"内劈外不劈"。

浆液自管口涌出,在整个劈裂范围流动和充填,灌浆压力和注浆量虽大,但过程缓慢容易控制。全孔灌注是劈裂灌浆安全进行的重要保证。

3.4 综合控制,少灌多复

如土坝坝体同时全线劈裂或劈裂过长,短时间内灌入大量泥浆,会使坝肩位移和坝顶裂缝发展过快,坝体变形接近屈服,将危及坝体安全。灌浆施工中,应绝对避免上述情况出现。最好采用坝体内部分段分层劈裂法(即内劈外不劈),孔口压力即使达到数百千帕(每平方厘米数千克),坝肩位移与坝顶裂缝也很少。

要达到确保安全的目的,对灌浆必须进行综合控制,即对最大灌浆压力、每次灌浆量、坝肩水平位移量、坝顶裂缝宽度及复灌间隔时间等均应予以控制。非劈裂的灌浆控制压力应小于钻孔起裂压力,无资料时,该值可用土柱重的 6/10 ~ 7/10。

第一序孔灌浆量应占总灌浆量的 60% 以上,所需灌浆次数多一些。第二、三序孔主要起均匀帷幕厚度的作用。因坝体质量不均,并且初灌时吃浆量大,以后吃浆渐少,故每次灌入量不能按平均值控制,一般最大为控制灌浆量的 2 倍。坝体灌浆将引起位移,对大坝稳定不利,一般坝肩的位移最明显,应控制在 3 cm 以内,以确保坝体安全。复灌多次后坝顶即将产生裂缝,长度应控制在第一序孔间距内,宽度控制在 3 cm 内,以每次停灌后裂缝能回弹闭合为宜。

为安全起见,灌浆应安排在低水位时进行,库水位应低于主要隐患部位。无可见裂缝的中小型土坝,可以在浸润线以下灌浆。每次灌浆间隔时间,对于松堆土坝,浸润线以上干燥的坝体部分不宜少于 5 d,浸润线以下的坝体部分则不宜少于 10 d。

项目实训

背景资料:

某水电站大坝为混凝土双曲拱坝,坝高 140 m,总库容 20 亿 m³,装机容量 6 × 55 万 kW,年发电量约 122 亿 kWh。坝基地质裂隙不很发育。

事件 1:大坝坝基采用水泥灌浆,灌浆采用三排排孔,其中上排孔分三序施工,其施工次序如图 3-21 所示。根据施工安排在基岩上浇筑一层坝体混凝土后再进行钻孔灌浆。

事件 2:大坝坝基灌浆于 2004 年 10 月开始施工,2009 年 3 月全部完成。固结灌浆施工于 2004 年 12 月开始施工,2004 年 3 月全部完成。

事件 3:坝基灌浆为加快施工进度,采用纯压式施工,先上后下,每灌浆段控制在 15 m,开灌比为 3:1。

事件 4:在坝基灌浆过程中,由于设备出现故障中断,经修复后恢复灌浆,发现注入率

P—先导孔;①～⑦—钻孔编号;J—检查孔

图3-21　灌浆孔施工次序

较中断前减少较多,因此加大压力灌注。

事件5:当坝基灌浆在达到设计压力,注入率不大于1 L/min 时,结束了坝基灌浆。

问题:

(1)指出事件1中的灌浆按灌浆目的分类;说明先浇一层坝体混凝土再进行灌浆的目的;指出事件1中第二次序孔、第三次序孔编号;三排灌浆施工顺序。

(2)指出事件2不妥之处,为保证灌浆质量,如何安排施工程序。

(3)指出事件3不妥之处,并说明正确做法。

(4)指出事件4的处理方法不正确之处,并说明正确做法。

(5)指出事件5的正确做法。

(6)坝基灌浆质量检查采用钻检查孔压水试验,说明抽检的孔数以及压水试验的时间。

(7)说明坝基固结灌浆效果检查的主要方法。

项目4 土石坝工程

学习指南

工作任务

(1)料场规划;

(2)土石方开挖与运输;

(3)坝体填筑与压实;

(4)碾压土石坝施工质量控制;

(5)面板堆石坝施工;

(6)土石坝冬雨期施工。

知识目标

(1)掌握料场规划原则;

(2)掌握土方施工技术以及挖运组织;

(3)掌握土坝填筑施工技术要点;

(4)掌握土石坝施工质量控制措施和坝体检测要求;

(5)掌握坝体分区及对材料要求,掌握面板施工工艺;

(6)掌握土石坝冬雨期施工措施。

能力目标

(1)能选择料场;

(2)会选择挖运施工方案;

(3)会选择施工参数,能指导坝体施工;

(4)会进行土方施工质量控制;

(5)会指导面板堆石坝施工;

(6)能处理土石坝冬雨期施工问题。

土石坝由于可以就地取材,易于施工,对坝基要求相对不高,所以随着大型高效施工机械的应用及施工机械化程度的提高,设计技术对筑坝材料的放宽、防渗结构和材料的改进、工期的缩短及费用的降低,为土石坝开辟了更加广阔的发展前景。土石坝包括碾压式土石坝、面板堆石坝等。土石坝施工主要包括料场规划、土料开采与运输坝体填筑与压实、碾压土石坝质量控制等施工任务。

■ 任务 1　料场规划

土石坝是一种充分利用当地材料的坝型。土石坝用料量很大,在选择坝型阶段需对土石料场全面调查,施工前配合施工组织设计,要对料场做深入勘测,并从空间、时间、质与量等方面进行全面规划。

1　料场规划的基本内容

料场的规划和使用是土石坝施工的关键,它不仅关系到坝体的质量、工期和造价,甚至还会影响到周围的农林业生产和生态环境。

施工前应结合施工组织设计,对各类料场做进一步的勘探,并从空间、时间与程序、质与量等方面进行总体规划,制订分期开采计划,使各种坝料有计划、有次序地使用,以满足坝体施工的要求。

空间规划是指对料场位置、高程的合理布置。土石料的上坝运距尽可能短,高程要有利于重车下坡。坝的上下游、左右岸最好都有料场,这样有利于同时供料,减少过坝和交叉运输造成的干扰,以保证坝体均衡上升。料场高程与相应的填筑部位相协调,重车下坡,空车上坡。做到就近取料,低料低用,高料高用。

在料场的使用时间与程序上,应考虑工程的其他建筑物的开挖料、料场开采料与坝体填筑之间的相互关系,并考虑施工期水位和流量的变化以及施工导流使上游水位升高的影响。用料规划上力求做到料场使用要近料场和上游易淹料场先用,远料场和下游不淹料场后用。含水率低的料场雨季用,含水率高的料场夏季用。施工强度高时用近料,施工强度低时用远料。枯水期多用滩地料,有计划地保留一部分近坝料供合龙段和度汛拦洪的高峰填筑期使用。对坝基和地下工程开挖弃料,应考虑挖、填各种坝料的综合平衡,做好土石方的调度规划,做到弃渣无隐患,不影响环保。合理用料,力求最佳的经济效果,降低工程造价。

料场质与量的规划是决定料场取舍的重要前提,在选择和规划使用料场时,应对料场的地址成因、产状、埋深、储量以及各种物理力学性质和压实特性进行全面的复查,选用料场应满足坝体设计施工质量要求。

2　料场规划的基本要求

料场规划应考虑充分利用永久和临时建筑物基础开挖的渣料。应增加必要的施工技术组织措施,确保渣料的充分利用。料场规划应对主要料场和备用料场分别加以考虑。前者要求质好、量大、运距近,且有利于常年开采;后者通常在淹没区外,当前者被淹没或因库区水位抬高,土料过湿或其他原因中断使用时,则用备用料场保证坝体填筑不致中断。在规划料场实际可开采总量时,应考虑料场查勘的精度、料场天然密度与坝体压实密度的差异,以及开挖运输、坝面清理、返工削坡等损失。实际可开采总量与坝体填筑量之比一般为:土料 2~2.5;砂砾料 1.5~2;水下砂砾料 2~3;石料 1.5~2;反滤料应根据筛后有效方量确定,一般不宜小于 3。另外,料场选择还应与施工总体布置结合考虑,应根据运输方式、强度来研究运输线路的规划和装料面的布置。整个场地规划还应排水通畅，全面考虑出料、堆料、弃料的位置，力求避免干扰以加快采运速度。

【案例4-1】 引子渡面板堆石坝工程的料场规划

引子渡水电站位于贵州平坝县境内，其坝型为混凝土面板堆石坝，最大坝高129.5 m，坝顶宽9.6 m，坝轴线长276.77 m，大坝上游坡比1:1.4，下游坝坡设有宽10 m的"之"字形上坝道路，平均坝坡1:1.599；大坝堆石体从上游至下游依次为垫层、过渡层、主堆石区、次堆石区，并在趾板周边设特殊垫层区，在靠近左岸陡坡设特别碾压区；大坝总填筑方量为303.5 m³。

引子渡面板堆石坝坝料的主要来源为溢洪道开挖料，部分洞挖料和趾板开挖料。主备料场为左岸下游响洞料场，主要存放溢洪道开挖料；其他备料场有左岸上游武警储料场和上游右岸盐井田坝储料场，主要储存大坝、坝址开挖的有用料。

由于溢洪道和下游响洞料场均在左岸，且上坝道路为共用一条从下游上坝的施工道路，而根据施工总进度要求，坝体填筑高峰月施工强度将达到35万 m³以上，且连续几个月的平均施工强度在30万 m³左右，显然按原料场布置要实现连续高强度施工是非常困难的。其主要原因为，主料场均布置在左岸下游，而施工道路高差大、弯道多、运距长。为坝体填筑确保能连续高强度施工，业主、设计、监理和施工单位取得一致意见，将一部分溢洪道的开挖料提前备到上游右岸盐井田坝储料场，且创造溢洪道首部开挖料能从上游直接上坝的条件，即开挖一条临时交通洞，修建三座跨趾板桥。

对于备料多少的问题，经研究协商，决定溢洪道开挖备料90万 m³有用料，加上其他如洞挖、趾板等可利用料共120万 m³左右，可满足大坝填筑强度要求。

任务2 土石方开挖与运输

1 土石的施工分级和工程特性

水利水电工程施工中常用的土石分级，依开挖方法、开挖难易、坚固系数等，共划分为16级，其中土分4级，岩石分12级。

1.1 土的分级

在水利水电工程施工中，根据开挖的难易程度，将土壤分为 Ⅰ～Ⅳ级，见表4-1。不同级别的土应采用不同的开挖方法，且施工挖掘时所消耗的劳动量和单价亦不同。

1.2 土的工程特性

土的工程特性对土方工程的施工方法及工程进度影响较大。主要的工程性质有表观密度、含水率、可松性、自然倾斜角等。

（1）表观密度：土壤表观密度就是单位体积土壤的质量。土壤保持其天然组织、结构和含水率时的表观密度称为自然表观密度。单位体积湿土的质量称为湿表观密度。单位体积干土的质量称为干表观密度。表观密度是体现黏性土密实程度的指标，常用它来控制黏性土的压实质量。

（2）含水率：是土壤中水的质量与干土质量的百分比。它表示了土壤孔隙中含水的程度,含水率直接影响黏性土的压实质量。

表 4-1　土壤的工程分级

土质级别	土壤名称	自然湿密度 （t/m³）	外形特征	开挖方法
I	砂土 种植土	1.65～1.75	疏松,黏着力差或易透水,略有黏性	用锹（有时略加脚踩）开挖
II	壤土 淤泥 含根种植土	1.75～1.85	开挖能成块并易打碎	用锹并用脚踩开挖
III	黏土 干燥黄土 干淤泥 含砾质黏土	1.80～1.95	黏手,干硬,看不见砂砾	用镐、三齿耙或锹并用力加脚踩开挖
IV	坚硬黏土 砾质黏土 含卵石黏土	1.90～2.10	土壤结构坚硬,将土分裂后呈块状或含黏粒、砾石较多	用镐、三齿耙等工具开挖

（3）可松性:自然状态下的土经开挖后因变松散而使体积增大的特性,称为土的可松性。土的可松性用可松性系数 k_s 表示,即

$$k_s = V_2/V_1 \tag{4-1}$$

式中　V_2——土经开挖后的松散体积;

　　　V_1——土在自然状态下的体积。

土的可松性系数可用于计算土方量、进行土方挖填平衡计算和确定运输工具数量。各种土的可松性系数见表 4-2。

表 4-2　土的密度和可松性系数

土的类别	自然状态		挖松后	
	密度（t/m³）	可松性系数	密度（t/m³）	可松性系数
砂土	1.65～1.75	1.0	1.50～1.55	1.05～1.15
壤土	1.75～1.85	1.0	1.65～1.70	1.05～1.10
黏土	1.80～1.95	1.0	1.60～1.65	1.10～1.20
砂砾土	1.90～2.05	1.0	1.50～1.70	1.10～1.40
含砂砾壤土	1.85～2.00	1.0	1.70～1.80	1.05～1.10
含砂砾黏土	1.90～2.10	1.0	1.55～1.75	1.10～1.35
卵石	1.95～2.15	1.0	1.70～1.90	1.15

（4）自然倾斜角:自然堆积土壤的表面与水平面间所形成的角度,称为土的自然倾斜角。挖方与填方边坡的大小与土壤的自然倾斜角大小有关。土方的边坡开挖应采用自上而下、分区、分段、分层的方法依次进行,不允许先下后上切脚开挖;坡面开挖时,应根据土质情况,间隔一定的高度设置永久性戗台,戗台宽度视用途而定。

2　土石方调配

水利水电工程施工，一般有土石方开挖料和土石方填筑料，以及其他用料，如开挖料做混凝土骨料等。在开挖的土石料中，一般有废料，还可能有剩余料等，因此要设置堆料场和弃料场。开挖的土石料的利用和弃置，不仅有数量的平衡（即空间位置上的平衡）要求，还有时间的平衡要求，同时还要考虑质量和经济效益等。

2.1　土石方平衡调配的方法

土石方平衡调配是否合理的主要判断指标是运输费用多少，费用花费最少的方案就是最好的调配方案。土石方调配可按线性规划进行。对于基坑和弃料场不太多时，可用简便的"西北角分配法"求解最优调配数值。

土石方调配需考虑许多因素，如围堰填筑时间、土石坝填筑时间和高程、厂前区管道施工工序、围堰拆除方法、弃渣场地（上游或下游）、运输条件（是否过河、架桥时间）等。

2.2　土石方平衡调配原则

土石方平衡调配的基本原则是在进行土石方调配时要做到料尽其用、时间匹配和容量适度。开挖的土石料可用作堤坝的填料、混凝土骨料或平整场地的填料等；土石方开挖应与用料在时间上尽可能相匹配，以保证施工高峰用料；堆料场和弃渣场的设置应容量适度，尽可能少占地。

堆料场是指堆存备用土石料的场地，当基坑和料场开挖出的土石料需做建筑物的填筑用料，而两者在时间上又不能同时进行，就需要堆存。堆存原则是：易堆易取。防止水、污泥杂物混入料堆，致使堆存料质量降低。当有几种材料时应分场地堆存，如堆在一个场地，应尽量隔开，避免混杂。堆存位置最好在用料点或料场附近，减少回取运距。如堆料场在基坑附近，一般不容许占压开挖部分。由于开挖施工工艺问题，常有不合格料混杂，对这些混杂料应禁止送入堆料场。

开挖出的不能利用的土石料应作为弃渣处理，弃渣场选择与堆弃原则是：尽可能位于库区内，这样可以不占农田耕地。施工场地范围内的低洼地区可作为弃渣场，弃渣场可作为或扩大为施工场地。弃渣堆置应不使河床水流产生不良的变化，不妨碍航运，不对永久建筑物与河床过流产生不利影响。在可能的情况下，应利用弃土造田，增加耕地。弃渣场的使用应做好规划，开挖区与弃渣场应合理调配，以使运费最少。

土石方调配的结果对工程成本、工程进度，以及工区景观、工区水土流失、噪声污染、粉尘污染等环境因素有着显著的影响。

3　土方开挖

土方开挖常用的方法有人工开挖法和机械开挖法，一般采用机械开挖。用于土方开挖的机械有单斗挖掘机、多斗挖掘机、斗轮式挖掘机、铲运机械及水力开挖机械。

3.1　单斗挖掘机

单斗挖掘机是仅有一个铲土斗的挖掘机械，如图 4-1 所示。它由行走装置、动力装置和工作装置三部分组成。行走装置分为履带式和轮胎式两种。履带式是最常用的一种，它对地面的单位压力小，可在各种地面上行驶，但转移速度慢。动力装置分为电动和内燃机驱动两种,电动为最常用形式,效率高,操作方便,但需电源。工作装置由铲土斗、斗柄、推压和提升装置组成。按铲土方向和铲土原理分为正铲、反铲、拉铲和抓铲四种类型,如图 4-1 所示,用钢索或液压操纵。钢索操纵用于大中型正铲,液压操纵用于小型正铲和反铲。

(a)正铲挖掘机　　　　　　　　(b)反铲挖掘机

(c)拉铲挖掘机　　　　　　　　(d)抓铲挖掘机

图 4-1　单斗挖掘机

3.1.1　正铲挖掘机

正铲挖掘机由推压和提升完成挖掘,开挖断面是弧形,最适于挖停机面以上的土方,也能挖掘机面以下的浅层(1~2 m)土方。由于稳定性好,铲土能力大可以挖各种土料及软岩、岩渣进行装车。它的特点是循环式开挖,由挖掘、回转、卸土、返回构成一个工作循环,生产率的大小取决于铲斗大小和循环时间的长短。正铲的斗容为 0.5 m³ 至几十立方米不等,工程中常用 1~4 m³。

正铲挖掘机开挖方法有以下两种:

(1)正向开挖、侧向装土。正铲向前进方向挖土,汽车位于正铲的侧向装车,如图 4-2

(a)正向开挖　　　　　　　　(b)侧向装土

图 4-2　正向开挖、侧向装土法

所示。铲臂卸土回转角度小于90°，装车方便，循环时间短，生产效率高，常用于土料场及渠道土方开挖。

（2）正向开挖、后方装土。开挖工作面较大，但铲臂卸土回转角度大、生产效率降低，如图4-3所示。此方法常用于基坑土方开挖。

图4-3　正向开挖、后方装土法

正铲挖掘机工作尺寸见图4-4，正铲挖掘机工作性能见表4-3。

A—停机面以下挖掘深度；$R_平$—停机面以上最大挖掘半径；$R_小$—停机面以上最小挖掘半径；
$R_大$—最大挖掘半径；H—最大挖掘半径时的挖掘高度；R—最大挖掘高度时的挖掘半径；
$H_大$—最大挖掘高度；$r_大$—最大卸土半径；h—最大卸土半径时的卸土高度；
r—最大卸土高度时的卸土半径；$h_大$—最大装土高度

图4-4　正铲挖掘机工作尺寸

3.1.2　反铲挖掘机

反铲挖掘机能用来开挖停机面以下的基坑（槽）或管沟通及含水率大的软土等，挖土时由远而近，就地卸土或装车，适用于中小型沟渠、清基、清淤等工作。由于稳定性及铲土能力均比正铲差,故只用来挖Ⅰ～Ⅲ级土,硬土要先进行预松。

表 4-3　正铲挖掘机工作性能

项目	WD-50	WD-100	WD-200	WD-300	WD-400	WD-1000
铲斗容量(m³)	0.5	1.0	2.0	3.0	4.0	10.0
动臂长度(m)	5.5	6.8	9.0	10.5	10.5	13.0
动臂倾角(°)	60.0	60.0	50.0	45.0	45.0	45.0
最大挖掘半径(m)	7.2	9.0	11.6	14.0	14.4	18.9
最大挖掘高度(m)	7.9	9.0	9.5	7.4	10.1	13.6
最大卸土半径(m)	6.5	8.0	10.1	12.7	12.7	16.4
最大卸土高度(m)	5.6	6.8	6.0	6.6	6.3	8.5
最大卸土半径时的卸土高度(m)	3.0	3.7	3.5	4.9		5.8
最大卸土高度时的卸土半径(m)	5.1	7.0	8.7	12.4		15.7
工作循环时间(s)	28.0	25.0	24.0	22.0	23～25	
卸土回转角度(°)	100	120	90	100	100	

反铲挖掘机开挖方法一般有以下几种:

(1)端向开挖法。反铲停于沟端,后退挖土,同时往沟一侧弃土或装车运走,如图 4-5 (a)所示。

(2)侧向开挖法。反铲停于沟侧沿沟边开挖,铲臂回转角度小,能将土弃于距沟边较远的地方,但挖土宽度比挖掘半径小,边坡不好控制,同时机身靠沟边停放,稳定性较差,如图 4-5(b)所示。

(a)端向开挖法　　　　　　　(b)侧向开挖法

图 4-5　反铲端向及侧向开挖法

(3)多层接力开挖法。用两台或多台挖掘机设在不同作业高度上同时挖土,边挖土边将土传递到上层,再由地表挖掘机或装载机装车外运。

3.1.3　拉铲挖掘机

拉铲挖掘机的铲斗用钢索控制,利用臂杆回转将铲斗抛至较远距离,回拉牵拉索,靠铲斗自重下切装满铲斗,然后回转装车或卸土。由于其挖掘半径、卸土半径、卸土高度较大,适用于Ⅰ~Ⅲ级土开挖,尤其适合于深基坑水下土砂及含水率大的土方开挖,在大型渠道、基坑及水下砂卵石开挖中应用广泛。开挖方式有沟端开挖和沟侧开挖两种,当开挖宽度和卸土半径较小时,用沟端开挖;当开挖宽度大,卸土距离远时,用沟侧开挖。

3.1.4 抓铲挖掘机

抓铲挖掘机靠铲斗自由下落中斗瓣分开切入土中,抓取土料合瓣后提升,回转卸土。适用于开挖土质比较松软(Ⅰ~Ⅱ级土)、施工面狭窄而深的基坑、深槽以及河床清淤等工程,最适宜于水下挖土,或用于装卸碎石、矿渣等松软材料,在桥墩等柱坑开挖中应用较多。抓铲能在回转半径范围内开挖基坑中任何位置的土方。

3.1.5 单斗挖掘机生产率的计算

3.1.5.1 技术生产率

$$P_j = 60qnk_sk_{ch}k_yk_z \tag{4-2}$$

式中　P_j——挖掘机技术生产率,自然方,m^3/h;

　　　　q——铲斗几何容量,m^3,查挖掘机技术参数;

　　　　n——挖掘机每分钟挖土次数,可根据表4-4进行换算;

　　　　k_s——土壤可松性系数,见表4-2;

　　　　k_{ch}——铲斗充盈系数,见表4-5;

　　　　k_y——挖掘机在掌子面内移动影响系数,根据掌子面宽度和爆堆高低而定,可取0.90~0.98;

　　　　k_z——掌子面尺度校正系数,见表4-6。

表4-4　一次挖掘循环延续时间 t　　　　　　　（单位:s）

铲斗类型	挖掘机斗容(m^3)						
	0.8	1.5	2.0	3.0	4.0	6.0	9.5
正铲	16~28	16~28	18~28	18~28	20~30	24~34	28~36
反铲	24~33	28~37	30~39	36~46	42~50	43~52	46~56

注:旋转角为90°;开挖面高度为最佳值;易挖时取最大值,难挖时取最小值。

表4-5　挖掘机铲斗充盈系数 k_{ch}

岩土名称	k_{ch}	岩土名称	k_{ch}
湿砂、壤土	1.0~1.1	中等密实含砾石黏土	0.6~0.8
小砾石、砂壤土	0.8~1.0	密实含砾石黏土	0.6~0.7
中等黏土	0.75~1.0	爆得好的岩石	0.6~0.75
密实黏土	0.6~0.8	爆得不好的岩石	0.5~0.7

3.1.5.2 实用生产率

$$P_s = 8P_jk_t \tag{4-3}$$

式中　P_s——挖掘机实用生产率,$m^3/$台车;

　　　　P_j——挖掘机技术生产率,自然方,m^3/h;

k_t——时间利用系数,见表4-7。

表4-6　正铲挖掘机掌子面尺度校正系数 k_z

最佳掌子面高度的百分比	旋转角							
	30°	45°	60°	75°	90°	120°	150°	180°
40%		0.93	0.89	0.85	0.80	0.72	0.65	0.59
60%		1.10	1.03	0.96	0.91	0.81	0.73	0.66
80%		1.22	1.12	1.04	0.98	0.86	0.77	0.69
100%		1.26	1.16	1.07	1.00	0.88	0.79	0.71
120%		1.20	1.11	1.03	0.97	0.86	0.77	0.70
140%		1.12	1.04	0.97	0.91	0.81	0.73	0.66
160%		1.03	0.96	0.90	0.85	0.75	0.67	0.62

注:反铲可参照正铲参数选取;最佳掌子面高度,查挖掘技术参数或使用说明书。

表4-7　施工机械时间利用系数 k_t

作业条件	施工管理条件				
	最好	良好	一般	较差	很差
最好	0.84	0.81	0.76	0.70	0.63
良好	0.78	0.75	0.71	0.65	0.60
一般	0.72	0.69	0.65	0.60	0.54
较差	0.63	0.61	0.57	0.52	0.45
很差	0.52	0.50	0.47	0.42	0.32

3.1.5.3　提高挖掘机生产率的措施

挖掘机是土方机械施工的主导机械,为提高生产率,应采取以下措施:加长斗齿,减小切土阻力;合并回转、升起、降落的操作过程,采用卸土转角小的装车或卸土方式,以缩短循环时间;小角度装车或卸土;采用大铲斗;合理布置工作面和运输道路;加强机械保养和维修,维持良好的性能。

3.2　多斗挖掘机

多斗挖掘机是有多个铲土斗的挖掘机械,它能够连续地挖土,是一种连续工作的挖掘机械。按工作方式不同,多斗挖掘机分为链斗式和斗轮式两种。

3.2.1　链斗式挖掘机

链斗式挖掘机最常用的形式是采砂船,如图4-6所示。它是一种构造简单、生产率高、适用于规模较大的工程、可以挖河滩及水下砂砾料的多斗式挖掘机。采砂船工作性能见表4-8。

(a)侧视图   (b)正视图

1—斗架提升索;2—斗架;3—链条和链斗;4—主动链轮;5—泄料漏斗;6—回转盘;
7—主机房;8—卷扬机;9—吊杆;10—皮带机;11—泄水槽;12—平衡水箱

图4-6 链斗式采砂船

表4-8 采砂船工作性能

项目	链斗容量(L)			
	160	200	400	500
理论生产率(m³/h)	120	150	250	750
最大挖掘深度(m)	6.5	7.0	12.0	20.0
船身外廓尺寸 (长×宽×高) (m×m×m)	28.05×8×2.4	31.9×8×2.3	52.2×12.4×3.5	69.9×14×5.1
吃水深度(m)	1.0	1.1	2.0	3.1

3.2.2 斗轮式挖掘机

斗轮式挖掘机如图4-7所示,斗轮式挖掘机的斗轮装在斗轮臂上,在斗轮上装有7~8个铲土斗,当斗轮转动时,下行至拐角时挖土,上行运土至最高点时,土料靠自重和旋转惯性卸至受料皮带上,转送到运输工具或料堆上。其主要特点是斗轮转速较快,作业连续,斗臂倾角可以改变,并作360°回转,生产率高,开挖范围大。斗轮式挖掘机适用于大体积

1—斗轮;2—升降机构;3—司机室;4—中心料斗;5—卸料皮带机;6—双槽卸料斗;
7—动力装置;8—履带;9—转台;10—受料皮带机;11—斗轮臂

图4-7 斗轮式挖掘机 (单位:mm)

的土方开挖工程,且具有较高的掌子面,土料含水率不宜过大,多与胶带运输机配合作长距离运输。

3.3 铲运机械

铲运机械是指一种机械同时完成开挖、运输和卸土任务,这种具有双重功能的机械常用的有推土机、铲运机、平土机等。

3.3.1 推土机

推土机是一种在履带式拖拉机上安装推土板等工作装置而成的一种铲运机械,是水利水电建设中最常用、最基本的机械,可用来完成场地平整,基坑、渠道开挖,推平填方,堆积土料,回填沟槽,清理场地等作业,还可以牵引振动碾、松土器、拖车等机械作业。它在推运作业中,距离不能超过 $60 \sim 100$ m,挖深不宜大于 $1.5 \sim 2.0$ m,填高小于 $2 \sim 3$ m。

推土机按安装方式分为固定式和万能式,按操纵方式分为钢索和液压操作,按行驶方式分为履带式和轮胎式。图 4-8 为国产移山 - 120(马力)型推土机。

1—刀片;2—推土板;3—切土液压装置;4—拖拉机
图 4-8 国产移山 - 120(马力)型推土机 (单位:mm)

固定式推土机的推土板仅能上下升降,强制切土能力差,但结构简单,应用广泛,而万能式不仅能够升降,还可以左右、上下调整角度,用途较多。履带式推土机附着力大,可以在不良地面上作业;液压式推土机可以强制切土,重量轻,构造简单,操作方便。

推土机开挖的基本作业是铲土、运土、卸土三个工作行程和空载回行程。常用的作业方法如下:

(1)槽形推土法。推土机多次重复在一条作业线上切土和推土,使地面逐渐形成一条浅槽,再反复在沟槽中进行推土,以减少土从铲刀两侧漏散,可提高工作效率 $10\% \sim 30\%$。

(2)下坡推土法。推土机顺着下坡方向切土与推运,借机械向下的重力作用切土,增大切土深度和运土数量,可提高生产率 $30\% \sim 40\%$,但坡度不宜超过 $15°$,避免后退时爬坡困难。

(3)并列推土法。用 $2 \sim 3$ 台推土机并列作业,以减少土体漏失量。铲刀相距 $15 \sim 30$ cm,平均运距不宜超过 $50 \sim 70$ m ,亦不宜小于 20 m。

(4)分段铲土集中推送法。在硬质土中,切土深度不大,将铲下的土分堆集中,然后整批推送到卸土区。堆积距离不宜大于 30 m,堆土高度以 2 m 以内为宜。

（5）斜角推土法。将铲刀斜装在支架上或水平放置,并与前进方向成一倾斜角度进行推土。

3.3.2　铲运机

铲运机是一种能够连续完成铲运、运土、卸土、铺土、平土等工序的综合性土方工程机械,能开挖黏土、砂砾石等。它适用于大型基坑、渠道、路基开挖,大型场地的平整、土料开采、填筑堤坝等。

铲运机按牵引方式分为自行式和拖式,按操纵方式分为钢索和液压操纵,按卸土方式分为自由卸土、强制卸土和半强制卸土。其工作过程示意图见图4-9。

根据施工场地的不同,铲运机常用的开行路线有以下几种:

（1）椭圆形开行路线。从挖方到填方按椭圆形路线回转,适合于长 100 m 内基坑开挖、场地平整等工程。

1—铲斗;2—行走装置;3—连挂装置;4—操纵装置;
5—斗门;6—斗底和斗后壁

图4-9　铲运机工作过程示意图

（2）"8"字形开行路线。即装土、运土和卸土时按"8"字形运行,可减少转弯次数和减小空车行驶距离,提高生产率,同时可避免机械行驶部分单侧磨损。

（3）大环形开行路线。从挖方到填方均按封闭的环形路线回转。当挖土和填土交替,而刚好填土区在挖土区的两端头,则可采用此种路线。

（4）连续式开行路线。铲运机在同一直线段连续地进行铲土和卸土作业,可消除跑空车现象,减少转弯次数,提高生产效率,同时还可使整个填方面积得到均匀压实,适合于大面积场地整平,且填方和挖方轮次交替出现的地段。

为了提高铲运机的生产效率,通常采用以下几种方法:

（1）下坡铲土法。铲运机顺地势下坡铲土,借机械下行自重产生的附加牵引力来增加切土深度和充盈数量,最大坡度不应超过 20°,铲土厚度以 20 cm 为宜。

（2）沟槽铲土法。在较坚硬的地段挖土时,采取预留土埂间隔铲土。土埂两边沟槽深度以不大于 0.3 m、宽度略大于铲斗宽度 10~20 cm 为宜。作业时埂与槽交替下挖。

（3）助铲法。在坚硬的土体中,使用自行式铲运机,另配一台推土机松土或在铲运机的后拖杆上进行顶推,协助铲土,可缩短铲土时间。每 3~4 台铲运机配置一台推土机助铲,可提高生产率30%左右。

3.4　水力开挖机械

水力开挖主要有水枪开挖和吸泥船开挖两种。

3.4.1　水枪开挖

水枪开挖就是利用水枪喷嘴射出的高速水流切割土体形成泥浆,然后输送到指定地点的开挖方法。水枪可在平面上回转360°，在立面上仰俯50°~60°，射程达20~30 m，切割分解形成泥浆后，沿输泥沟自流或由吸泥泵经管道输送至填筑地点。利用水枪开挖土料场、基坑，节约劳力和大型挖运机械，经济效益明显。水枪开挖适于砂土、亚黏土和淤泥，可用于水力冲填筑坝。对于硬土，可先进行预松，以提高水枪挖土工效。

3.4.2　挖泥船开挖

挖泥船是利用挖泥船下的绞刀将水下土方绞成泥浆，由泥浆泵吸起经浮动输泥管运至岸上或运泥船上（详见项目8）。

4　挖运方案的选择

常采用的土石料挖运方案有以下几种：

（1）人工挖装，马车、拖拉机、翻斗车运土上坝。人工挖装，马车运输，距离不宜大于1 km；拖拉机、翻斗车运土上坝，运距一般为2~4 km，坡度不宜大于0.5%~1.5%。

（2）挖掘机挖装，自卸汽车运输上坝。正向铲挖装，自卸汽车运输直接上坝，通常运距小于10 km。该方案设备易于获得，自卸汽车机动灵活，运输能力高，设备通用性强，可运各种坝料，能直接铺料，受地形条件和运距限制很小，使用管理方便。目前国内外土石坝施工普遍采用。

在施工布置上，正向铲一般采用立面开挖，汽车运输道路可布置成循环路线，装料时采用侧向掌子面，即汽车鱼贯式的装料与行驶，这种布置形式可避免汽车倒车延误时间和减少挖掘机的回转时间，生产率高，能充分发挥正向铲与汽车的效率。

（3）挖掘机挖装，胶带机运输上坝。胶带机的爬坡能力强，架设简易，运输费用较低，运输能力也较大，适宜运距小于10 km。胶带机可直接从料场运输上坝；也可与自卸汽车配合，做长距离运输，在坝前经漏斗卸入汽车转运上坝；或与有轨机车配合，用胶带机短距离转运上坝。

（4）斗轮式挖掘机挖装，胶带机运输上坝。具有连续生产、挖运强度高、管理方便等优点。陕西石头河水库土石坝和美国沃洛维尔土坝施工采用该挖运方案。

（5）采砂船挖装，机车运输，胶带机转运上坝。国内一些大中型水电工程施工中，广泛采用采砂船开采水下的砂砾料，配合有轨机车运输。当料场集中、运输量大、运距大于10 km时，可用有轨机车进行水平运输。有轨机车的临建工程量大，设备投资较高，对线路坡度和转弯半径要求也较高；不能直接上坝，需要在坝脚经卸料装置转胶带机运土上坝。

选择开挖运输方案时，应根据工程量大小、土料上坝强度、料场位置与储量、土质分布、机械供应条件等综合因素，进行技术上比较和经济上分析，确定经济合理的挖运方案。

5　挖运强度与挖运机械数量的确定

分期施工的土石坝应根据坝体分期施工的填筑强度和开挖强度来确定相应的机械设备容量。

（1）坝体分期填筑强度 Q_d（m³/h）可按下式计算：

$$Q_d = V_d K K_1 / (TN) \tag{4-4}$$

式中　V_d——坝体分期填筑方量，m³；

K——施工不均匀系数,可取 1.2~1.3;

K_1——考虑沉陷削坡损失等影响系数,可取 1.15~1.2;

T——分期时段的有效工作日数,d,按分期时段的总日数扣除节假日、降雨及气温影响可能的停工日数;

N——每日的工作小时数,以 20 h 计。

（2）坝体分期施工的运输强度 Q_T（m³/h）可按下式计算：

$$Q_T = Q_d K_2 \gamma_d / \gamma_y \tag{4-5}$$

式中　K_2——土料运输损失系数,取 1.05~1.10;

γ_d——设计干表观密度,t/m³;

γ_y——土料松散状态下干表观密度,t/m³。

（3）坝体分期施工的开挖强度 Q_c（m³/h）可按下式计算：

$$Q_c = Q_d K_3 K_2 \gamma_d / \gamma_n \tag{4-6}$$

式中　K_3——开挖及运输中的损失系数,可取 1.05~1.10;

γ_n——土料的天然干表观密度,t/m³。

（4）满足上坝填筑强度要求的挖掘机数量 N_c 为

$$N_c = Q_c / P_c \tag{4-7}$$

式中　P_c——1 台挖掘机的生产率,m³/h。

（5）满足上坝填筑强度要求的汽车数量 N_a 为

$$N_a = Q_c / P_a \tag{4-8}$$

式中　P_a——1 辆汽车的生产率,m³/h。

配合 1 台挖掘机所需的汽车数量,其总的生产率应略大于 1 台挖掘机的生产率,即 $nP_a \geqslant P_c$。

为了充分发挥自卸汽车的运输效能,应根据挖掘机械的斗容选择相应载重量的自卸汽车。挖掘机装满一车的斗数为

$$m = Q k_s / \gamma_n q \tag{4-9}$$

式中　Q——自卸汽车的载质量,t;

k_s——土料的可松性系数;

q——挖掘机械的斗容,m³。

根据工艺要求,m 的合理范围应为 3~5。通常要求装满一车的时间不超过 3.5~4 min,卸车时间不超过 2 min。

■ 任务3　坝体填筑与压实

1　土石坝机械化施工组织原则

从料场的开挖、运输到坝面铺料和压实等各工序采用相互配套的机械施工,组成"一条龙"的施工流程,称为土石坝的综合机械化施工。组织综合机械化施工应遵循以下原则：

（1）充分发挥主要机械的作用。主要机械是指在机械化施工流程中起主导作用的机械。充分发挥它的生产效率，有利于加快施工进度，降低工程成本。譬如土方工程机械化施工中，采用挖掘机挖装、自卸汽车运输、推土机铺平土、振动碾碾压，其中挖掘机为主要机械，其他为配套机械。挖掘机出现故障或工效降低，将会导致停工待料或施工强度降低。

（2）根据机械工作特点进行配套组合。连续式开挖机械和连续式运输机械配合，循环式开挖机械和循环式运输机械配合，形成连续生产线；否则，需要增加中间过渡设备。

（3）充分发挥配套机械的生产能力。在选择配套机械，确定配套机械的型号、规格和数量时，其生产能力要略大于主要机械的生产能力，以保证主要机械生产能力的充分发挥。

（4）配套机械应便于使用、维修和管理。选择配套机械时，尽量选择一机多能型，以减少衔接环节。同一种机械力求型号单一，便于维修管理。

（5）合理布置工作面，加强机械保养。合理布置工作面和运输道路，以减少机械的运转时间，避免窝工。严格执行机械保养制度，使机械处于最佳状态，以提高工效。

2　土石坝填筑碾压试验

2.1　压实机械

压实机械分为静压碾压、振动碾压、夯击三种基本类型。其中静压碾压的作用力是静压力，其大小不随作用时间而变化，如图 4-10（a）所示；振动的作用力为周期性的重复动力，其大小随时间呈周期性变化，振动周期的长短随振动频率的大小而变化，如图 4-10（c）所示；夯击的作用力为瞬时动力，有瞬时脉冲作用，其大小随时间和落高而变化，如图 4-10（b）所示。压实机械具体有羊脚碾、气胎碾、振动碾、夯实机械等。

（a）碾压　　　　　　（b）夯击　　　　　　（c）振动

图 4-10　土料压实作用外力示意图

2.1.1　羊脚碾

羊脚碾是碾的滚筒表面设有交错排列的柱体，形似羊脚。碾压时，羊脚插入土料内部，使羊脚底部土料受到正压力，羊脚四周侧面土料受到挤压力，碾筒转动时土料受到羊脚的揉搓力，从而使土料层均匀受压。羊脚碾压实层厚，层间结合好，压实度高，压实质量好，但仅适用于黏性土。非黏性土压实中，由于土颗粒产生竖向及侧向移动，效果不好。

2.1.2　气胎碾

气胎碾是由拖拉机牵引，以充气轮胎作为压实构件，利用碾的重量来压实土料的一种碾压机械。这种碾子是一种柔性碾,碾压时碾和土料共同变形。胎面与土层表面的接触压力与碾重关系不大,可通过改变轮胎气压的方法来调节接触压力的大小,增加碾重(一般质量为8~30 t,重型的可达到50~200 t),可以增加与土层接触面积,压实深度大,生产效率高,施工费用比凸块碾低。与刚性平碾相比,气胎碾压实效果较好;缺点是需加刨毛等工序,以加强碾压上下层的结合。

气胎碾的适用范围广,对黏性土和非黏性土都能压实,在多雨地区或含水率较高的土料更能突出它的优点。它与羊脚碾联合作业效果更佳,如用气胎碾压实,羊脚碾收面,有利于上下层结合;羊脚碾碾压,气胎碾收面,有利于防雨。

2.1.3　振动碾

振动碾是一种具有静压和振动双重功能的复合型压实机械。常见的类型是振动平碾,也有振动变形(表面设凸块、肋形、羊脚等)碾。它由起振柴油机带动碾滚内的偏心轴旋转,通过连接碾面的隔板,将振动力传至碾滚表面,然后以压力波的形式传到土体内部。非黏性土的颗粒比较粗,在这种小振幅、高频率的振动力的作用下,摩擦力大大减小,由于颗粒不均匀,惯性力大小不同而产生相对位移,细粒滑入粗粒空隙而使空隙体积减小,从而使土料达到密实。因此,振动碾主要用于压实非黏性土。

2.1.4　夯实机械

夯实机械是利用夯实机具的冲击力来压实土料的,有强夯机、挖掘机夯板等,用于夯实砂砾料,也可以夯实黏性土。它适于在碾压机械难以施工的部位压实土料。

2.2　土料填筑标准

2.2.1　黏性土的填筑标准

含砾和不含砾的黏性土的填筑标准应以压实度和最优含水率作为设计控制指标。设计最大干密度应以压实最大干密度乘以压实度求得。

1级、2级坝和高坝的压实度应为98%~100%,3级中低坝及3级以下的中坝压实度应为96%~98%。设计地震烈度为8度、9度的地区,宜取上述规定的大值。

2.2.2　非黏性土的填筑标准

砂砾石和砂的填筑标准应以相对密度为设计控制指标。砂砾石的相对密度不应低于0.75,砂的相对密度不应低于0.7,反滤料宜为0.7。

2.3　压实参数的确定

(1)土料填筑压实参数主要包括碾压机具的重量、含水率、碾压遍数及铺土厚度等,对于振动碾还应包括振动频率及行走速率等。

(2)黏性土料压实含水率可取 $\omega_1 = \omega_P + 2\%$；$\omega_2 = \omega_P$；$\omega_3 = \omega_P - 2\%$ 三种进行试验。ω_P 为土料塑限。

(3)选取试验铺土厚度和碾压遍数,并测定相应的含水率和干密度,作出对应的关系曲线(见图4-11)。再按铺土厚度、压实遍数和最优含水率、最大干密度进行整理并绘制相应的曲线(见图4-12),根据设计干密度 ρ_d,从曲线上分别查出不同铺土厚度所对应的压实遍数和对应的最优含水率。最后分别计算单位压实遍数的压实厚度进行比较,以单位压实遍数的压实厚度最大者为最经济、合理。

图 4-11　不同铺土厚度、不同压实遍数土料
含水率和干密度关系曲线

图 4-12　铺土厚度、压实遍数、
最优含水率、最大干密度的关系曲线

（4）对非黏性土料的试验，只需作铺土厚度、压实遍数和干密度 ρ_d 的关系曲线，据此便可得到与不同铺土厚度对应的压实遍数，根据试验结果选择现场施工的压实参数。

3　土石坝填筑施工方法

3.1　坝面作业的特点

坝面作业包括铺土、平土、洒水或晾晒（控制含水率）、压实、刨毛（平碾碾压时）、修整边坡、修筑反滤层和排水体及护坡、质量检查等工序。由于工作面小、工序多、工种多、机具多，若施工组织不当，将产生干扰，造成窝工，延误进度，影响施工质量，所以常采用流水作业法施工。

3.2　坝面流水作业的实施

流水作业法施工是根据施工工序数目将坝面划分成几个施工段，组织各工种的专业施工队相继投入到所划分的施工段上同时施工。对同一施工段而言，各专业队按工序依次进入连续进行施工；对各专业队，则不停地轮流在各个施工段完成本专业的施工工作。实施坝面流水作业，施工队作业专业化，有利于工人技术熟练和提高；施工过程中充分利用了人、地、机，避免了施工干扰和窝工，有利于坝面作业。各施工段面积的大小取决于各施工期土料的上坝强度大小。

对于某高程的坝面，流水施工段数 M 可按下式计算：

$$M = \omega_{坝} / \omega_{日} \tag{4-10}$$

$$\omega_{日} = Q_{运} / h$$

式中　$\omega_{坝}$——某施工时段坝面工作面积，可按设计图纸由施工高程确定，m^2；

　　　$\omega_{日}$——每个流水班次的铺土面积，m^2；

　　　h——土厚度，m。

如以 N 表示流水工序数目，当 $M = N$ 时，说明流水作业中人、地、机具三不闲；当 $M > N$ 时，说明流水作业中人、机具不闲，但有工作面空闲；当 $M < N$ 时，说明人、机具有窝工现象，流水作业不能正常进行。出现 $M < N$ 的情况是坝体升高，工作面减小或划分的流水工序过多所致。可采用缩小流水单位时间增大 M 值的办法，或合并一些工序，以减小 N 值，

使 $M = N$。图 4-13 为三个施工段、三道工序的流水作业。

图 4-13　坝面流水作业示意图

3.3　坝面填筑施工要求

3.3.1　基本要求

铺料宜沿坝轴线方向进行,铺料应及时,严格控制铺土厚度,不得超厚。防渗体土料应采用进占法卸料,运输车辆应在铺筑的松土上行驶,车辆穿越的防渗体道口段应经常变换,每隔 40~60 m 设专用道口,以免车辆因穿越反滤层时将反滤料带入防渗体内,造成土料和反滤料边线混淆,影响坝体质量。防渗体分段碾压时相邻两段交接带应搭接碾压,垂直于碾压方向搭接宽度不小于 0.3~0.5 m,顺碾压方向的搭接宽度为 1~1.5 m。

平土要求厚度均匀,以保证压实质量,采用自卸汽车或皮带机运料上坝时,由于卸料集中,多采用推土机或平土机平土。土料要均匀平整,以免雨后积水,影响施工。斜墙坝铺筑时应向上游倾斜 1%~2% 的坡度,对均质坝、心墙坝应使坝面中部凸起,向上下游倾斜 1%~2% 的坡度,以便排除坝面雨水。

压实是坝面作业的重要工序。防渗料、砂砾料、堆石料的碾压施工参数应通过现场碾压试验确定。防渗料宜采用振动凸块碾压实,碾压应沿坝轴线方向进行,严禁漏压或欠压。碾压方式主要取决于碾压机械的开行方式。碾压机械的开行方式通常有进退错距法和圈转套压法两种。

(1)进退错距法操作简便,碾压、铺土和质检等工序协调,便于分段流水作业,压实质量容易保证,其开行方式如图 3-14(a)所示。用这种开行方式,为避免漏压,可在碾压带的两侧先往复压够遍数后,再进行错距碾压。错距宽度 b(m)按下式计算:

$$b = B/n \tag{4-11}$$

式中　B——碾滚净宽,m;

　　　n——设计碾压遍数。

(2)圈转套压法要求开行的工作面较大,适合于多碾滚组合碾压。其优点是生产率较高,但碾压中转弯套压过多,易于超压。当转弯半径小时,容易引起土层扭曲,产生剪力破坏,在转弯的四角容易漏压,质量难以保证,其开行方式如图 4-14(b)所示。

(a)进退错距法　　　　　　　　(b)圈转套压法

图 4-14　碾压机械开行方式

3.3.2 斜墙、心墙填筑

斜墙宜与下游反滤料及部分坝壳料平起填筑,也可滞后于坝壳料填筑,待坝壳料填筑到一定高程或达到设计高程,削坡后方可填筑斜墙,避免防渗体因坝体沉陷而裂缝。已填筑好的斜墙应立即在上游铺好保护层,防止干裂,保护层距铺填面小于 2 m。

心墙施工应使心墙与砂壳平衡上升。若心墙上升快,易干裂影响质量;砂壳上升太快,则会造成施工困难。因此,要求心墙填筑中应保持同上下游反滤料及部分坝壳平起,骑缝碾压。为保证土料与反滤料层次分明,采用土砂平起法施工。根据土料与反滤料填筑先后顺序的不同,分为先土后砂法和先砂后土法。

先土后砂法是先填压三层土料再铺一层反滤料与土料齐平,然后对反滤料的土砂边沿部分进行压实,如图 4-15(a)所示。由于土料压实时,表面高于反滤料,土料的卸、铺、平、压都是在无侧限的条件下进行的,很容易形成超坡。在采用羊脚碾压实时,要预留 30~50 cm 松土边,避免土料被羊脚碾插入反滤层内。当连续晴天时,土料上升较快,应注意防止土体干裂。

先砂后土法是先在反滤料的控制边线内,用反滤料堆筑一小堤,为了便于土料收坡,保证反滤料的宽度,每填一层土料,随即用反滤料补齐。收坡留下的区域,进行人工捣实,如图 4-15(b)所示。这样对控制土砂边线有利。由于土料是在有侧限下压实的,松土边很少,故此法采用较多。例如,石头河水库填筑黏土心墙和反滤料采用先砂后土平起施工。

(a)先土后砂法　　　　　　　　　　　(b)先砂后土法

1—心墙设计线;2—已压实层;3—待压层;Ⅰ、Ⅱ、Ⅲ、Ⅳ、Ⅴ—填料次序

图 4-15 土砂平起法施工示意图 (单位:cm)

先砂后土法和先土后砂法土料边沿仍有一定宽度未压实合格,所以需要每填三层土料用夯实机具夯实一次土砂接合部,先夯土料一侧,等合格后再夯反滤料,切忌交替夯实,影响质量。

防渗体的铺筑作业应是连续进行的,如因故停工,表面必须洒水湿润,控制含水率。

3.3.3 接合部位处理

土石坝的防渗体要与地基(包括齿墙)、岸坡及周围其他建筑物的边界相接;由于施工导流、施工分期、分段分层填筑等要求,还必须设置纵向、横向的接坡或接缝。这些接合部位是施工的薄弱环节,质量控制应采取如下措施:

(1)在坝体填筑中,层与层之间分段接头应错开一定距离,同时分段条带应与坝轴线平行布置,各分段之间不应形成过大的高差。接坡坡比一般缓于 1:3。

(2)坝体填筑中,为了保护黏土心墙或黏土斜墙不致长时间暴露在大气中遭受影响,一般都采用土、砂平起的施工方法。

（3）对于坝身与混凝土结构物（如涵管、刺墙等）的连接，靠近混凝土结构物部位不能采用大型机械压实时，可采用小型机械夯实或人工夯实。填土碾压时，要注意混凝土结构物两侧均衡填料压实，以免对其产生过大的侧向压力，影响其安全。

【案例4-2】 小浪底工程坝体填筑施工

小浪底水利枢纽工程是治理开发黄河的关键性控制工程，其战略地位重要，工程规模宏大，地质条件复杂，水沙条件特殊，运用要求严格，施工强度高，质量要求严，施工技术复杂，组织管理难度大，是中外专家公认的世界上最具挑战性的水利工程之一。

小浪底大坝为壤土斜心墙堆石坝，设计坝高154 m，右岸深槽实际施工最大坝高达160 m，坝顶长1 667 m，总填筑量5 185万m³，填筑量位居全国同类坝型第一位，在世界上也名列前茅。坝体由防渗土料、反滤料、过渡料、堆石、护坡、压戗等多达17种材料组成，每种材料按合同技术规范规定，都有严格的材质、级配、含水率、干密度、压实度等要求，结构复杂，质量要求高。大坝工程于1994年5月30日发布开工令，要求1997年11月1日截流，2001年12月31日竣工。根据施工进度安排，分为两个阶段施工：第一阶段为截流前，在纵向围堰保护下进行右岸滩地的施工，坝体填筑量约占20%；第二阶段为截流后大坝工程主要施工期，按计划要求完成80%的坝体填筑量和主坝混凝土防渗墙、上游围堰高压旋喷防渗墙工程。由于采用了高效率大型配套的联合机械化作业、计算机控制的反滤料加工系统，严格有序的料场开采和便捷的交通布置，科学合理的管理和冬季施工措施，并且经试验采用了堆石填筑中不加水技术、先进快捷的核子密度仪质量检测技术等，工程进度始终超前合同目标。大坝填筑较合同工期提前13个月，于2000年6月下旬达到坝顶高程，工程质量良好。

截流后从1997年11月到2000年6月共32个月的平均月填筑强度为105.5万m³。其中，在大坝主要填筑期，1998年7月17日到2000年4月底21个月中，达到了平均月填筑强度120.4万m³，平均月上升高度6.66 m。1999年创造了坝体填筑的最高年、月、日强度记录，分别达到了1 636.1万m³/年、158.0万m³/月（3月）、6.7万m³/日（1月22日）。大坝月上升最大高度，在截流前右岸填筑时为12.5 m（1997年1月），截流后主填筑期为9.5 m（1998年11、12月）。截流后大坝填筑月不均匀系数达到了1.31，截流前为1.44。以上指标表明，小浪底大坝施工水平位居全国同类坝型第一位，达到世界先进水平。

任务4 碾压土石坝施工质量控制

施工质量控制贯穿于土石坝施工的全过程，必须建立健全质量管理体系，严格按行业标准工程设计、施工图和合同技术条款的技术要求进行。施工中除对地基进行专门的检查外，对料场、坝体填筑、堆石体和反滤料等均应进行严格的质量检查和控制。

1 料场的质量控制

料场的质量控制是保证坝体填筑质量的重要一环。各种坝料应以料场控制为主，必须是合格的坝料才能运输上坝;不合格的材料应在料场处理合格后才能上坝,否则废弃。在料场应建立专门的质量检查站,主要控制的内容包括是否在规定的料区开采;是否将草皮、覆盖层等清除干净;坝料开采加工方法是否符合规定;排水系统、防雨措施、负温下施工措施是否完善;坝料性质、级配、含水率是否符合要求等。

2　坝体填筑质量控制

坝体填筑质量是保证土石坝施工质量的关键。质量控制的主要项目和内容有:各填筑部位的边界控制及坝料质量;碾压机具规格、质量,振动碾振动频率、激振力,气胎碾气胎压力等;铺料厚度和碾压参数;防渗体碾压层面有无光面、剪切破坏、弹簧土、漏压、欠压、裂缝;防渗体每层铺土前,压实土体表面是否按要求进行了处理;与防渗体接触的岩石面上的石粉、泥土以及混凝土表面的乳皮等杂物的清除情况;与防渗体接触的岩面或混凝土面上是否涂刷浓泥浆;过渡料、堆石料有无超径石、大块石集中和夹泥等现象;坝体与坝基、岸坡、刚性建筑物等的结合,纵横向接缝的处理与结合,土砂结合处的压实方法及施工质量;坝坡控制情况等。

施工质量检查的方法采用环刀法、灌砂法或灌水法测密度。采用环刀法取样,应取压实层的下部。采用灌砂法或灌水法,试坑应挖在层间结合面上。对于砂料、堆石料,取样所测的干表观密度平均值应不小于设计值,标准差不大于 $0.1\ \mathrm{g/cm^3}$。当样本数小于20组时,应按合格率不小于90%,不合格干表观密度不得低于设计干表观密度的95%控制。对于防渗土料,干表观密度或压实度的合格率不小于90%,不合格的干表观密度或压实度不得低于设计干表观密度或压实度的98%。取样应根据地形、地质、土料性质、施工条件,对防渗体选定若干个固定断面,每升高 5～10 m,取代表性试样进行室内物理力学性质试验,作为复核工程设计及工程管理的依据。必要时应留样品蜡封保存,竣工后移交工程管理单位。

■ 任务 5　面板堆石坝施工

面板堆石坝与碾压土石坝相比具有工程量小、工期短、投资省、运行安全等优点。面板通常采用钢筋混凝土或沥青混凝土,坝身主要是堆石结构。堆石材料的质量和施工质量是坝体安全运行的基础,面板是主要的防渗结构,在满足抗渗性和耐久性的条件下,还要求具有一定的柔性,以适应堆石体的变形。

1　堆石材料的质量要求

为保证堆石体的坚固、稳定,主要部位石料的抗压强度不应低于 78 MPa,当抗压强度只有 49～59 MPa 时,只能布置在坝体的次要部位。石料硬度不应低于莫氏硬度表中的第三级,其韧性不应低于 $2\ \mathrm{kg \cdot m/cm^2}$。石料的天然重度不应低于 $22\ \mathrm{kN/m^3}$,石料的重度越大,堆石体的稳定性越好。石料应具有抗风化能力,其软化系数水上不低于 0.8,水下不应低于0.85。堆石体碾压后应有较大的密实度和内摩擦角,且具有一定渗透能力。

2 堆石坝坝体分区

堆石体的边坡取决于填筑石料的特性与荷载大小,对于优质石料,坝坡一般在1:1.3
左右。

坝体部位不同,受力状况不同,对填筑材料的要求也不同,所以应对坝体进行分区。
堆石坝坝体分区基本定型,主要有垫层区、过渡区、主堆石区、下游堆石区(次堆石料区)
等,如图4-16所示。

1A—上游铺盖区;1B—压重区;2—垫层区;3A—过渡区;3B—主堆石区;3C—下游堆石区;
4—主堆石区和下游堆石区的可变界限;5—下游护坡;6—混凝土面板

图4-16 堆石坝坝体分区

2.1 垫层区

(1)主要作用是为面板提供平整、密实的基础,将面板承受的水压力均匀传递给主堆
石体,并起辅助渗流控制作用。

(2)高坝垫层料应具有良好的级配,最大粒径为80~100 mm,小于5 mm的颗粒含量
宜为30%~50%,小于0.075 mm的颗粒含量不宜超过8%。压实后应具备低压缩性、高
抗剪强度、内部渗透稳定,并具有良好施工特性。中低坝可适当降低对垫层料的要求。

2.2 过渡区

(1)位于垫层区和主堆石区之间,主要作用是保护垫层区在高水头作用下不产生
破坏。

(2)过渡区料粒径、级配应符合垫层料与主堆石料间的反滤要求,压实后应具有低压
缩性和高抗剪强度,并具有自由排水性能,级配应连续,最大粒径不宜超过300 mm。

2.3 主堆石区

(1)位于坝体上游区内,是承受水荷载的主要支撑体,其石质好坏,密度、沉降量大
小,直接影响面板的安危。

(2)主堆石区料要求石质坚硬,级配良好,最大粒径不应超过压实层厚度,压实后能
自由排水。

2.4 下游堆石区

(1)位于坝体下游区,主要作用是保护主堆石体及下游边坡的稳定。

(2)下游堆石区在下游水位以下部分,应用坚硬、抗风化能力强的石料填筑,压实后
应能自由排水;下游水位以上的部分,对坝料的要求可以降低。

3　堆石坝填筑的施工质量控制

堆石坝填筑的施工质量控制关键是要对填筑工艺和压实参数进行有效控制。

3.1　填筑工艺

（1）坝体堆石料铺筑宜采用进占法（见图 4-17（a）），必要时可采用自卸汽车后退法（见图 4-17（b））与进占法结合卸料（混合法，见图 4-17（c）），应及时平料，并保持填筑面平整，每层铺料后宜测量检查铺料厚度，发现超厚应及时处理。后退法的优点是汽车可在压平的坝面上行驶，减轻轮胎磨损；缺点是推土机摊平工作量大，且影响施工进度。进占法卸料时自卸汽车在未碾压的石料上行驶，轮胎磨损较严重，虽料物稍有分离，但对坝料质量无明显影响，并且显著减轻了推土机的摊平工作量，使堆石填筑速度加快。

(a)进占法　　　　　　　　　　　　　　　(b)后退法

(c)混合法

图 4-17　坝体堆石料铺筑方法

（2）垫层料的摊铺多用后退法，以减轻物料的分离。当压实层厚度大时，可采用混合法卸料，即先用后退法卸料呈分散堆状，再用进占法卸料铺平，以减轻物料的分离。垫层料粒径较小，又处于倾斜部位，可采用斜坡振动碾或液压平板振动器压实。

（3）坝体堆石料碾压应采用振动平碾，其工作质量不小于 10 t。高坝宜采用重型振动碾，振动碾行近速度宜小于 3 km/h。应经常检测振动碾的工作参数，保持其正常的工作状态。碾压应采用错距法，按坝料分区、分段进行，各碾压段之间的搭接不应小于 1.0 m。

（4）压实过程中，有时表层块石有失稳现象。为改善垫层料碾压质量，采用斜坡碾压与砂浆固坡相结合的施工方法：

①斜坡碾压与水泥砂浆固坡的优点是施工工艺和施工机械设备简单，既解决了斜坡碾压中垫层表层块石震动失稳下滚，又在垫层上游面形成一坚固稳定的表面，可满足临时挡水防渗要求。

②碾压砂浆在垫层表面形成坚固的结石层，具有较小而均匀的压缩性和吸水性，对克服面板混凝土的塑性收缩和裂缝发生有积极作用。这种方法使固坡速度大为加快，对防

洪度汛、争取工期效果明显。

3.2 堆石坝的压实参数和质量控制

3.2.1 堆石坝的压实参数

填筑标准应通过碾压试验复核和修正,并确定相应的碾压施工参数(碾重、行车速率、铺料厚度、加水量、碾压遍数)。

3.2.2 堆石坝施工质量控制

(1)坝料压实质量检查,应采用碾压参数和干密度(孔隙率)等参数控制,以控制碾压参数为主。

(2)铺料厚度、碾压遍数、加水量等碾压参数应符合设计要求,铺料厚度应每层测量,其误差不宜超过层厚的10%。

(3)坝料压实检查项目和取样次数见表4-9。

表4-9 坝料压实检查项目和取样次数

坝料		检查项目	取样次数
垫层料	坝面	干密度、颗粒级配	1次/(500～1 000 m³),每层至少1次
	上游坡面	干密度、颗粒级配	1次/(1 500～3 000 m³)
	小区	干密度、颗粒级配	1次/(1～3层)
过渡料		干密度、颗粒级配	1次/(3 000～6 000 m³)
砂砾料		干密度、颗粒级配	1次/(5 000～10 000 m³)
堆石料		干密度、颗粒级配	1次/(10 000～100 000 m³)

注:渗透系数按设计要求进行检测。

(4)坝料压实检查方法:

垫层料、过渡料和堆石料压实干密度检测方法,宜采用挖坑灌水(砂)法,或辅以其他成熟的方法。垫层料也可用核子密度仪法。

垫层料试坑直径不小于最大料径的4倍,试坑深度为碾压层厚。

过渡料试坑直径为最大料径的3～4倍,试坑深度为碾压层厚。

堆石料试坑直径为坝料最大料径的2～3倍,试坑直径最大不超过2 m,试坑深度为碾压层厚。

(5)按表4-9规定取样所测定的干密度,其平均值不小于设计值,标准差不宜大于50 g/m³。当样本数小于20组时,应按合格率不小于90%,不合格点的干密度不低于设计干密度的95%控制。

4 混凝土面板的施工

混凝土面板是面板堆石坝的主要防渗结构,厚度薄、面积大,在满足抗渗性和耐久性条件下,要求具有一定柔性,以适应堆石体的变形。面板的施工主要包括混凝土面板的分块、垂直缝砂浆条铺设、钢筋架立、面板混凝土浇筑、面板养护等作业内容。

4.1　混凝土面板的分块

面板纵缝的间距决定了面板的宽度,由于面板通常采用滑模连续浇筑,因此面板的宽度决定了混凝土浇筑能力,也决定了钢模的尺寸及其提升设备的能力。面板通常有宽、窄块之分。应根据坝体变形及施工条件进行面板分缝分块。垂直缝的间距可为 12 ~ 18 m。

4.2　垂直缝砂浆条铺设

垂直缝砂浆条一般宽 50 cm,是控制面板体型的关键。砂浆由坝顶通过运料小车到达工作面,根据设定的坝面拉线进行施工,一般采用人工抹平,其平整度要求较高。砂浆强度等级与面板混凝土相同。砂浆铺设完成后,再在其上铺设止水,架立侧模,如图 4-18 所示。

（a）表面止水为无黏结性材料的张性缝　　（b）表面止水为柔性材料填充的张性缝

图 4-18　垂直缝结构示意图

4.3　钢筋架立

钢筋的施工方法一般采用人工在坝面上安装,加工好的钢筋从坝顶通过运料台车到达工作面,先安装架立筋,再用人工绑扎钢筋。

（1）面板宜采用单层双向钢筋,钢筋宜置于面板截面中部,竖向配筋率为 0.3% ~ 0.4%,水平向配筋率可小于竖向配筋率。

（2）在拉应力区或岸边周边缝及附近可适当配置增强钢筋。高坝在邻近周边缝的垂直缝两侧宜适当布置抵抗挤压的构造钢筋,但不应影响止水安装及其附近混凝土振捣质量。

（3）计算钢筋面积应以面板混凝土的设计厚度为准。

4.4　面板混凝土浇筑

（1）通常面板混凝土采用滑模浇筑。滑模由坝顶卷扬机牵引,在滑升过程中,对出模的混凝土表面要及时进行抹光处理,及时进行保护和养护。

（2）混凝土由混凝土搅拌车运输,溜槽输送混凝土入仓。12 m 宽滑模用两条溜槽入仓,16 m 的则采用三条,通过人工移动溜槽尾节进行均匀布料。

（3）施工中应控制入槽混凝土的坍落度在 3 ~ 6 cm,振捣器应在滑模前 50 cm 处进行振捣。

（4）起始板的浇筑通过滑模的转动、平移(平行侧移)或先转动后平移等方式完成。转动由开动坝顶的一台卷扬机完成,平移由坝顶两台卷扬机和侧向手动葫芦共同完成。

4.5　面板养护

养护是避免发生裂缝的重要措施。面板的养护包括保温、保湿两项内容。一般采用草袋保温,喷水保湿,并要求连续养护。面板混凝土宜在低温季节浇筑,混凝土入仓温度应加以控制,并加强混凝土面板表面的保湿和保温养护,直到蓄水,或至少90 d。

5　钢筋混凝土面板与趾板的分块和浇筑

5.1　钢筋混凝土面板与趾板的分块

钢筋混凝土面板和趾板应满足强度、抗渗、抗侵蚀、抗冻要求。趾板设伸缩缝,面板设纵向伸缩缝、周边伸缩缝等永久缝和临时水平施工缝。纵向伸缩缝从底到顶设置,通常中部受压区宽块纵缝间距为12～18 m;两侧受拉区窄块纵缝间距为6～9 m。受压区在缝的底侧设一道止水,受拉区缝中设两道止水,其分缝分块如图4-19所示。

(a)分块示意图　　　　　　　　(b)施工缝

1—坝轴线;2—面板;3—趾板;4—垂直伸缩缝;5—周边伸缩缝;
6—趾板伸缩缝;7—水平伸缩缝;8—面板钢筋

图4-19　混凝土防渗面板分缝分块　（单位:m）

5.2　趾板与面板施工及质量要求

(1)趾板施工。在趾基开挖处理完毕,经验收合格后进行,按设计要求绑扎钢筋、设置锚筋、预埋灌浆导管、安装止水片及浇筑上游铺盖。混凝土浇筑中,应及时振实,注意止水片与混凝土的结合质量,结合面不平整度小于5 mm。在混凝土浇筑后28 d以内,20 m之内不得进行爆破,20 m之外爆破要严格控制装药量。

(2)面板施工。在趾板施工完毕后进行。为避免堆石体沉陷和位移对面板产生不利影响,坝高在70 m以下,面板在堆石体填筑全部结束后施工;高于70 m的堆石坝,考虑坝体拦洪度汛和蓄水要求,面板宜分二期或三期浇筑,分期接缝应按施工缝处理。

面板混凝土浇筑宜采用无轨滑模跳仓浇筑,起始三角块宜与主面板块一起浇筑。滑模应具有安全措施,固定卷扬机的地锚应可靠,滑模应有制动装置。滑模滑升时,要保持两侧同步,每次滑升距离不大于30 cm,滑升间隔时间不应超过30 min,面板浇筑的平均速度为1.5～2.5 mm/h。面板钢筋采用现场绑扎或焊接,也可用预制网片现场拼接。混凝土浇筑中,铺料要均匀,每层铺料25～30 cm。止水片周围需人工布料,防止分离。振捣混凝土时,要垂直插入,至下层混凝土内5 cm,止水片周围用小振捣器仔细振捣。振动过程中,要防止振捣器触及滑模、钢筋和止水片。脱模后的混凝土要及时修整和压面。

面板混凝土浇筑质量检测项目和技术要求见表4-10。

表4-10　面板混凝土浇筑质量检测项目和技术要求

项目	质量要求	检测方法
混凝土表面	表面基本平整,局部不超过设计线3 cm, 无麻面、蜂窝孔洞、露筋	观察质量
表面裂缝	无,或有小裂缝已处理	观察测量
深层及贯穿裂缝	无,或有但已按要求处理	观察检查
抗压强度	保证率不小于80%	试验
均匀性	离差系数 C_v 小于0.18	统计分析
抗冻性	符合设计要求	试验
抗渗性	符合设计要求	试验

趾板每浇一块或每 50 ~ 100 m^3 至少有一组抗压强度试件;每 200 m^3 成型一组抗冻、抗渗检验试件。面板每班取一组抗压强度试件;抗渗检验试件每 500 ~ 1 000 m^3 成型一组;抗冻检验试件每 1 000 ~ 3 000 m^3 成型一组。不足以上数量者,也应取一组试件。

【案例4-3】　水布垭面板堆石坝施工

清江水布垭水利枢纽工程位于湖北省巴东县水布垭境内,上距恩施市 117 km,下距隔河岩水利枢纽 92 km,是清江梯级开发的龙头枢纽。水库总库容 45.8 亿 m^3,系多年调节水库,水库正常蓄水位 400 m,相应库容 43.12 亿 m^3,装机容量 1 600 MW,是以发电、防洪为主,兼顾其他的水利枢纽。主要建筑物有混凝土面板堆石坝、左岸河岸式溢洪道、右岸地下式电站和放空洞等。

水布垭混凝土面板堆石坝坝顶高程 409 m,坝轴线长 660 m,最大坝高 233 m,坝顶宽度 12 m,防浪墙顶高程 410.4 m,墙高 5.4 m。大坝上游坝坡 1:1.4,下游平均坝坡 1:1.4。坝体填筑分为七个填筑区,填筑总量(包括上游铺盖)共 1 563.74 万 m^3。大坝分六期填筑,于 2006 年 9 月达到高程 405 m。

坝体填料分七个主要填筑区,从上游至下游分别为盖重区(I_B)、粉细砂铺盖区(I_A)、垫层区(II_A 包括小区垫层料 II_{AA})、过渡区(III_A)、主堆石区(III_B)、次堆石区(III_C)、下游堆石区(III_D)和下游坡面干砌块石,见图 4-20。

图4-20　水布垭面板堆石坝大坝填筑分区　(单位:m)

大坝填筑总量为 1 563.74 万 m³,详见表4-11。

表4-11 大坝填筑分区工程量

大坝分区	工程量（m³）	大坝分区	工程量（m³）
垫层料（ⅡA）	464 100	粉细砂料（ⅠA）	54 600
小区垫层料（ⅡAA）	24 000	盖重料（ⅠB）	626 900
过渡区（ⅢA）	642 000	干砌石护坡	134 500
主堆石区（ⅢB）	7 760 100	反滤料	
次堆石区（ⅢC）	4 211 500		
下游堆石区（ⅢD）	1 719 700	合计	15 637 400

注:表中工程量为投标阶段工程量。

任务6 土石坝冬雨期施工

1 负温下填筑

当气温降至 0 ℃以下时,土料中发生水分迁移,结冰形成硬土层,难以压实。由于体积膨胀,土粒间的距离扩大,破坏了土层结构,化冻后的土料变得疏松,降低了施工质量。由于黏土受冻时,水分迁移慢,有一定的抗冻性;非黏性土,土粒粗,水分迁移快,极易受冻。规范规定,日平均气温低于 0 ℃时,按低温季节施工。冬季一般采用露天施工方式,要求土料压实温度必须在 -1 ℃以上。当日最低气温在 -10 ℃以下,或虽在 0 ℃以下但风速大于 10 m/s 时,应停工;黏土料的含水率不大于塑限的90%,粒径小于 5 mm 的细砂砾料的含水率应小于4%;填土中严禁带有冰雪、冻块;土、砂、砂砾料与堆石不得加水;防渗体不得受冻。负温下填筑可分为露天施工和暖棚施工两种方法,暖棚法施工所需器材多,一般只是气温过低时,在小范围内进行。露天施工可采取以下措施:

（1）防冻措施。入冬前在土石料场开挖排水沟和截水沟以降低地下水位,降低土料含水率,或采用含水率低的土料上坝;挖取深层正温土料,缩小填筑区,薄层铺筑,增大压实功能,快速连续施工,争取受冻前压实结束。

（2）保温措施:

①料场加覆盖物保温。若料场面积不大,可覆盖树枝、树叶、干草、草袋、塑料布等保温。雪天土层上覆盖一定厚度的积雪,也有一定的保温效果。

②设保温冰层保温。即在开挖土料上面留 0.5 m 高的畦埂,畦埂内每 1.5 m 的间距设支承桩。入冬时畦埂内充水,待冻结到 10～15 cm 的冰层后,将冰层下的水放走,形成冰盖,冰盖下的空气夹层起到保温作用。

③翻松表土保温。在降温前将拟开采料场的表土翻松、击碎,并平整至 25～35 cm 厚度。利用松土内的空气隔热保温。

2　雨季填筑

土石坝的雨季填筑应分析当地水文气象资料,确定各种坝料的施工天数,合理选择机械设备,提前做好防雨准备,把握好雨后复工时机。雨季填筑可以采取以下措施:

(1)合理选用土料。改造防渗土料的特性,使之较能适应雨季施工。例如,日本御母衣坝斜墙黏土料的天然含水率(30%～35%)远远高于最优含水率(13%)。由于该工程采用了风化花岗岩与黏土的混合料施工,不仅满足了斜墙的防渗要求,而且提高了斜墙的有效施工天数。

(2)合理组织施工。充分利用晴天加强料场对合格土料(用低于最优含水率的土料)的储备,堆筑土料以备雨季使用。晴天安排修筑防渗体,雨天或雨后多安排填筑坝壳料。以保证心墙、坝壳均衡上升。

(3)增加防雨措施。保证雨天施工或减少雨后停工时间。对于工作面狭长的截水墙填土,可以考虑搭盖防雨棚。以争取更多的有效工作天数,保证工程可全年施工。

项目实训

背景资料(一):

某水库枢纽工程由大坝及泄水闸等组成。大坝为黏土心墙坝,最大坝高45.5 m,坝长1 135 m。该工程采用明渠导流,立堵法截流进行施工。

施工过程中发生如下事件:

事件1:该大坝施工承包商首先进行了料场规划,根据设计要求就近选择心墙用料料场,含水率适中,在施工过程中,料场土料含水率因天气等各种因素发生变化,比施工最优含水率偏高,承包商及时采取了一些措施,使其满足上坝要求。

事件2:施工承包商进行坝面施工时采用流水作业法施工。

事件3:黏土心墙采用挖掘机挖装自卸汽车运输振动凸块碾压实,心墙和砂壳采用土砂平起法施工。

事件4:坝体填筑单元工程完成之后,经施工单位自检、监理单位抽检,质量符合要求。

问题(一):

(1)事件1中的料场规划有哪些原则?对主要料场和备用料场的要求是什么?

(2)事件1中的料场含水率偏高,为满足上坝要求,可采取哪些措施?

(3)事件2中采用流水作业法施工的目的以及如何组织坝面流水作业施工。

(4)事件3中适合于该大坝填筑作业的压实机械有哪些?该大坝填筑压实标准应采用什么控制?填筑压实参数主要包括哪些?如何确定这些参数?

(5)事件3中土砂平起法施工包括哪几种方法以及如何实施?

(6)事件4中坝体填筑工程质量检查的方法有哪些?坝体各部位的检查项目有哪些?

背景资料(二):

某大(2)型水利枢纽工程由拦河坝、溢洪道、泄洪隧洞、发电引水隧洞等组成。拦河坝为混凝土面板堆石坝,坝高80 m。拦河坝断面示意图如图4-21所示。

图 4-21 堆石坝坝体分区

施工过程中发生如下事件：

事件 1：施工单位进驻工地后，对石料料场进行了复核和规划，并进行了坝料开采爆破试验和堆石料碾压试验。面板混凝土采用滑动模板施工。

事件 2：堆石坝体施工时采用挖掘机装、自卸汽车运输、振动碾压实。

事件 3：混凝土面板堆石坝施工完成了混凝土面板和主坝坝体的施工。

事件 4：混凝土面板设计采用金属止水，施工单位将金属止水采取搭接方式直接制作及安装。面板混凝土脱模后，立即采用洒水的方法养护，持续养护 28 d。

问题(二)：

(1) 指出图 4-21 拦河坝坝体分区中各部位的名称。

(2) 事件 1 中，料场可开采量应满足什么要求？坝料开采宜采用什么方法？堆石坝体填筑需确定哪些压实参数？

(3) 根据《混凝土面板堆石坝施工规范》(DL/T 5128—2009)，指出事件 1 中石料料场复核的主要内容。

(4) 事件 2 中堆石坝体填筑采用哪些方法检查？坝料压实检查项目有哪些？各检查项目的取样次数是多少？

(5) 指出事件 3 中施工完成各部分的名称。

(6) 指出事件 4 中施工方面的不妥之处，并说明正确做法。

项目 5　混凝土坝工程

学习指南

工作任务

（1）骨料料场规划与生产加工；

（2）模板工程；

（3）钢筋工程；

（4）常态混凝土施工；

（5）碾压混凝土坝施工；

（6）大体积混凝土温度控制；

（7）混凝土坝的施工质量控制；

（8）混凝土冬、夏季施工；

（9）预应力混凝土施工。

知识目标

（1）了解骨料生产加工流程；

（2）掌握模板构造和设计要求；

（3）掌握加工工艺的技术要点；

（4）掌握混凝土坝施工的技术要求；

（5）熟悉碾压混凝土坝施工特点和技术要求；

（6）熟悉大体积混凝土温度控制措施；

（7）掌握混凝土施工质量控制的技术要求；

（8）掌握混凝土冬季施工技术措施；

（9）熟悉预应力混凝土施工工艺。

能力目标

（1）会控制骨料质量；

（2）能指导模板架立；

（3）会检查钢筋质量，能指导钢筋加工；

（4）能指导混凝土坝施工；

（5）能指导碾压混凝土坝施工；

（6）会解决大体积混凝土温度问题；

（7）能控制混凝土坝施工质量；

（8）能解决混凝土冬季施工技术问题；

（9）能指导预应力混凝土施工。

混凝土坝具有工程量大、质量要求高、施工季节性强、浇筑强度大、温度控制严格、施工条件复杂等施工特点。因此，如何采用大型、高效、可靠的施工机械设备，提高混凝土坝施工的综合机械化施工水平，对保证工程质量，加快施工进度，降低工程成本具有重要意义。

混凝土坝施工的全过程包括准备工作、施工导流、基础开挖与处理、坝体混凝土工程、金属结构安装工程等。其中，混凝土坝施工工艺流程如图 5-1 所示。

图 5-1　混凝土坝施工工艺流程

■ 任务 1　骨料料场规划与生产加工

混凝土由 90% 的砂石骨料构成，每立方米混凝土需近 1.5 m³ 砂石骨料，大中型水利水电工程，不仅对砂石骨料的需要量相当大、质量要求高，而且往往需要施工单位自行制备。因此，正确组织砂石料生产是一项十分重要的工作。

水利水电工程中，骨料来源分为三种：①天然骨料，天然砂、砾石经筛分、冲洗而制成的混凝土骨料；②人工骨料，开采的石料经过破碎、筛分、冲洗而制成的混凝土骨料；③组合骨料，以天然骨料为主，人工骨料为辅，配合使用的混凝土骨料。确定骨料来源时，应以就地取材为原则，优先考虑采用天然骨料。只有在当地缺乏天然骨料，或天然骨料中某一级骨料的数量或质量不符合要求，或综合开采加工运输成本高于人工骨料时，才考虑采用人工骨料。

骨料生产的基本过程和作业内容如图5-2所示。对于组合骨料,可以分成两条独立的流水线,也可以在天然骨料生产过程中,辅以超径石的破碎和筛分,以补充短缺粒径的不足。

图 5-2　骨料生产的基本过程和作业内容

1　骨料料场规划

　　砂石料的主要原料来源于天然砂砾石料场(包括陆地料场、河滩料场和河床料场)、岩石料场和工程弃渣。

1.1　料场规划的原则

　　砂石料场规划是工程建设前期准备工作的重要内容,是砂石料加工系统设计的基础,对工程混凝土成本控制有着重要影响。砂石料料场规划的原则如下:

　　(1)砂石料综合规划设计应严格按规范或已经多个工程验证的成熟经验作为设计依据。

　　(2)砂石料规模必须以相应深度的勘探资料为基础。资料内容应包括料场质量、储量、级配组成、产状分布、剥采比(料场无用层的重量与有用层重量的比值)和开采条件。砂石料规划一经审查确定,一般不宜作总体方案上的重大变动,除非经过全面论证工作,决策要慎重。

　　(3)料源规划应与施工承包商普遍采用的施工设备和施工管理水平相适应。

　　(4)分期施工的工程,应统筹考虑料源在各期的使用及其加工系统的延续性。分期使用料源时,前后期原料应统筹安排。

　　(5)在进行料场选择时,要了解工程的需要和河流梯级(或地区)的近期发展规划、料源状况,以便确定建立梯级共用或分区性的砂石生产基地,或建设专用的砂石系统。

（6）根据工程混凝土工程量、级配资料，结合料源的实际情况，通过综合的技术经济比较确定。满足水工混凝土对骨料的各项质量要求，其储量力求满足各设计级配的需求，并有必要的富余量。初查精度的勘探储量一般不少于需要量的 3 倍；详查精度的勘探量一般不少于设计需要量的 2 倍。成品骨料的利用率，一般宜在90%以上，低于90%时，应采取级配调整措施，做到经济合理。

（7）对于人工采石场，要从岩性、夹层、埋藏状况来判断其开采和加工条件。一般地说，岩石的强度高，特别是冲击强度高，岩石的可碎性、可磨性差，对设备的磨蚀性大。这对破碎筛分设备及工艺流程的选择极其重要。对于天然砂砾料场，须进行质量评价。对于不符合质量要求的砂砾料，要研究改善质量的可能性和经济价值。

（8）选用的主要料场应场地开阔，高程适宜，储量大，质量好，开采季节长，主、辅料场应能兼顾洪枯季节互为备用的要求。应优先选用可采储量为工程需要量50%以上的料场，与砂石料用户或现有铁路、码头距离在 5 ~ 10 km 以内的料场，有用成分在 80% 以上的料场，天然砂砾料场平均剥采比在 0.2 以下、采石场平均剥采比在 0.4 以下的料场，覆盖层的厚度不超过 12 ~ 15 m 的料场，天然砂砾料场有用料层的厚度在 3 m 以上、采石场在 12 ~ 15 m 以上的料场，料场附近有足够的回车和堆料场地，不占或少占农田，不拆迁或少拆迁现有生活、生产设施的料场。

（9）通过综合的技术经济分析，选定料场规划方案。在进行料场技术经济分析时，要以满足质量、数量的前提下，优先选用开采、运输、加工费用低的方案。一般来讲，天然料的生产成本低于人工料，应优先考虑利用。

随着大型、高效、耐用的骨料加工设备的发展，以及工程管理水平的提高，人工骨料的成本接近甚至低于天然骨料。人工骨料比天然骨料具有许多优越性，如级配可按需要调整、质量稳定、管理集中、生产均衡、自然条件影响小、堆料场占地少等。

工程弃渣是一种低廉的砂石料源，应充分利用其中的有用料。

（10）选择可采率高，天然级配与设计级配较为接近，需人工骨料调整级配数量少的料场。采用天然骨料与人工骨料搭配生产混凝土时，要进行非常认真细致的工作。特别是大型工程，若规划工作不细致或资料不全，选定的方案可能会对工程施工造成重大影响。采用搭配方案通常是天然骨料储备非常丰富，料源质量指标满足要求，但料场天然级配的可调整性差，采用级配平衡调整后，仍不能达到混凝土级配要求时，一般通过开采部分人工骨料进行解决。总之，料源规划应因地制宜，就地取材，充分利用现有料源资源，做到经济、可行。

（11）应充分考虑自然景观、珍稀动植物、文物古迹保护方面的要求，将料场开采后的景观、植被恢复（或美化改造）列入规划之中，以防止水土流失，保护环境。

料源规划是一项十分复杂的系统工程，在遵循以上基本原则的基础上，结合以往的工程建设经验对拟建工程的料源进行规划。

1.2　砂石料开采量的确定

1.2.1　天然砂石料开采量的确定

砂石料开采量以主体工程混凝土量为计算依据，并考虑工程地质缺陷处理、超挖回填、临建工程、施工损耗等附加混凝土工程量。骨料开采量取决于混凝土中各种粒径料的需要量,即与混凝土的设计级配有关。若第 i 组骨料所需的净料量为 q_i,则要求天然砂石料的开采总量 Q_i 可按下式计算:

$$Q_i = (1 + k) \frac{q_i}{p_i} \tag{5-1}$$

式中　Q_i——由第 i 种骨料粒径控制的天然砂石料的开采总量,t;

　　　k——骨料生产过程的损失系数,为各生产环节损失系数的总和,即 $k = k_1 + k_2 + k_3 + k_4$,其中 k_1、k_2、k_3、k_4 的取值可参考表 5-1;

　　　q_i——所需第 i 种骨料的净料量,t;

　　　p_i——天然砂石料中第 i 种骨料粒径含量的百分率。

表 5-1　天然骨料生产过程的损失系数

骨料损失的生产环节		系数	损失系数数值		
			砂	小石	大中石
开挖作业	水上	k_1	0.15 ~ 0.2	0.02	0.02
	水下		0.3 ~ 0.45	0.05	0.03
加工过程		k_2	0.07	0.02	0.01
运输储存		k_3	0.05	0.03	0.02
混凝土生产		k_4	0.03	0.02	0.02

第 i 种骨料需要量 q_i 与第 j 种强度等级混凝土的工程量 V_j 有关,也与该强度等级混凝土中第 i 种粒径骨料的单位用量 e_{ij} 有关。于是,第 i 组骨料的净料需要量 q_i 可表达为

$$q_i = (1 + k_e) \sum (e_{ij}V_j) \tag{5-2}$$

式中　k_e——混凝土出机后运输、浇筑中的损失系数,一般为 1% ~ 2%;

　　　V_j——含有第 i 种粒径骨料的不同强度等级混凝土的工程量,m³;

　　　e_{ij}——第 j 种强度等级混凝土中第 i 种粒径骨料的单位用量,t/m³。

由于天然级配与混凝土的设计级配难以吻合,总有一些粒径的骨料含量较多,另一些粒径的骨料短缺。若为了满足短缺粒径的需要而加大开采量,将导致其余各粒径的骨料的弃料增加,造成浪费。为避免上述现象,减少开采总量,可采取如下措施:

(1)调整混凝土骨料的设计级配。在允许的情况下,减少短缺骨料用量,但随之可能会使水泥用量增加,引起水化热温升高、温度控制困难等一系列问题,故需通过技术经济比较才能确定。

(2)破碎大骨料搭配短缺小骨料。若天然骨料中大石多于中小石,可将大石破碎一部分去满足短缺的中小石。采取这种措施,应调整破碎机的排料口,使出料中短缺骨料达到最多,尽量减少二次破碎和新的弃料,以降低加工费用。

1.2.2　人工骨料开采量确定

如需要开采石料作为人工骨料的料源,则石料开采量可按下式计算:

$$V_r = \frac{(1+k)eV_0}{\beta\rho} \tag{5-3}$$

式中　　k——人工骨料损失系数,对碎石,加工损失为2%~4%,对人工砂,加工损失为10%~20%,运输储存损失为3%~6%;

　　　　e——每立方混凝土骨料用量,t/m³;

　　　　V_0——混凝土的总需用量,m³;

　　　　β——块石开采成品获得率,取85%~95%;

　　　　ρ——块石密度,t/m³。

在采用或部分采用人工骨料方案时,若有可用的开挖弃料,则将其扣除后确定实际开采量。

2　骨料加工能力的确定

2.1　工作制度

砂石料加工厂的工作制度可根据工程特点,参照表5-2确定,但在骨料加工厂生产不均衡时,以及骨料供应高峰期,每月实际工作天数和实际工作小时数可高于表5-2所列数值。具体选定要结合毛料开采、储备和加工厂各生产单元间的调节能力,以及净料的运输条件等综合考虑加班小时数。筛洗和中细碎一般采用2班工作制,制砂宜采用3班工作制。

表5-2　骨料加工厂工作制度

月工作日数(d)	日工作班数	日有效工作时数(h)	月工作小时数(h)
25	2	14	350
25	3	20	500

2.2　加工厂规模划分

我国大中型水利水电工程混凝土骨料的生产,一般均设置专项的砂石料加工厂,大型工程砂石生产的月处理能力为10万~30万t,特大型的葛洲坝、三峡工程的月处理能力分别达80万t、155万t。

砂石加工厂按其所处理原料的规模、功能、类别、服务对象和机动性能,大体上可归纳为如图5-3所示的几种类型。

2.3　生产能力的确定

砂石料加工厂的生产能力应满足高峰时段的平均月需要量,即

$$Q_d = K_s(Q_c A + Q_0) \tag{5-4}$$

式中　　Q_d——骨料加工厂的月处理能力,t/月;

　　　　Q_c——高峰时段混凝土月平均浇筑强度,m³/月;

　　　　Q_0——其他工程砂石的月需要量,t/月;

　　　　A——每立方米混凝土的砂石用量,t/m³,一般可取2.15~2.20 t/m³;

　　　　K_s——计及砂石加工、转运损耗及弃料在内的综合补偿系数,一般可取1.2~1.3,

天然砂石料还应考虑级配不平衡引起的弃料补偿。

图 5-3　砂石厂分类框图

砂石料加工厂的小时生产能力与作业制度有很大关系,在高峰施工时段,一个月可以工作 25 d 以上,一天也可以 3 班作业。但为了统计、分析和比较,建议采用规范化的计算方法,一般可按每月 25 d,每天 2 班 14 h 计算。当按高峰月强度计算处理能力时,每天可按 3 班 20 h 计算。

3　骨料加工及加工设备

骨料加工包括破碎、筛分、冲洗等过程,制成符合级配的各级粗、细骨料。

3.1　破碎

为了将开采的石料破碎到规定的粒径,往往需要经过几次破碎才能完成。因此,通常将骨料破碎过程分为粗碎(将原石料破碎到 70 ~ 300 mm)、中碎(破碎到 20 ~ 70 mm)和细碎(1 ~ 20 mm)三种。

水利水电工程工地常用的破碎设备有颚式破碎机、旋回破碎机、圆锥破碎机、反击式破碎机和立轴式冲击破碎机。

3.1.1　颚式破碎机

颚式破碎机的构造如图 5-4 所示,它的破碎槽由两块颚板(一块固定,另一块可以摆动)构成,颚板上装有可以更换的齿状钢板。工作时,由传动装置带动偏心轮作用,使活动颚板左右摆动,破碎槽即可一开一合,将进入的石料轧碎,从下端出料口漏出。

颚式破碎机是最常用的粗碎设备,其优点是结构简单,自重较轻,价格便宜,外形尺寸小,配置高度低,进料尺寸大,排料口开度容易调整;缺点是衬板容易磨损,活动颚板需经常更换,产品中针片状颗粒含量较高,处理能力较低,一般需配置给料设备。

颚式破碎机的规格,常用其进料口尺寸(宽×长)表示。例如,规格为 400 mm × 600 mm 的颚式破碎机,能轧碎直径为 350 mm 的块石(约为进料口宽度的 85%),它的出料口

1—进口;2—偏心轮;3—固定颚板;4—活动颚板;5—偏心轴;

6—撑杆;7—楔形滑块;8—出料口

图 5-4　颚式破碎机

宽度为 40 ~ 160 mm,生产率为 17 ~ 85 t/h。

　　破碎机生产率的大小与石料性质、破碎机出料口宽度、喂料的均匀程度和破碎机转速等因素有关。出料口宽度可以在一定范围内调整,如出料口调宽,可使生产率提高,但产品粗粒径增多,石料破碎率(即进料平均粒径与出料平均粒径之比)也随之降低。因此,破碎率应控制在 6 ~ 8,当第一次破碎不合要求时,应进行第二次破碎。破碎机转速低,则生产率低;转速过高,碎石来不及下落,生产率也低。

3.1.2　旋回破碎机

　　旋回破碎机可作为颚破后第二阶段的破碎,也可直接用于一破,是常用的粗碎设备。其优点是处理能力大,产品粒形较颚式破碎机好,可挤满给料,进料无须配给料设备;缺点是其结构较颚式破碎机复杂,自重大,机体高,价格贵,维修复杂,土建工程量大。出料要设缓冲仓和专用设备。

3.1.3　圆锥破碎机

　　(1)传统圆锥破碎机。它是最常用的二破和三破设备,有标准、中型、短头三种腔型,有弹簧和液压两种形式。它的破碎室由内、外锥体之间的空隙构成。活动的内锥体装在偏心主轴上,外锥体固定在机架上,如图 5-5 所示。工作时,由传动装置带动主轴旋转,使内锥体作偏心转动,将石料碾压破碎,并从破碎室下端出料槽滑出。

　　传统圆锥破碎机工作可靠,磨损轻,效率高,产品粒径均匀。但其结构和维修较复杂,机体高,价格贵,破碎产品中针片状颗粒含量较高。

　　(2)高性能圆锥破碎机。它与传统圆锥破碎机相比,破碎能力大为提高,可挤满给料,产品粒形好,有更多的腔型变化,以适应中碎、细碎和制砂等各工序以及各种不同的生产要求,操作更为方便可靠,但价格高。在我国二滩、三峡工程人工砂石料生产系统中,中、细碎均采用了这种高性能圆锥破碎机。其型号有 HP500SX、HP300SXPH、PYZ－2227、OCl560SXST。目前,国际上具有代表性的制造厂家分别是瑞典的 Svedala 公司与美国的 Nordberg 公司。

3.1.4　反击式破碎机

　　反击式破碎机有单转子、双转子、联合式三种形式。我国主要生产和应用前两种形式,如图 5-6、图 5-7 所示。

1—内锥体;2—破碎室机壳;3—偏心主轴;4—球形铰;5—伞齿及转动装置;6—出料滑板

图 5-5　圆锥破碎机工作原理图

1—打击板;2—转子;3—第一道反击板;　　　　1—第一道反击板;2—反击板调节拉杆螺栓;

4—悬挂反击板的拉杆;5—第二道反击板　　　　3—第二道反击板;4—调节弹簧;

　　　　　　　　　　　　　　　　　　　　　5—第二级转子;6—第一级转子

图 5-6　单转子反击式破碎机　　　**图 5-7　12508×1250 双转子反击式破碎机**

其破碎机制属冲击破碎,主要借固定在转子上的打击板,高速冲击被破碎物料,使其沿薄弱部分(层理、节理等)进行选择性破碎。还通过被冲击料块,从打击处获得的动能,向反击板进行二次主动冲击,以及料块在破碎腔内的互击,经过打击破碎、反弹破碎、互撞破碎、铣削破碎四个主要过程反复进行,直至物料粒径小于打击板与反击板间缝隙时被卸出。其优点是破碎率大(一般为 20% 左右,最大达 50%~60%),产品细,粒形好,产量高,能耗低,结构简单,适于破碎中等硬度岩石,可用于中、细碎和机制砂的加工。缺点是板锤和衬板容易磨损,更换和维修工作量大,产品级配不易控制,容易产生过度粉碎。

3.1.5　立轴式冲击破碎机

立轴式冲击破碎机除具备反击式破碎机的一般特性外,它还具有一些显著的优点,即产品更细,磨损较卧式反击式破碎小,适合于作细碎和制砂,但产品粒径组成不理想。"石打石"立轴式冲击破碎机是我国从瑞典进口的新一代超细碎破碎机的代表,该破碎机产品粒形优异,级配可调,结构简单,产品可根据岩石破碎工艺要求,进行成品骨料粒径的整形,也可专门用于人工砂的生产,我国已在江垭、三峡、棉花滩等水利水电工程中成功使用。

3.1.6　棒磨机

制砂用棒磨机通常采用两端轴扎进料、中间边孔排料型,产品粉粒较少。国内使用最多的规格为 $\phi 2\,100\text{ mm} \times 3\,600\text{ mm}$,如乌江渡、二滩、东风、五强溪等工程都是采用这种型号。

近年来,随着冲击式破碎机、旋盘式破碎机、"石打石"立轴式破碎机等机型的出现,制砂工艺由单一棒磨机制砂方式发展到多种类型及联合型的制砂方式。如三峡工程,采用了棒磨机、筛分石渣、"石打石"立轴式冲击破碎机制砂后混合的工艺。图 5-8 所示为冲击式破碎机制砂工艺流程。

图 5-8　冲击式破碎机制砂工艺流程图　（单位:mm）

3.2　骨料筛分

骨料筛分就是将天然或人工的骨料,按粒径大小进行分级。分级的方法有水力筛分和机械筛分两种。水力筛分是利用骨料颗料大小不同、水力粗度各异的特点进行分级,适用于细骨料;机械筛分是利用机械作用,经不同孔眼尺寸的筛网对骨料进行分级,适用于粗骨料。

3.2.1　偏心振动筛

偏心振动筛又称为偏心筛,如图 5-9 所示。它主要由固定机架、活动筛架、筛网、偏心轴及电动机等组成。筛网的振动,是利用偏心轴旋转时的惯性作用。偏心轴安装在固定机架上的一对滚珠轴承中,由电动机通过皮带轮带动,可在轴承中旋转。活动筛架通过另一对滚珠轴承悬装在偏心轴上。筛架上装有两层不同筛孔的筛网,可筛分三级不同粒径的骨料。

当偏心轴旋转时,由于偏心作用,筛架和筛网也就跟着振动,从而使筛网上的石块向前移动,并且向上跳动和向下筛落。由于筛架与固定机架之间是通过偏心轴刚性相连的,所以会同时发生振动。为了减轻对固定机架的振动,在偏心轴两端还安装有与轴偏心方向成 180° 的平衡块。

1—活动筛架;2—筛架上的轴承;3—偏心轴;4—弹簧;5—固定机架;
6—皮带轮;7—筛网;8—平衡轮;9—平衡块;10—电动机

图 5-9　偏心振动筛

偏心筛的特点是刚性振动,振幅固定(3~6 mm)不因来料多少而变化,也不易因来料过多而堵塞筛孔。其振动频率为 840~1 200 次/min。偏心筛适用于筛分粗、中粒径的骨料,常用来完成第一道筛分任务。

3.2.2　惯性振动筛

惯性振动筛又称为惯性筛,如图 5-10 所示。它的偏心轴(带偏心块的旋转轴)安装在活动筛架上,利用马达带动旋转轴上的偏心块,产生离心力而引起筛网振动。

惯性筛的特点是弹性振动,振幅大小将随来料多少而变化,容易因来料多而堵塞筛孔,故要求来料均匀。其振幅为 1.6~6 mm,振动频率为 1 200~2 000 次/min。它适用于中、细颗粒筛分,常用来完成第二道筛分任务。

(a)构造简图　　　　　　(b)工作原理图

1—筛网;2—筛架上的偏心轴;3—调整振幅用的配重盘;4—消振弹簧;5—电动机

图 5-10　惯性振动筛

3.2.3　高效振动筛分机

目前,国外广泛采用高效的、编织网筛面的振动筛进行砂石的分级处理。其优点是石料在筛网面上可以迅速均匀地散开,而筛网采用钢丝编织的网,其开孔率较目前国内普遍采用的橡胶网与聚胺酯网高出 30%~50%,因而效率高于普通型振动筛。

3.3　螺旋式洗砂机

常用的洗砂设备是螺旋式洗砂机,如图 5-11 所示。它是一个倾斜安放的半圆形洗砂槽,槽内装有 1~2 根附有螺旋叶片的旋转主轴。斜槽以 18°~20°的倾斜角安放,低端进砂,高端进水。由于螺旋叶片的旋转,使被洗的砂受到搅拌,并移向高端出料口。洗涤水则不断从高端通入,污水从低端的溢水口排出。螺旋式洗砂机构造简单,工作可靠,应用广泛。三峡工程下岸溪砂石料生产系统、水布垭工程均采用了螺旋式洗砂机。

经水力分级后的砂含水率往往高达 17%~24%,必须经脱水方可使用。根据《水工

1—洗砂槽；2—带螺旋叶片的旋转轴；3—驱动机构；4—螺旋叶片；
5—皮带机（净砂出口）；6—加料口；7—清水注入口；8—污水溢出口

图 5-11   螺旋式洗砂机

混凝土施工规范》（DL/T 5144—2001）的要求，成品砂的含水率应稳定在 6% 以下，因此必须在水力分级后进行机械脱水。二滩工程采用的是圆盘式真空脱水筛，高频振动脱水筛通过负压吸水及振动脱水联合作用，达到脱水效果，可控制砂含水率在 10% ～12%，如图 5-12 所示。江垭工程采用多折线式直线振动脱水筛，与圆盘式真空脱水筛相比较，占地面积小，结构简单，不需设置真空系统。

1—筛网；2—螺旋输送机；3—湿砂下料点；4—脱水后砂出料点；5—脱水后砂出料皮带机；6—真空管道

图 5-12   圆盘式真空脱水筛简图

4   骨料加工厂

加工厂的设置应综合考虑工程施工总体布置、料源情况、水文、地质、环境保护等因素，一般在砂石系统总体规划时，应与料场位置、骨料运输方案、工程分期、施工标段等条件综合比较选定。

（1）对于分期施工，多品种料源的加工厂设置应充分考虑，统一设置，互为补充，尽量减少工厂设置数量，以减少投资，方便管理。

（2）多料场供料的天然砂石加工厂厂址，一般在主料场附近设厂，也可在距混凝土工厂较近的地段设厂，进行技术经济比较后确定。

（3）人工骨料料场离坝址较近，砂石加工厂宜设在距料场 1～2 km 的范围内，以利于提高汽车运输效率；也可设在混凝土工厂附近，以便与混凝土拌和系统共用净料堆场，以减少土建工程量，方便管理。如料场距坝址较远，可将粗碎车间布置在料场附近，以减小汽车运距,粗碎车间至加工厂间可用胶带机运输半成品料,加工厂的位置则根据当地条件,通过方案比较确定。

(4)充分利用自然地形,尽量利用高差进行工艺布置组织料流,降低土建和运转费用。

(5)厂址应尽量选择靠近交通干线,水、电供应方便,有利排水条件的地段。

大规模的骨料加工,常将加工机械设备按工艺流程布置成骨料加工厂。骨料加工厂的布置原则上应综合考虑工程施工总布置、料源情况、水文、地质、环境保护等因素,根据地形情况、料场位置、工程分期、施工标段等条件综合比较选定。做好主要加工设备、运输线路、净料和弃料堆的布置。骨料加工厂宜尽可能靠近混凝土生产系统,以便共用成品堆料场。

在大中型骨料加工厂内,以筛分为主的加工厂称为筛分楼。其设备布置和工艺流程如图 5-13 所示。

1—进料皮带机;2—出料皮带机;3—沉砂箱;4—洗砂机;5—筛分楼;6—溜槽;
7—隔墙;8—成品料堆;9—成品运出

图 5-13　筛分楼布置示意图　(单位:尺寸,m;粒径,mm)

三峡下岸溪人工砂生产系统是目前世界上最大的专门用于生产人工砂的系统,其工艺流程如图 5-14 所示。

5　骨料的储存

5.1　砂石料堆场的任务和种类

为了解决骨料生产与需求之间的不平衡,应设置砂石料堆场。砂石料储存分毛料堆存、半成品料和成品料堆存。毛料堆存用于解决砂石料开采与加工之间的不平衡;半成品料(经过预筛分的砂石混合料)堆存用于解决砂石料加工各工序间的不平衡,成品料堆存用于保证混凝土连续生产的用料要求,并起到降低和稳定骨料含水率(特别是砂料脱水),降低或稳定骨料温度的作用。

图 5-14　三峡下岸溪人工砂生产工艺流程

砂石料的总储量取决于生产强度和管理水平。毛料贮备应与半成品料和成品料统一考虑,总贮备量满足停采期混凝土浇筑用料的 1.2 倍,或不少于高峰期 10 d 用料。半成品料活容积和贮备量应不少于 8 h 处理量。成品料堆活容量一般为满足混凝土生产 5～7 d 的骨料需要量,若混凝土加工厂设有成品料堆,按满足混凝土生产 3～5 d 的骨料需要量设置。为减少占地和储料建筑物,减少成品料贮备时间过长产生的污染,应力求少贮备成品料和半成品料,尽量多贮备毛料,使加工厂能常年均衡生产。

成品料仓各级骨料的堆存,必须设置可靠的隔墙,以防止骨料混级。隔墙高度按骨料自然休止角(34°～37°)确定,并超高 0.8 m 以上。成品堆场容量应满足砂石料自然脱水要求。

5.2　骨料堆的形式

(1)台阶式。如图 5-15 所示,利用地形的高差,将料仓布置在进料线路下方,由汽车或铁路矿车直接卸料。料仓底部设有出料廊道(又称地弄),砂石料通过卸料弧形阀门卸在皮带机上运出。为了扩大堆料容积,可用推土机集料或散料。这种料仓设备简单,但须有合适的地形条件。

(2)栈桥式。如图 5-16 所示,在平地上架设栈桥,栈桥顶部安装有皮带机,经卸料小车向两侧卸料。料堆呈棱柱体,由廊道内的皮带机出料。这种堆料的方式,可以增大堆料高度(9～15 m),减小料堆占地面积。但骨料跌落高度大,易造成逊径和分离,而且料堆自卸容积(位于骨料自然休止角斜线中间的容积)小。

(3)堆料机堆料。堆料机是可以沿轨道移动,有悬臂扩大堆料范围的专用机械。双

1—料堆;2—廊道;3—出料皮带机

图 5-15　台阶式骨料堆

1—进料皮带机栈桥;2—卸料小车;3—出料皮带机;
4—自卸容积;5—死容积;6—垫底损失容积;7—推土机

图 5-16　栈桥式骨料堆

悬臂式堆料机如图 5-17(a)所示。动臂式堆料机如图 5-17(b)所示,动臂可以旋转和仰俯(变幅范围在 ±16°之间),能适应堆料位置和堆料高度的变化,避免骨料跌落过高而产生逊径。

为了增大堆料高度,常将其轨道安装在土堤顶部,出料廊道则设于土堤两侧。

(a)双悬壁式　　　　　　　　　　　　　　　(b)动臂式

1—进料皮带机;2—可两侧移动的梭式皮带机;3—路堤;
4—出料皮带机廊道;5—动臂式皮带机

图 5-17　堆料机堆料

5.3　骨料堆存中的质量控制

防止粗骨料跌碎和分离是骨料堆存质量控制的首要任务。卸料时,粒径大于 40 mm 的骨料的自由落差大于 3 m 时,应设置缓降设施。皮带机接头处高差控制在 1.5 m 以下。堆料分层进行,逐层上升。储料仓除有足够的容积外,还应维持不小于 6 m 的堆料厚度。要重视细骨料脱水,并保持洁净和一定湿度。细骨料在进入拌和机前,其表面含水率应控制在 5% 以内,湿度以 3% ~8% 为宜,因为过干容易分离。

设计料仓时,位置和高程应选择在洪水位之上,周围应有良好的排水、排污设施,地下廊道内应布置集水井、排水沟和冲洗皮带机污泥的水管等。料仓设计要符合安全、经济和维修方便的要求,尽量减少骨料转运次数,防止栈桥排架变形和廊道不均匀沉陷。

■ 任务 2　模板工程

1　模板的作用与重要性

模板在混凝土工程中起成型和支撑作用,同时还具有保护和改善混凝土表面质量的功效。模板是钢筋混凝土工程的重要辅助作业,具有工程量大,材料和劳动力消耗多等特点。因此,正确选择材料组成和合理施工,对加快混凝土施工速度及降低工程造价意义重大。在一般混凝土工程中,模板安拆劳动量占总劳动量的 30% ~ 60% ,模板费用占混凝土工程造价的 15% ~ 30% ,在大体积混凝土中也占到 5% ~ 15% 。

2　模板的基本要求

模板及其支撑系统必须满足下列要求:

(1)保证混凝土结构和构建各部分设计形状、尺寸和相互位置正确。

(2)具有足够的强度、刚度和稳定性,能可靠地承受各项施工荷载,并保证变形在允许范围内。

(3)面板板面平整、光洁,拼缝密合、不漏浆。

(4)结构简单,安装和拆卸方便、安全,尽量能够多次周转使用。

(5)模板宜标准化、系列化。

3　模板分类

(1)按制作材料划分,模板可分为木模板、钢模板、混凝土模板和塑料模板等。木模板具有加工方便、重量轻、保温性好等优点,但强度低,易变形翘曲,周转次数少;钢模板正好相反,所以工程中常用木模板做面板,钢材做肋和支撑。模板的材料宜选用钢材、胶合板、塑料等,尽量少用木材。

(2)按形状划分,模板可分为平面模板和曲面模板。平面模板又称为侧面模板,主要用于结构物垂直面,在工程中用量较大。曲面模板用于廊道、隧洞、溢流面和某些形状特殊的部位,如进水口扭曲面、蜗壳、尾水管等,在工程中用量相对较少。

(3)按受力条件划分,模板可分为承重模板和侧面模板。承重模板主要承受混凝土重量和施工中的垂直荷载,侧面模板主要承受新浇混凝土的侧压力。侧面模板按其支撑受力方式,又可分为简支模板、悬臂模板和半悬臂模板。

(4)按架立和工作特征划分,模板可分为固定式、拆移式和滑动式。固定式模板多用于起伏的基础部位或特殊的异形结构,如蜗壳或扭曲面。因其大小不等,形状各异,难以重复使用(一般使用一两次)。拆移式、移动式和滑动式模板可重复或连续在形状一致或变化不大的结构上使用,有利于实现标准化和系列化。

4 模板的基本形式

4.1 拆移式模板

拆移式模板由面板、肋木和支架三个基本部分组成。拆移式模板适用于浇筑表面为平面的筑块。为增加模板的周转次数,常做成定型的平面标准模板。

4.1.1 平面标准木模板

平面标准木模板尺寸:大型为 100 cm×(325~525)cm,小型为(75~100)cm×150 cm。前者适用于 3~5 m 厚的浇筑块,需小型机具吊装;后者用于薄层浇筑,可人力搬运。平面标准木模板如图 5-18 所示。

1—面板;2—肋木;3—加肋筋;4—方木;5—拉条;6—桁架木;7—支撑木

图 5-18 平面标准木模板 （单位:cm）

架立模板的支架,常用围图和桁架梁,如图 5-19 所示。桁架梁多用方木和钢筋制作。立模时,将桁架梁下端插入预埋在下层混凝土块内的 U 形铁件中。当浇筑块较薄时,上端用钢拉条对拉;当浇筑块较大时,则采用斜拉条固定,以防模板变形。钢筋拉条直径大于 8 mm,间距为 1~2 m,斜拉角度为 30°~40°。

(a)围图斜拉条架立　　　　(b)桁架梁架立

1—钢木桁架;2—木面板;3—斜拉条;4—预埋锚筋;5—U 埋件;6—横向围图;7—对拉条

图 5-19 拆移式模板的架立图 （单位:mm）

标准木模板需手工操作架立安装,劳动强度大、烦琐费时;而且仓内用拉筋支撑模板,妨碍混凝土的运输与平仓振捣,以至经常发生吊罐、平仓机碰坏拉筋的现象,不利于机械化施工,影响混凝土质量和工程进度。另外,标准木模板木材消耗量大,目前已经较少使用。

4.1.2　组合钢模板

钢模板由面板和支承体系两部分组成,一般多以一定基数的整倍数组成标准化、系列化的模数(宽度和长度),形成拼块式组合钢模板。大型的为100 cm ×(325 ~ 525)cm,小型的为(75 ~ 100)cm ×150 cm。前者适用于3 ~ 5 m高的浇筑块,需小型机具吊装;后者用于薄层浇筑,可人力搬运。

组合钢模板由钢模面板、纵横连系梁及连接件三部分构成。单个钢模板的宽度以50 mm进级,长度以150 mm进级,面板厚2.3 mm或2.5 mm,每1 m² 质量约30 kg。边框和加劲肋按一定距离(如150 mm)钻孔,可利用U形卡和L形插销等拼装成大块模板。钢模板连接件包括U形卡、L形插销、钩头螺栓、蝶形扣件等,用于钢面板之间以及钢面板与连系梁之间的连接。钢模板及连接件见图5-20、图5-21。

(a)平面模板　　　　　　　　　(b)阳角模板

(c)阴角模板　　　　　　　　　(d)连接角模

1—中纵肋;2—中横肋;3—面板;4—横肋;5—插值孔;6—纵肋;7—凸棱;8—凸鼓;9—U形卡孔;10—钉子孔

图5-20　钢模板类型　(单位:mm)

组合钢模板常用于墙体、梁、柱等现浇钢筋混凝土构筑物的模板工程。在水利工程的施工中,则常用于水闸、混凝土坝、水电站厂房工程。专用于大体积混凝土悬臂模板的面板也可由组合钢模板组成,还可以组成6.0 m ×7.5 m的组合梁式大块钢模板,在工程中逐渐取代了木模板。钢模板组合的基本形式如图5-22所示。

钢木组合模板由钢木排架和木面板组成,可有效地克服木模板的缺点,一般标准木模

(a)U形卡　　　　　　(b)回形卡　　　　　　(c)钢板卡

图 5-21　定型模板连接工具　（单位：mm）

1—钢模板；2—U 形卡；3—7 钢楞；4—"3"形扣件；5—钩头螺栓；6—阳角模板；7—阴角模板

图 5-22　钢模板组合的基本形式

板的重复利用次数(周转率)为 5～10 次，而钢木混合模板的周转率为 30～50 次，木材消耗减少 90% 以上。由于是大块组装和拆卸，故劳力、材料、费用大为降低。

4.1.3　悬臂钢模板

悬臂钢模板由面板、支撑臂(悬臂梁)和预埋连接件组成。面板可由木材或钢材制作，也可采用组合钢模板拼装。

悬臂钢模板高度与浇筑块高度相适应，通常采用标准高度。宽度视用途而定。图 5-23 为悬臂钢模板的一种结构形式。

采用悬臂钢模板，由于仓内无拉条，模板整体拼装为大体积混凝土机械化施工创造了有利条件，且模板本身安装比较简单，重复使用次数高(可达 100 多次)。但模板质量大(每块模板质量为 0.5～2 t)，需要起重机配合吊装。由于模板顶部容易移位，故浇筑高度受限制，一般为 1.5～2 m。用钢桁架和支撑柱时，高度也不宜超过 3 m。

1—面板;2—支臂柱;3—横钢楞;4—紧固螺母;5—预埋螺栓;6—千斤顶螺栓

图 5-23　悬臂钢模板　（单位:mm）

4.1.4　爬升式模板

爬升式模板是随着混凝土衬砌高度的升高,模板可以随之跟着升高,逐层浇筑。用下一层混凝土内的预埋件,利用杠杆原理,依靠自身的支撑系统使模板固定。在该层混凝土浇筑完成以后,模板将被拆除,利用起重设备提升安装在上一层仓号上准备浇筑。爬升式木模板主要适用于直墙段的混凝土衬砌。小浪底枢纽工程 DOKA 爬升式木模板主要适用于直墙段浇筑,该模板背支撑为三角形结构,面板为胶合木面板,见图 5-24。爬升式模板具有安装拆卸方便,成型质量好等优点,目前在水利工程中得到了广泛应用。

4.2　移动式模板

根据建筑物外形轮廓特征,做一段定型模板,在支撑钢架上装上行驶轮,沿建筑物长度方向铺设轨道分段移动,分段浇筑混凝土。移动时,只需顶推模板的花篮螺丝或千斤顶收缩,使模板与混凝土面脱开,模板即可随同钢架移动到拟浇筑部位,再用花篮螺丝或千斤顶调整模板至设计浇筑尺寸,如图 5-25 所示。移动式模板多用钢模板作为浇筑混凝土墙和隧洞混凝土衬砌使用。

4.3　滑动式模板

滑动式模板是在混凝土浇筑过程中,随浇筑而滑移(滑升、拉升或水平滑移)的模板,简称滑模,以竖向滑升应用最广。

滑升模板是先在地面上按照建筑物的平面轮廓组装一套 1.0 ~ 1.2 m 高的模板,随着浇筑层的不断上升而滑升,直至完成整个建筑物计划高度内的浇筑。

滑模施工可以节约模板和支撑材料,加快施工进度,改善施工条件,保证结构的整体

图 5-24　DOKA 爬升式木模板　（单位：cm）

性,提高混凝土表面的质量,降低工程造价。其缺点是滑模系统一次性投资大,耗钢量大,
且保温条件差,不宜于低温季节使用。

　　滑模施工最适于断面形状、尺寸、高度基本不变的高耸建筑物,如竖井、沉井、墩墙、烟
囱、水塔、筒仓、框架结构等的现场浇筑,也可用于大坝溢流面、双曲线冷却塔和水平长条
形规则结构及构件的施工。

　　滑升模板由模板系统、操作平台系统和液压支撑系统三部分组成,如图 5-26 所示。

1—支撑钢架;2—钢模板;3—花篮螺丝;	1—面板;2—围檩;3—支承桁架;4—锚件;
4—行驶轮;5—轨道	5—爬杆;6—连接杆;7—工作平台

图 5-25　移动式模板浇筑混凝土墙　　　　图 5-26　三桁架自升模板总体结构

　　这类模板的特点是在浇筑过程中,模板的面板紧贴混凝土面滑动,以适应混凝土连续
浇筑的要求。滑升模板避免了立模、拆模工作,提高了模板的利用率,同时省掉了接缝处
理工作,使混凝土表面平整光洁,增强建筑物的整体性。滑模通过围檩和提升架与主梁相
连,再由支承杆套管与支承杆相连。由千斤顶顶托向上滑升。通过调坡丝杆调节模板倾
斜坡度,通过微调丝杆调整准确定位模板,而收分拉杆和收分千斤顶则是完成模板收分的

设施。为使模板上滑时新浇混凝土不致坍塌,要求新浇混凝土达到初凝,并具有 0.15 MPa 的强度。滑升速度受气温影响,当气温为 20~25 ℃ 时,平均滑升速度为 20~30 cm/h。加速凝剂和采用低流态混凝土时,可提高滑升速度。

4.4　混凝土及钢筋混凝土预制模板

混凝土模板靠自重稳定,可做直壁模板,也可做倒悬模板。直壁模板除面板外,还靠两肢等厚的肋墙维持其稳定。若将此模板反向安装,让肋墙置于仓外,在面板上涂以隔离剂,待新浇混凝土达到一定强度后,可拆除重复使用,这时,相邻仓位高程大体一致。倒悬式混凝土预制模板可取代传统的倒悬木模板,一次埋入现浇混凝土内不再拆除,既省工,又省木材。

钢筋混凝土模板既是模板,也是建筑物的护面结构,浇筑后作为建筑物的外壳,不予拆除。它们既可做建筑物表面的镶面板,也可做厂房、空腹坝空腹和廊道顶拱的承重模板,这样避免了高架立模,既有利于施工安全,又有利于加快施工进度,节约材料,降低成本。

预制混凝土和钢筋混凝土模板重量均较大,常需起重设备起吊,所以在模板预制时都应预埋吊环供起吊用。对于不拆除的预制模板,对模板与新浇混凝土的接合面需进行凿毛处理,如图 5-27 所示。

(a)直壁式　　　　　　　　　　　　(b)倒悬式

1—面板;2—肋墙;3—连接预埋环;4—预埋吊环

图 5-27　混凝土预制模板 （单位:cm）

5　模板设计

模板设计应提出对材料、制作、安装、使用及拆除工艺的具体要求。设计图纸应标明设计荷载和变形控制要求。模板设计应满足混凝土施工措施中确定的控制条件,如混凝土的浇筑顺序、浇筑速度、浇筑方式、施工荷载等。

5.1　模板的设计荷载

模板及其支架承受的荷载分为基本荷载和特殊荷载两类。

5.1.1　基本荷载及其标准值计算

设计模板时,应考虑下列各项基本荷载:

(1)模板的自身重力。模板自重标准值,应根据模板设计图纸确定。肋形楼板及无梁楼板模板的自重标准值,可按表 5-3 采用。

表 5-3　楼板模板自重标准值　　　　　　　（单位:kN/m²）

模板构件名称	木模板	定型组合刚模板
平板的模板及小楞	0.3	0.5
楼板模板（其中包括梁的模板）	0.5	0.75
楼板模板（楼层高度为 4 m 以下）	0.75	1.1

（2）新浇筑混凝土重力。普通混凝土,其自重标准值可采用 24 kN/m³,其他混凝土可根据实际表观密度确定。

（3）钢筋和预埋件的重力。自重标准值应根据设计图纸确定。对一般梁板结构,楼板取 1.1 kN/m³,梁取 1.5 kN/m³。

（4）施工人员和机具设备的重力。施工人员和设备荷载标准值:①计算模板及直接支承模板的小楞时,对均布荷载取 2.5 kN/m²,另应以集中荷载 2.5 kN 进行验算,比较两者所得的弯矩值,采用其中较大者;②计算直接支承小楞结构构件时,均布荷载取 1.5 kN/m²;③计算支架立柱及其他支承结构构件时,均布荷载取 1.0 kN/m²。

大型浇筑设备,当上料平台、混凝土输送泵等按实际情况计算,混凝土堆集料高度超过 100 mm 以上者按实际高度计算,模板单块宽度小于 150 mm 时,集中荷载可分布在相邻的两块板上。

（5）振捣混凝土时产生的荷载。振捣混凝土时产生的荷载标准值,对水平面模板可采用 2.0 kN/m²;对垂直面模板可采用 4.0 kN/m²,作用范围为新浇筑混凝土侧压力的有效压头高度之内。

（6）振捣混凝土时产生的侧压力。与混凝土初凝时间的浇筑速度、振捣方法、凝固速度、坍落度及浇筑块的平面尺寸等因素有关,以前三个因素关系最密切。混凝土侧压力分布如图 5-28 和图 5-29 所示。图中 h 为有效压头高度,$h = F/\gamma_c$。重要部位的模板承受新浇筑混凝土的侧压力,应通过实测确定。

新浇筑混凝土对模板侧面的压力标准值,采用内部振捣器时,最大侧压力可按下列公式计算,并取其中的较小值。

$$F = 0.22\gamma_c t_0 \beta_1 \beta_2 v^{1/2} \tag{5-5}$$

$$F = \gamma_c H \tag{5-6}$$

式中　F——新浇混凝土对模板的最大侧压力,kN/m²;

γ_c——混凝土的表观密度,kN/m³;

t_0——新浇混凝土的初凝时间,h,可按实测确定,当缺乏试验资料时,可采用 $t_0 = 200/(T + 15)$ 计算（T 为混凝土的浇筑温度,℃）;

v——混凝土的浇筑速度,m/h;

H——混凝土侧压力计算位置处至新浇混凝土顶面的总高度,m;

β_1——外加剂影响修正系数,不掺外加剂时取 1.0,掺具有缓凝作用的外加剂时取 1.2;

β_2——混凝土坍落度影响修正系数,当坍落度小于 30 mm 时,取 0.85,当坍落度为 30 ~ 90 mm 时,取 1.0,当坍落度大于 90 mm 时,取 1.15。

图 5-28　薄壁混凝土侧压力分布

图 5-29　大体积混凝土侧压力分布

(7)新浇筑混凝土产生的浮托力。

(8)倾倒混凝土时产生的荷载。倾倒混凝土时对模板产生的冲击荷载,应通过实测确定。当没有实测资料时,对垂直面模板产生的水平荷载标准值可按表 5-4 采用。

表 5-4　倾倒混凝土时产生的水平荷载标准值　　　（单位:kN/m²）

向模板内供料方法	水平荷载
溜槽、串筒或导管	2
容量小于 1 m³ 的运输器具	6
容量 1 ~ 3 m³ 的运输器具	8
容量大于 3 m³ 的运输器具	10

注:作用范围在有效压头高度以内。

5.1.2　特殊荷载

(1)风荷载。根据施工地区和立模部位离地面的高度,按《建筑结构荷载规范》（GB 50009—2012）确定。

(2)除上述九项荷载以外的其他荷载。

5.1.3　模板的设计荷载计算

模板的荷载设计值应采用荷载标准值乘以相应的荷载分项系数求得,荷载分项系数应按表 5-5 采用。

表 5-5　荷载分项系数

项次	荷载类别	荷载分项系数
1	模板自重	
2	新浇混凝土自重	1.2
3	钢筋自重	
4	施工人员及施工设备荷载	1.4
5	振捣混凝土时产生的荷载	
6	新浇混凝土对模板侧面的压力	1.2
7	倾倒混凝土时产生的荷载	1.4

5.2　设计荷载组合及刚度、稳定性验算

在计算模板及支架的强度和刚度时,应根据模板的种类,按表 5-6 的基本荷载组合进行选择。特殊荷载可按实际情况计算,如平仓、非模板工程的脚手架、工作平台、混凝土浇筑过程中不对称的水平推力及重心位移,超过规定堆放的材料等。

表 5-6　常用模板的荷载组合

模板类别	荷载组合(表中数字为荷载次序)	
	计算承载能力	验算刚度
薄板和薄壳的底模板	(1)、(2)、(3)、(4)	(1)、(2)、(3)、(4)
厚板、梁和拱的底模板	(1)、(2)、(3)、(4)、(5)	(1)、(2)、(3)、(4)、(5)
梁、拱、柱(边长≤300 mm)、墙(厚≤400 mm)的垂直侧面模板	(5)、(6)	(6)
大体积结构、厚板、柱(边长>300 mm)、墙(厚>400 mm)的垂直侧面模板	(6)、(8)	(6)、(8)
悬臂模板	(1)、(2)、(3)、(4)、(5)、(8)	(1)、(2)、(3)、(4)、(5)、(8)
隧洞衬砌模板台车	(1)、(2)、(3)、(4)、(5)、(6)、(7)	(1)、(2)、(3)、(4)、(5)、(6)、(7)

注:当底模板承受倾倒混凝土时产生的荷载对模板的承载能力和变形有较大影响时,应考虑荷载(8)。

5.2.1　模板刚度验算

当验算模板刚度时,其最大变形值不得超过下列允许值:

(1)对结构表面外露的模板,为模板构件计算跨度的 1/400。

(2)对结构表面隐蔽的模板,为模板构件计算跨度的 1/250。

(3)支架的压缩变形值或弹性挠度,为相应的结构计算跨度的 1/1 000。

5.2.2　抗倾覆稳定性验算

承重模板的抗倾覆稳定性应按下列要求核算:

(1)倾覆力矩,按下列两项计算,并采用其中的最大值:①风荷载,按 GB 50009—2012 确定;②作用于承重模板边缘 150 kN/m^2 的水平力。

(2)计算稳定力矩时,模板自重的折减系数为 0.8;当同时安装钢筋时,应包括钢筋的重量。活荷载按其对抗倾覆稳定性最不利的分布计算。

(3)抗倾覆稳定系数。抗倾覆稳定系数大于 1.4。

6　模板的安装与拆除

6.1　模板的安装

模板安装前,必须按设计图纸测量放样,重要结构应多设控制点,以利于检查校正。模板安装过程中,必须经常保持足够的临时固定设施,以防倾覆。

模板支架必须支承在坚实的地基或老混凝土上,并应有足够的支承面积。斜撑应防止滑动。竖向模板和支架的支承部分,当安装在土基上时应加设垫板,且土基必须坚实并有排水措施。对湿陷性黄土必须有防水措施,对冻涨性土必须有防冻融措施。

现浇钢筋混凝土梁、板,当跨度等于或大于 4 m 时,模板应起拱;当设计无具体要求时,起拱高度宜为全跨长度的 1/1 000~3/1 000。

模板的钢拉杆不应弯曲。伸出混凝土外露面的拉杆宜采用端部可拆卸的结构形式。拉杆与锚环连接必须牢固。预埋在下层混凝土中的锚定件(螺栓、钢筋环等),在承受荷载时,必须有足够的锚固强度。

模板与混凝土的接触面,以及各块模板接缝处,必须平整、密合,以保证混凝土表面的平整度和混凝土的密实性。模板的面板应涂脱模剂,但应避免脱模剂污染或侵蚀钢筋和混凝土。建筑物分层施工时,应逐层校正下层偏差,模板下端不应有错台。

6.2　模板的拆除

拆模的迟早直接影响混凝土质量和模板使用的周转率。施工规范规定,非承重侧面模板,混凝土强度应达到 2.5 MPa 以上,其表面和棱角不因拆模而损坏时方可拆除。一般需 2~7 d,夏天 2~4 d,冬天 5~7 d。混凝土表面质量要求高的部位,拆模时间宜晚一些。而钢筋混凝土结构的承重模板,按表 5-7 规定拆模。

拆模的程序和方法:在同一浇筑仓的模板,按"先装的后拆,后装的先拆"的原则,按次序、有步骤地进行,不能乱撬。拆模时,应尽量减少模板的损坏,以提高模板的周转次数,要注意防止大片模板的坠落;高处拆组合钢模板,应使用绳索逐块下放,模板连接件、支撑件应及时清理,收检归堆。

表 5-7　现浇结构拆模时所需混凝土强度

结构类型	结构跨度(m)	按设计的混凝土强度标准值的百分率计(%)
板	≤2	50
	>2,≤8	75
	>8	100
梁、拱、壳	≤8	75
	>8	100
悬臂构件	≤2	75
	>2	100

注:本标准中"设计的混凝土强度标准值"系指与设计混凝土强度等级相适应的混凝土立方体抗压强度标准值。

6.3　模板支护的安全要求

(1)保证混凝土浇筑后结构物的形状、尺寸与相互位置符合设计规定。

(2)具有足够的稳定性、刚度和强度。

(3)尽量做到标准化、系列化,装拆方便,周转次数高,有利于混凝土工程的机械化施工。

(4)模板表面应光洁平整,接缝严密、不漏浆,以保证混凝土表面的质量。

模板工程采用的材料及制作、安装等工序的成品均应进行质量检查,合格后,才能进行下一工序的施工。重要结构物的模板,承重模板,移动式、滑动式、工具式及永久性的模板,均须进行模板设计,并提出对材料、制作、安装、使用及拆除工艺的具体要求。除悬臂模板外,竖向模板与内倾模板都必须设置内部撑杆或外部拉杆,以保证模板的稳定性。

任务 3　钢筋工程

1　钢筋的验收与配料

1.1　钢筋的验收与贮存

钢筋进场应具有出厂证明书或试验报告单,每捆(盘)钢筋应有标牌,钢筋进场应进行外观检查,钢筋表面不得有裂纹、结疤和折叠。冷拉钢筋表面不得有裂纹和局部缩颈,表面如有凸块不得超过横肋的高度,其他缺陷的高度和深度不得大于所在部位尺寸的允许偏差,钢筋外形尺寸等应符合国家标准。

书面检验和外观检查后,以 60 t 为一个验收批,做力学性能试验。钢筋在使用时,如发现脆断、焊接性能不良或机械性能显著不正常等,则应进行钢筋化学成分检验。

钢筋进场后,必须严格按批分等级、牌号、直径、长度挂牌存放,不得混淆。堆放时,钢筋下部应垫高,离地至少 20 cm,以防钢筋锈蚀。

1.2　钢筋的配料

钢筋加工前应根据图纸按不同构件先编制配料单,然后进行备料加工。为了使工作方便和不漏配钢筋,配料应该有顺序地进行。

下料长度计算是配料计算中的关键。钢筋弯曲时,其外皮伸长,内壁缩短,而中心线长度并不改变。但是设计图中注明的尺寸是根据外包尺寸计算的,且不包括端头弯钩长度。显然,外包尺寸大于中心线长度,它们之间存在一个差值,称为"量度差值"。因此,钢的下料长度应为

$$直筋下料长度 = 构件长度 - 保护层厚度 + 弯钩增加长度$$
$$弯起筋下料长度 = 直段长度 + 斜段长度 + 搭接长度 - 弯曲调整值 + 弯钩增加长度$$
$$箍筋下料长度 = 直段长度 + 弯钩增加长度 - 弯曲调整值 = 箍筋周长 + 箍筋调整值$$

1.2.1　弯钩增加长度

根据规定,光圆钢筋两端做180°弯钩,其弯曲直径 $D = 2.5d$,平直部分为 $3d$(手工弯钩为 $1.75d$),如图 5-30(a)所示。量度方法以外包尺寸度量,其每个弯钩的增加长度为

弯钩全长

$$3d + \frac{3.5d\pi}{2} = 8.5d$$

弯钩增加长度(包括量度差值)

$$8.5d - 2.25d = 6.25d$$

同理可得,135°斜弯钩(见图 5-30(b))每个弯钩的增加长度为 $5d$。

1.2.2　钢筋弯曲调整值

90°弯折时按施工规范有两种情况:Ⅰ级钢筋弯曲直径 $D = 2.5d$,Ⅱ级钢筋弯曲直径 $D = 4d$,如图 5-31(a)所示。其每个弯曲的减少长度为

$$1/4\pi(D + d) - 2(0.5D + d) = -(0.215D + 1.215d)$$

当弯曲直径 $D = 2.5d$ 时,其值为 $-1.75d$;当弯曲直径 $D = 4d$ 时,其值为 $-2.07d$。

图 5-30 钢筋弯钩

为计算方便,两者都取其近似值 $-2d$。

(a)弯起90° (b)弯起45°

图 5-31 钢筋弯起

同理可得,45°、60°、135°弯折的减少长度分别为 $-0.5d$、$-0.85d$、$-2.5d$。将上述结果整理成表 5-8。

表 5-8 钢筋弯曲调整值

弯曲类型	弯钩			弯折				
	180°	135°	90°	30°	45°	60°	90°	135°
调整长度	6.25d	5d	3.2d	$-0.35d$	$-0.5d$	$-0.85d$	$-2d$	$-2.5d$

1.2.3 箍筋调整值

为了箍筋计算方便,一般将箍筋的弯钩增加长度、弯折减少长度两项合并成箍筋调整值,如表 5-9 所示。计算时将箍筋外包尺寸或内皮尺寸加上箍筋调整值即为箍筋下料长度。

表 5-9 箍筋调整值 （单位:mm）

箍筋量度方法	箍筋直径			
	4~5	6	8	10~12
量外包尺寸	40	50	60	70
量内皮尺寸	80	100	120	150~170

1.2.4 钢筋配料

合理地配料能使钢筋得到最大限度的利用,并使钢筋的安装和绑扎工作简单化。根据钢筋下料长度计算结果汇总编制钢筋配单。钢筋配料单中必须反映出工程部位、构件名称、钢筋编号、钢筋简图及尺寸、钢筋直径、钢号、数量、下料长度、钢筋重量等。

1.3　钢筋代换

钢筋加工时，由于工地现有钢筋的种类、钢号和直径与设计不符，应根据不影响使用条件下进行代换。但代换必须征得工程监理的同意。

1.3.1　等强度代换

如施工图中所用的钢筋设计强度为 f_{y1}，钢筋总面积为 A_{s1}，代换后的钢筋设计强度为 f_{y2}，钢筋总面积为 A_{s2}，则应：

$$A_{s1}f_{y1} \leqslant A_{s2}f_{y2}$$

即

$$\frac{n_1 \pi d_1^2 f_{y1}}{4} \leqslant \frac{n_2 \pi d_2^2 f_{y2}}{4}$$

$$n_2 \geqslant \frac{n_1 d_1^2 f_{y1}}{d_2^2 f_{y2}} \tag{5-7}$$

式中　n_1——施工图钢筋根数；

n_2——代换钢筋根数；

d_1——施工图钢筋直径；

d_2——代换钢筋直径。

1.3.2　等截面代换

如代换后的钢筋与设计钢筋级别相同，则：

$$A_{s1} \leqslant A_{s2} \tag{5-8}$$

$$n_2 \geqslant \frac{n_1 d_1^2}{d_2^2}$$

式(5-8)中符号含义同上。

1.3.3　钢筋代换注意事项

(1)以一种钢号钢筋代替施工图中规定钢号的钢筋时，应按设计所用钢筋计算强度和实际使用的钢筋计算强度经计算后，对截面面积作相应的改变。

(2)某种直径的钢筋以钢号相同的另一种钢筋代替时，其直径变更范围不宜超过4 mm，变更后的钢筋总截面面积较设计规定的总截面面积不得小于2%或超过3%。

(3)如用冷处理钢筋代替设计中的热轧钢筋时，宜采用改变钢筋直径的方法而不宜采用改变钢筋根数的方法来减少钢筋截面面积。

(4)以较粗钢筋代替较细钢筋时，部分构件(如预制构件、受挠构件等)应校核钢筋握裹力。

(5)要遵守钢筋代换的基本原则：当构件受强度控制时，钢筋可按等强度代换；当构件按最小配筋率配筋时，钢筋可按等截面代换；当构件受裂缝宽度或挠度控制时，代换后应进行裂缝宽度或挠度验算。

(6)对一些重要构件，凡不宜用Ⅰ级光面钢筋代替其他钢筋的，不得轻易代用，以免受拉部位的裂缝开展过大。

(7)在钢筋代换中不允许改变构件的有效高度，否则就会降低构件的承载能力。

（8）对于在施工图中明确不能以其他钢筋进行代换的构件和结构的某些部位，均不得擅自进行代换。

（9）钢筋代换后，应满足钢筋构造要求，如钢筋的根数、间距、直径、锚固长度。

2 钢筋内场加工

2.1 钢筋调直与除锈

钢筋在使用前必须经过调直，钢筋调直应符合下列要求：

（1）钢筋的表面应洁净，使用前应无表面油渍、漆皮、锈皮等。

（2）钢筋应平直，无局部弯曲，钢筋中心线同直线的偏差不超过其全长的1%。成盘的钢筋或弯曲的钢筋均应调直后才允许使用。

（3）钢筋调直后其表面伤痕不得使钢筋截面面积减小5%以上。

钢筋的调直可用钢筋调直切断机、弯筋机、卷扬机等调直。钢筋调直切断机用于圆钢筋的调直和切断，并可清除其表面的氧化皮和污迹。目前常用的钢筋调直切断机有 GT - 16/4、GT - 3/8、GT - 6/12、GT - 10/16。钢筋调直切断机主要由放盘架、调直筒、传动箱、牵引机构、切断机构、承料架、机架及电控箱等组成，其基本工作原理如图 5-32 所示。

图 5-32 钢筋调直切断机工作原理图

钢筋表面的一般浮锈可不必清除，磷锈可用除锈机或钢丝刷清除。

2.2 钢筋切断

钢筋切断有人工剪断、机械切断和氧气切割等三种方法。直径大于 40 mm 的钢筋一般用氧气切割。

手工切断的工具有断线钳（见图 5-33）、手动液压钢筋切断机（见图 5-34）和手压切断器。断线钳用于切断 5 mm 以下的钢丝。手动液压钢筋切断机能切断

图 5-33 断线钳

直径 16 mm 以下的钢筋和直径 25 mm 以下的钢绞线。手压切断器用于切断直径 16 mm 以下的 I 级钢筋。

钢筋切断机是用来把钢筋原材料或已调直的钢筋切断，其主要类型有机械式、液压式和手持式。机械式钢筋切断机构造如图 5-35 所示。

滑轨　刀片　活塞　缸体　柱塞　　　压杆

回位弹簧　吸油阀　　储油筒

图 5-34　GJ5Y－16 型手动液压钢筋切断机

皮带轮

变速齿轮组

固定刀片　连杆

冲切刀片　偏心轴

电动机

变速齿轮组

图 5-35　钢筋切断机构造示意图

2.3　钢筋弯曲成型

钢筋弯曲成型有手工弯曲成型和机械弯曲成型两种方法。

2.3.1　手工弯曲成型

手工弯曲是在工作台上固定挡板、板柱,采用扳手或扳子实施人工弯曲的。主要工具见图 5-36。

甲

扳手

钢套

扳柱

底盘

乙

卡盘

挡板

扳柱

底盘

200　300~500

横口扳子

顺口扳子

手摇扳

扳子

图 5-36　手工弯制钢筋的工具　（单位:mm）

2.3.2　机械弯曲成型

机械弯曲由钢筋弯曲机完成,钢筋弯曲机由电动机、工作盘、插入座、涡轮、涡杆、皮带轮、齿轮及滚轴等组成,也可在底部装设行走轮,便于移动。其构造如图 5-37 所示。

(a)　　　　　　　　　　　　　　　(b)

1—弯曲工作盘;2—板条;3—滚筒轴;4—插孔;5—档铁轴;6—中心轴

图 5-37　GJ7-40 型钢筋弯曲机

2.4　钢筋的冷加工

钢筋的冷加工的方法有冷拉、冷拔等。

2.4.1　钢筋冷拉

钢筋冷拉是在常温下,以超过钢筋屈服强度的拉应力拉伸钢筋,使其发生塑性变形,改变内部晶体排列。经过冷拉后的钢筋,长度一般增加 4%～6%,截面稍许减小,屈服强度一般提高 20%～25%,从而达到节约钢材的目的。但冷拉后的钢筋,塑性降低,材质变脆。根据规范规定,在水工结构的非预应力钢筋混凝土中,不应采用冷拉钢筋。

钢筋冷拉的机具主要是千斤顶、拉伸机、卷扬机及夹具等,如图 5-38 所示。冷拉的方法有两种:一种是单控制冷拉法,仅控制钢筋的拉长率;另一种是双控制冷拉法,要同时控制拉长率和冷拉应力。控制的目的是,使钢筋冷拉后有一定的塑性和强度储备。拉长率一般控制在 4%～6%,冷拉应力一般控制在 440～520 MPa。

图 5-38　钢筋单控冷拉设备示意图

2.4.2　钢筋冷拔

冷拔是将直径 6～8 mm 的 I 级钢筋通过特制的钨合金拔丝模孔(见图 5-39)强力拉拔成为较小直径钢丝的过程。拔成的钢丝称为冷拔低碳钢丝。与冷拉受纯拉伸应力比,冷拔是同时受纵向拉伸与横向压缩的立体应力,内部晶体既有纵向滑移又同时受横向压密作用,所以抗拉强度提高更多,达 40%～90%,可节约更多钢材。冷拔后,硬度提高而塑性降低,应力应变过程已没有明显的屈服阶段。

冷拔低碳钢丝分为甲、乙两级。甲级的冷拔低碳钢丝主要用作预应力钢筋,乙级的冷拔低碳钢丝用于焊接网,焊接骨架、箍筋和构造钢筋。

钢筋冷拔的工艺过程是:轧头—剥皮—润滑—拔丝。钢筋表面多有一层硬渣壳,易损坏拔丝模,并使钢丝表面产生沟纹,易被拔断。因此,冷拔前应进行剥皮。方法是使钢筋通过 3～6 个上下错开排列的阻力轮,反复弯曲钢筋剥除渣壳。润滑剂常按下列配比制成,即甲级石灰:动物油:白蜡:水 = 1:0.3:0.1:2。拔丝机有立式和卧式两种,目前多使用卧式。

影响冷拔低碳钢丝质量的主要因素是原材料的质量和冷拔总压缩率。甲级冷拔低碳钢丝应用符合Ⅰ级热轧钢筋的光圆盘条拔制。总压缩率 $\beta = \dfrac{d_0^2 - d^2}{d_0^2} \times 100\%$, d_0 为原料钢筋直径,mm; d 为成品钢丝直径,mm。 β 越大,则抗拉强度提高越多,但塑性降低也越多。 β 不宜过大,应有所控制,一般控制在 60% ~ 80% ,故直径 5 mm 的钢丝由 ϕ 8 钢筋拔制;直径 3.5 ~ 4 mm 的钢丝由 ϕ 6.5 的钢筋拔制。

冷拔低碳钢丝是经过多次拉拔而成的。虽然冷拔次数对冷拔钢丝的强度影响不大,但次数过少,每次的压缩率过大,要求拔丝机的功率大,拔丝模易损耗,且易断丝;次数过多,钢丝塑性降低过多,脆性大,易断,生产率也会降低。一般每次拉拔的前后直径比以 1.15 左右为宜。

A—工作区段;B—定径区段

图 5-39　拔丝模示意图

3　钢筋的连接

钢筋连接的方法有焊接、机械连接和绑扎三类。常用的钢筋焊接机械有电阻焊接机、电弧焊接机、气压焊接机及电渣压力焊机等。钢筋机械连接方法主要有钢筋套筒挤压连接、锥螺纹套筒连接等。

3.1　钢筋焊接

3.1.1　闪光对焊

闪光对焊是利用电流通过对接的钢筋时,产生的电阻热作为热源使金属熔化,产生强烈飞溅,并施加一定压力而使之焊合在一起的焊接方式。闪光对焊不仅能提高工效,节约钢材,还能充分保证焊接质量。

如图 5-40 所示,将钢筋夹入对焊机的两电极中,闭合电源,然后使钢筋两端面轻微接触,烧化钢筋端部,当温度升高到要求温度后,便快速将其顶锻,然后断电,即形成焊接接头。

闪光对焊一般用于水平钢筋非施工现场连接,适用于直径 10 ~ 40 mm 的Ⅰ、Ⅱ、Ⅲ级热轧钢筋,10 ~ 25 mm 的Ⅳ级钢筋,以及直径 10 ~ 25 mm 的余热处理Ⅲ级钢筋的焊接。

根据所用对焊机功率的大小及钢筋的品种、直径,闪光对焊又分连续闪光焊、预热闪

1、2—钢筋;3—夹紧装置;4—夹具;5—线路;6—变压器;7—加压杆;8—开关

图 5-40　对焊机工作原理

光焊、闪光—预热闪光焊等不同工艺。钢筋直径较小时,可采用连续闪光焊;钢筋直径较大,端面较平整时,宜采用预热闪光焊;直径较大,且端面不够平整时,宜采用闪光—预热闪光焊;Ⅳ级钢筋必须采用预热闪光焊或闪光—预热闪光焊,对Ⅳ级钢筋中焊接性差的钢筋,还应采用焊后通电热处理的方法改善接头焊接质量。

采用不同直径的钢筋进行闪光对焊时,直径相差以一级为宜,且不得大于 4 mm。采用闪光对焊时,钢筋端头如有弯曲,应予矫直或切除。

3.1.2　电弧焊

电弧焊是利用电弧焊机使焊条与焊件之间产生高温电弧,使焊条和电弧燃烧范围内的焊件金属熔化,熔化的金属凝固后,便形成焊缝或焊接接头。电弧焊的工作原理如图 5-41 所示。电弧焊应用范围广,如钢筋的接长、钢筋骨架的焊接、钢筋与钢板的焊接、装配式结构接头的焊接及其他各种钢结构的焊接等。

1—电缆;2—焊钳;3—焊条;4—焊机;5—地线;6—钢筋;7—电弧

图 5-41　电弧焊的工作原理

钢筋电弧焊可分为搭接焊、帮条焊和坡口焊三种接头形式。

(1)搭接焊接头。搭接焊接头如图 5-42 所示,适用于焊接直径 10 ~ 40 mm 的Ⅰ ~ Ⅲ级钢筋。钢筋搭接焊宜采用双面焊。不能进行双面焊时,可采用单面焊。焊接前,钢筋宜预弯,以保证两钢筋的轴线在一直线上,使接头受力性能良好。

(2)帮条焊接头。帮条焊接头如图 5-43 所示,适用于焊接直径 10 ~ 40 mm 的Ⅰ ~ Ⅲ级钢筋。钢筋帮条焊宜采用双面焊,不能进行双面焊时,也可采用单面焊。帮条宜采用与主筋同级别或同直径的钢筋制作。当帮条级别与主筋相同时,帮条直径可以比主筋直径

小一个规格;当帮条直径与主筋相同时,帮条钢筋级别可比主筋低一个级别。

钢筋搭接焊接头或帮条焊接头的焊缝厚度应不小于主筋直径的 3/10,焊缝宽度不应小于主筋直径的 7/10。

(3)坡口焊接头。坡口焊接头比上述两种接头节约钢材,适用于现场焊接装配现浇式构件接头中直径 18~40 mm 的Ⅰ~Ⅲ级钢筋。

坡口焊按焊接位置不同可分为平焊与立焊,如图 5-44 所示。

(a)双面焊缝　　　　　　　　　　(b)单面焊缝

(图中括号内数值用于Ⅱ、Ⅲ级钢筋)

图 5-42　搭接焊接头

(a)双面焊缝　　　　　　　　　　(b)单面焊缝

(图中括号内数值用于Ⅱ、Ⅲ级钢筋)

图 5-43　帮条焊接头　(单位:mm)

(a)平焊　　　　　　　　　　(b)立焊

图 5-44　坡口焊接头　(单位:mm)

3.1.3　电渣压力焊

电渣压力焊是将两根钢筋安放成竖向对接形式,利用焊接电流通过两钢筋端面间隙,在焊剂层下形成电弧过程和电渣过程,产生电弧热和电阻热,熔化钢筋,加压完成的一种焊接方法。钢筋电渣压力焊机操作方便,效率高,适用于竖向或斜向受力钢筋的现场连接。电渣压力焊机分为自动电渣压力焊机及手工电渣压力焊机两种。主要由焊接电源(BX2 – 1000 型焊接变压器)、焊接夹具、操作控制系统、辅件(焊剂盒、回收工具)等组成。其焊接原理如图 5-45 所示。

3.1.4　电阻点焊

电阻点焊是利用电流通过焊件时产生的电阻热作为热源,并施加一定的压力,使交叉连接的钢筋接触处形成一个牢固的焊点,将钢筋焊合起来。

点焊机主要由点焊变压器、时间调节器、电极和加压机构等部分组成,点焊机工作原理如图 5-46 所示。电阻点焊适用于钢筋骨架和钢筋网中交叉钢筋的焊接,所适用的钢筋直径和级别为:直径 6 ~ 14 mm 的热轧Ⅰ、Ⅱ级钢筋,直径 3 ~ 5 mm 的冷拔低碳钢丝和直径 4 ~ 12 mm 的冷轧带肋钢筋。

1—钢筋;2—夹钳;3—凸轮;4—焊剂;
5—铁丝团环球或导电焊剂

图 5-45　电渣压力焊焊接原理示意图

1—电极;2—钢丝

图 5-46　点焊机工作原理示意图

3.2　钢筋机械连接

钢筋机械连接的种类很多,如钢筋套筒挤压连接、锥螺纹套筒连接、精轧大螺旋钢筋套筒连接、热熔剂充填套筒连接、平面承压对接等。

3.2.1　钢筋套筒挤压连接

钢筋套筒挤压连接工艺的基本原理是将两根待接钢筋插入钢连接套筒,采用专用液压压接钳侧向(或侧向和轴向)挤压连接套筒,使套筒产生塑性变形,从而使套筒的内周壁变形而嵌入钢筋螺纹,由此产生抗剪力来传递钢筋连接处的轴向力。

挤压连接有径向挤压(见图 5-47)和轴向挤压(见图 5-48)两种方式,宜用于连接直径 20 ~ 40 mm 的Ⅱ、Ⅲ级变形钢筋。当所用套筒外径相同时,连接钢筋直径相差不宜大于两个级差。钢筋接头处宜采用砂轮切割机断料,端部的扭曲、弯折、斜面等应予校正或切除,钢筋连接部位的飞边或纵肋过高应采用砂轮机修磨,以保证套筒能自由套入钢筋。

已挤压部分　　未挤压部分

1—钢套筒;2—带肋钢筋

图 5-47　钢筋径向挤压连接

1—压模;2—钢套筒;3—钢筋

图 5-48　钢筋轴向挤压连接

3.2.2　锥螺纹套筒连接

锥螺纹套筒连接是采用锥螺纹连接钢筋的一种机械式钢筋接头(钢筋锥螺纹套管连接示意图见图 5-49)。它能在施工现场连接Ⅱ、Ⅲ级 16~40 mm 的同径或异径的竖向、水平或任何倾角钢筋,不受钢筋有无花纹及含碳量的限制。它连接速度快,对中性好,工艺简单,安全可靠,无明火作业,不污染环境,节约钢材和能源,可全天候施工。所连钢筋直径之差不宜超过 9 mm。

图 5-49　钢筋锥螺纹套管连接示意图

3.3　绑扎接头

根据施工规范规定:直径在 25 mm 以下的钢筋接头,可采用绑扎接头。轴心受压、小偏心受拉构件和承受振动荷载的构件中,钢筋接头不得采用绑扎接头。搭接长度不得小于规范规定的数值;受拉区域内的光面钢筋绑扎接头的末端,应做弯钩;梁、柱钢筋的接头,如采用绑扎接头,则在绑扎接头的搭接长度范围内应加密箍筋。当搭接钢筋为受拉钢筋时,箍筋间距不应大于 $5d$(d 为两搭接钢筋中较小的直径);当搭接钢筋为受压钢筋时,箍筋间距不应大于 $10d$。绑扎所用扎丝一般采用 18~22 号铁丝或镀锌铁丝,绑扎的方法有一面顺扣法、十字花扣法、反十字扣法、兜扣法、缠扣法、兜扣加缠法、套扣法等,较常用的是一面顺扣法,如图 5-50 所示。

（a）　　　　　　　　（b）　　　　　　　　（c）

图 5-50　钢筋一面顺扣法

钢筋绑扎接头应分散布置,配置在同一截面内的受力钢筋,其接头的截面面积占受力钢筋总截面面积的比例应符合下列要求:

(1)绑扎接头在构件的受拉区中不超过 25%,在受压区中不超过 50%。

(2)焊接与绑扎接头距钢筋弯起点不小于 $10d$,也不位于最大弯矩处。

(3)在施工中如分辨不清受拉、受压区,其接头设置应按受拉区的规定。

(4)两根钢筋相距在 $30d$ 或 50 cm 以内,两绑扎接头的中距在绑扎搭接长度以内,均作同一截面。

（5）直径等于和小于 12 mm 的受压 I 级钢筋的末端，以及轴心受压构件中任意直径的受力钢筋的末端，可不做弯钩，但搭接长度不应小于 30d。

4　钢筋安装及其质量控制

钢筋的安装方法有两种：一种是将钢筋骨架在加工厂制好，再运到现场安装，叫整装法；另一种是将加工好的散钢筋运到现场，再逐根安装，叫散装法。

按现行施工规范，水工钢筋混凝土工程中的钢筋安装，其质量应符合以下规定：

（1）钢筋的安装位置、间距、保护层厚度及各部分钢筋的大小尺寸，均应符合设计要求，其偏差不得超过表 5-10 的规定。

表 5-10　钢筋安装的允许偏差

项次	项目			允许偏差（mm）
1	点焊及电弧焊		帮条对焊接头中心的纵向偏移	0.5d
2			接头处钢筋轴线的曲折	4°
3		焊缝	长度	−0.5d
			高度	−0.5d
			宽度	−0.1d
			咬边深度	0.05d，但不大于 1
			表面气孔夹渣 （1）在 2d 长度上 （2）气孔、夹渣直径	不多于 2 个 不大于 3
4	对焊及熔槽焊		焊接接头根部未焊透深度： （1）25 ~ 40 mm 钢筋 （2）40 ~ 70 mm 钢筋	0.15d 0.10d
5			接头处钢筋中心线的位移	0.1d，不大于 2
6			焊缝表面（长为 2d）和焊缝截面上蜂窝、气孔排、金属杂质	不大于 1.5 mm 直径 3 个
7			钢筋长度方向的偏差	±1/2 净保护层厚度
8			同一排受力钢筋间距的局部偏差： （1）柱及梁中 （2）板、墙中	±0.5d ±0.1 间距
9			同一排分布钢筋间距的偏差	±0.1 间距
10			双排钢筋，其排与排间距的局部偏差	±0.1 排距
11			梁与柱中钢箍间距的偏差	0.1 箍筋间距
12			保护层厚度的局部偏差	±1/4 净保护层厚度

检查时先进行宏观检查，没发现有明显不合格处，即可进行抽样检查，对梁、板、柱等小型构件，总检测点数不少于 30 个，其余总检测点数一般不少于 50 个。

（2）现场焊接或绑扎的钢筋网，其钢筋交叉的连接应按设计规定进行。如设计未作规定，且直径在 25 mm 以下时，则除楼板和墙内靠近外围两行钢筋的交点应逐根扎牢外，其余按 50% 的交叉点进行绑扎。

（3）钢筋安装中交叉点的绑扎，对于Ⅰ、Ⅱ级钢筋，直径在 16 mm 以上且不损伤钢筋截面时，可用手工电弧焊进行点焊来代替，但必须采用细焊条、小电流进行焊接，并严加外观检查，钢筋不应有明显的咬边和裂纹出现。

（4）板内双向受力钢筋网，应将钢筋全部交叉点全部扎牢。柱与梁的钢筋中，主筋与箍筋的交叉点在拐角处应全部扎牢，其中间部分可每隔一个交叉点扎一点。

（5）安装后的钢筋应有足够的刚性和稳定性。整装的钢筋网和钢筋骨架，在运输和安装过程中应采取措施，以免变形、开焊及松脱。安装后的钢筋应避免错动和变形。

（6）在混凝土浇筑施工中，严禁为方便浇筑擅自移动或割除钢筋。

任务 4　常态混凝土施工

1　混凝土的制备

混凝土制备的过程包括储料、供料、配料和拌和。其中，配料和拌和是主要生产环节，也是质量控制的关键。

1.1　混凝土配料

配料是按混凝土配合比要求，称量拌和混凝土的各组成材料的用量，其精度直接影响混凝土的质量。配料的方法有重量配料法和体积配料法两种，由于体积配料法难以满足配料精度的要求。所以，水利工程广泛采用重量配料法。

重量配料法是将砂、石、水泥和掺和料按质量称量，水和外加剂溶液按体积计量。规范要求的精度是：水泥、外加剂、水和掺和料为 ±1%，砂石料为 ±2%。

配料器是用于称量混凝土原材料的专门设备，其基本原理是悬挂式的重量秤。按所称料物的不同，配料器可分为骨料配料器、水泥配料器和量水器等。在自动化配料器中，装料、称量和卸料的全部过程都是自动控制的。自动化配料器动作迅速，称量准确，在混凝土拌和楼中应用广泛。

1.2　混凝土拌和方法

混凝土拌和的方法有人工拌和与机械拌和两种。

1.2.1　人工拌和

缺乏机械设备的小型工程或工程量小时可采用人工拌和，但其质量不易保证。人工拌和一般在干净的钢板或混凝土地面上进行，采用"干三湿三法"拌制，即先倒入砂子，后倒入水泥，用铁锨干拌三遍，然后中间扒开，加入石子和 2/3 的水，湿拌三遍，其余的水边拌边加，直至拌匀。

1.2.2　机械拌和

拌和机是制备混凝土的主要设备，按照拌和机的工作原理，可分为自落式、强制式和涡流式。自落式拌和机是一种利用可旋转的拌和筒上的固定叶片，将混凝土料带至筒顶，自由跌落拌制。其特点是结构简单,单位产量成本低,可拌制骨料粒径较大的混凝土,适用较广。强制式拌和机是装料鼓筒不旋转,利用固定在轴上的叶片带动混凝土进行强制拌和。其特点是拌和时间短,搅拌质量好,但拌制低坍落度碾压混凝土易磨损叶片和衬板。涡流式拌和机靠旋转的涡流搅拌筒,利用侧面的搅拌叶片将骨料提升,再沿搅拌筒内侧将骨料送至强搅拌区,中轴叶片在逆向涡流中对骨料进行强烈搅拌。其特点是能耗低、磨损小、维修方便,但对大粒径骨料拌和不均,因此适用不广。

自落式拌和机应用普遍,按其外形又分为鼓形和双锥形两种。

鼓形拌和机的构造如图5-51(a)所示。鼓筒两侧开口,一侧开口用于装料,另一侧开口用于卸料。由于鼓筒只能旋转拌和,而不能倾翻卸料,故需利用插入筒内的卸料槽进行卸料。鼓形拌和机构造简单,装拆方便,使用灵活,如装上车轮便成为移动式拌和机。但容量较小(400~800 L),生产率不高,多用于中小型工程,或大型工程施工初期。双锥形拌和机的构造如图5-51(b)所示。拌和筒一端开口,用于装料和卸料(也有少数是两端开口,分别用于装料或卸料)。拌和时,拌和筒开口端微微向上翘起,大部分材料在筒的中、后部进行拌和。同时,叶片的形状能使材料交叉翻动,增强了拌和效果。卸料时,利用气顶或机械传动使拌和筒倾翻约60°,将拌和料迅速卸出。双锥形拌和机容量较大,有800 L、1 000 L、1 600 L、3 000 L等,拌和效果好、间歇时间短、生产率高,多用于大中型工程。

(a)鼓形拌和机　　　　　　　　　　(b)双锥形拌和机

1—装料机;2—拌和筒;3—卸料槽;4—电动机;5—传动轴;6—齿圈;7—量水器;

8—气顶;9—机座;10—卸料位置

图5-51　自落式混凝土拌和机

拌和机按拌和实方体积(L或m³)确定拌和机的工作容量(又称出料体积)。拌和机的装料体积是指每拌和一次装入拌和筒内各种材料松散体积之和。拌和机的出料系数是出料体积与装料体积之比,一般为0.6~0.7。

每台拌和机的小时生产率P可按下式计算:

$$P = K \frac{3\,600V}{t_1 + t_2 + t_3 + t_4} \tag{5-9}$$

式中　V——拌和机出料容量,m³;

　　　t_1——进料时间,自动化配料为10~15 s,半自动化配料为15~30 s;

　　　t_2——拌和时间,随拌和机容量、坍落度、气温而异,一般自落式拌和机为90~150 s,强制式拌和机为60~120 s;

t_3——出料时间，一般倾翻式为 15 s，非倾翻式为 25～30 s；

t_4——必要的技术间歇时间，对双锥式为 3～5 s；

K——时间利用系数，视施工条件定，一般为 0.85～0.95。

1.3　混凝土拌和站、拌和楼

工程中通常将骨料堆场、水泥仓库、拌和机等集中布置，组成拌和站，或采用先进的混凝土拌和楼来制备混凝土，有利于提高生产率，也有利于工程管理。

1.3.1　拌和站

小型工程一般采用简易拌和站，整个拌和站位于同一平面上（见图 5-52）。当地形狭窄时，也可将骨料堆场布置在拌和站附近，利用皮带机或者装载机将骨料送至拌和站。

1—砂石料堆；2—地磅；3—装料斗；4—拌和机；5—受料车；6—水泥仓库

图 5-52　简易拌和站布置

1.3.2　拌和楼

混凝土拌和楼是一套集配料、搅拌等混凝土生产过程于一体的自动化设备，由进料层、储料层、配料层、拌和层和出料层组成。全套设备生产率高，能制备各种级配的混凝土，便于管理，混凝土拌制质量好，但对地基要求高，安装复杂，价格高，且需要连续的砂、石、水泥输送系统配合。

拌和楼从结构布置形式上可分为直立式、二阶式和移动式三种形式，从搅拌机配置可分为自落式、强制式及涡流式等形式。

1.3.2.1　直立式拌和楼

直立式拌和楼是将骨料、胶凝材料、料仓、称量、拌和、混凝土出料等各环节由上而下垂直布置在一座楼内，物料只作一次提升。这种楼型在国内外广泛采用，适用于混凝土工程量大，使用周期长，施工场地狭小的水利水电工程。直立式拌和楼是集中布置的混凝土工厂，常按工艺流程分层布置，分为进料层、储料层、配料层、拌和层及出料层共五层，如图 5-53(a)所示。其中，配料层是全楼的控制中心，设有主操纵台，骨料和水泥用皮带机和提升机分别送到储料层的分格仓内，每格装有配料斗和自动秤，称好的各种材料汇入骨料斗，再用回转器送入待料的拌和机，拌和用水则由自动量水器量好后，直接注入拌和机。

拌好的混凝土卸入出料层的料斗,待运输车辆就位后,开启气动弧门出料。各层设备可由电子传动系统操作。

(a)单阶式　　　　　　　　　　　　　　(b)双阶式

1—皮带机;2—水箱及量水器;3—水泥料斗及磅秤;4—拌和机;5—出料斗;6—骨料仓;
7—水泥仓;8—斗式提升机;9—螺旋机输送水泥;10—风送水泥管道;11—集料斗;
12—混凝土吊罐;13—配料器;14—回转漏斗;15—回转喂料器;16—卸料小车;17—进料斗

图 5-53　混凝土拌和楼布置示意图

一座拌和楼通常装 2~4 台 1 000 L 以上的锥形拌和机,呈巢形布置。拌和楼的生产容量有 4×3 000 L、2×1 600 L、3×1 000 L 等,国内外均有成套的设备可供选用。

为了控制骨料超逊径引起的质量问题,可采用运送混合骨料至拌和楼顶进行二次筛分。我国研制的首台 4×3 000 L 楼顶带二次筛分的拌和楼于 1989 年在五强溪工程安装,1990 年 6 月投入使用,是五强溪工程混凝土生产的主力设备。该拌和楼工艺流程如图 5-54 所示。

1.3.2.2　二阶式拌和楼

二阶式拌和楼是将直立式拌和楼分成两部分。一是骨料进料、料仓储存及称量。二是胶凝材料、拌和、混凝土出料控制等。两部分中间用皮带机连接,一般布置在同一高程上,也可利用地形高差布置在两个高程上。此结构形式安装拆迁方便,机动灵活,如图 5-53(b)所示。小浪底工程混凝土生产系统 4×3 000 L 拌和楼即采用这种形式。

1.3.2.3　移动式拌和楼

移动式拌和楼一般用于小型水利水电工程,混凝土骨料粒径在 80 mm 以下的混凝土。

混凝土拌和楼的生产能力应能满足混凝土质量品种和浇筑强度的要求。混凝土拌和设备需要满足的生产能力 P_0(m³/h)可按式(5-10)计算:

$$P_0 = K \frac{Q_{max}}{nm} \tag{5-10}$$

式中　K——小时生产不均匀系数,可按 1.5 考虑;

　　　Q_{max}——混凝土高峰浇筑强度,m³/月;

　　　n——高峰月每日平均工作时数,一般取 20 h;

　　　m——高峰月有效工作日数,一般取 25 d。

1.4　混凝土生产系统

混凝土生产系统一般由拌和楼(站)及其辅助设施组成,包括混凝土原材料储运、二

图 5-54　五强溪水电站 4×3 000 L(楼顶二次筛分)拌和楼工艺流程

次筛分冷却(或加热)等设施。

1.4.1　混凝土生产系统设置

根据工程规模、施工组织的不同,可集中设置一个混凝土生产系统,也可设置两个或两个以上的混凝土生产系统。混凝土生产系统可采用集中设置、分散设置或分标段设置。在混凝土建筑物比较集中,混凝土运输线路短而流畅,河床一次拦断全面施工的工程中采用集中设置,如三门峡、新安江工程等。当在河流流量大而宽阔的河段上,工程采用分期导流、分期施工时,一般按施工阶段分期设置混凝土生产系统,如葛洲坝、隔河岩、三峡工程。若工程分标招标,并在招标文件中要求承包商规划建设相应混凝土生产系统时,可按不同标段设置,如二滩工程大坝(Ⅰ标)和厂房(Ⅱ标)混凝土生产系统。

1.4.2　混凝土生产系统的布置要求

(1)拌和楼尽可能靠近浇筑点,混凝土生产系统到坝址的距离一般在 500 m 左右,爆破距离不小于 300 m,厂房宜布置在浇筑部位同侧。

(2)厂址选择要求地质良好、地形比较平缓、布置紧凑,拌和楼要布置在稳定的基岩上。

(3)厂房主要建筑物地面高程应高出当地 20 年一遇的洪水位,混凝土生产系统在沟口时,要保证不受山洪或泥石流的威胁。受料坑、地弄等地下建筑物一般在地下水位以上。

(4)混凝土出线应顺畅,运输距离应按混凝土出机到入仓的运输时间不超过 60 min 计算,夏季不超过 30 min。

（5）厂区的位置和高程要满足混凝土运输和浇筑施工方案要求。

1.4.3　混凝土生产系统的组成

水利水电工程因河流、地形地貌、坝型、混凝土工程量等因素差别较大，因而混凝土生产系统车间组成不尽相同。通常混凝土生产系统由拌和楼（站）、骨料储运设施、胶凝材料储运设施、外加剂车间、冲洗筛分、预冷热车间、空气站、实验室及其辅助车间等组成。

1.4.3.1　拌和楼

拌和楼是混凝土生产系统的主要部分，也是影响混凝土生产系统的关键设备。一般根据混凝土质量要求、浇筑强度、混凝土骨料最大粒径、混凝土品种和运输等要求选择拌和楼。

1.4.3.2　骨料储运设施

骨料储运设施包括骨料输送和储存设施，按拌和楼生产要求，向拌和楼供应各种满足质量要求的粗、细骨料。

拌和楼一般采用轮换上料，净骨料（包括细骨料）供料点至拌和楼的输送距离宜在300 m以内，当大于300 m时，应在混凝土生产系统设置骨料调节堆（仓）。当骨料采用汽车运输，骨料中转较困难时，粗骨料调节堆的活容积一般为混凝土生产系统生产高峰日平均需要量2～3 d的用量，细骨料不宜小于3 d的用量；若采用胶带机转运骨料，场地布置困难，粗骨料调节堆活容积为混凝土生产系统生产高峰日平均需要量1～2 d的用量，细骨料为2～3 d的用量。

混凝土生产系统骨料调节堆可采用料堆堆料和料仓储料两种方式。对混凝土工程量较小，生产时间短的工程可采用料堆堆料，堆料高度5～8 m；对混凝土工程量较大，生产时间长，生产环境要求高，混凝土月浇筑强度较高的工程，为减少骨料二次污染，宜采用料仓堆料。如水口工程采用14个ϕ14 m×20 m圆形混凝土结构骨料罐，其中4个砂罐，供高峰期3 d骨料需要量；三峡二期工程4个混凝土生产系统均采用圆形钢结构骨料罐，供3 d需要量，其中90 m、79 m高程混凝土生产系统采用ϕ16 m×16 m钢罐。

骨料调节堆无论采用何种形式，当堆料高度大于5 m时，粗骨料应设置缓降器，细骨料应设置防雨设施。

1.4.3.3　胶凝材料储运设施

混凝土生产系统胶凝材料储运设施一般包括水泥和粉煤灰两部分，距拌和楼的距离不宜大于20 m。目前，大中型工程一般不采用袋装水泥，混凝土生产系统应设置一定数量的散装水泥罐。一般工程施工时间较长，粉煤灰供应不确定因素多，灰源多而不稳定，质量差异较大，为利于混凝土质量控制，粉煤灰罐不宜少于2个。

混凝土生产系统胶凝材料从料源到工地运输，必要时可设置胶凝材料中转库，中转库的布置地点一般由施工总组织确定。混凝土生产系统内胶凝材料宜采用气力输送。

1.4.3.4　二次冲洗筛分

粗骨料在长距离运输和多次转储过程中，常常发生破碎和二次污染，为了满足骨料质量要求，一般在混凝土生产系统设置二次冲洗筛分设施，控制骨料超逊径含量，排除石渣石屑。

二次冲洗筛分有两种形式：第一种是地面冲洗二次筛分，冲洗筛分后，骨料直接储存在一次风冷料仓,如三峡二期98.7 m高程等5个混凝土生产系统;第二种是地面冲洗、楼顶二次筛分,筛分后的骨料直接进拌和楼料仓,如湖南五强溪96 m高程混凝土生产系统。

1.4.3.5 实验室

混凝土生产系统应设置混凝土实验室,承担混凝土材料、混凝土拌和质量的控制和检验。混凝土生产系统实验室建筑面积可按混凝土工程量来计算,每1万 m^3 混凝土实验室建筑面积不宜小于1 m^2(包括监理单位现场实验室),且总面积不宜小于250 m^2。

1.4.3.6 外加剂车间

目前,水利水电工程外加剂一般以浓缩液或固体形状运到工地,再配成液剂使用。固体浓缩外加剂在工地一般设置拆包、溶解、稀释、匀化稳定和输送几道工序。外加剂溶解在不能自流容器中,可用提升泵输送至拌和楼,拌和楼外加剂贮液灌应设置回液管至外加剂车间,如三峡二期工程90 m和79 m高程混凝土生产系统。如采用液体外加剂,在工地可不设置专用车间,随配随用。

2 混凝土运输

2.1 混凝土运输要求

混凝土运输对混凝土质量和进度影响大。运输过程包括水平运输和垂直运输,从拌和机前到浇筑仓前,主要是水平运输,从浇筑仓前至仓内,主要是垂直运输。

在运输过程中,要求混凝土不初凝、不分离、不漏浆、无严重泌水、无过大的温度变化,且不得有混凝土强度等级和级配错误,也不容许在运输过程中向混凝土拌和物内加水。

为减少混凝土性能在运输中发生过大变化,应尽量减少转运次数(一般不超过两次),并使转运自由跌落高度不超过2 m,以防止分离;整个运输时间不宜超过30 ~ 60 min,以防止混凝土初凝。

2.2 混凝土水平运输机械

通常混凝土的水平运输有有轨运输和无轨运输两种。有轨运输一般用轨距762 mm或1 000 mm的窄轨机车托运平台完成。一台机车拖挂3 ~ 5节平台列车,上放2 ~ 4个混凝土立罐。

无轨运输的主要设备是手推车、机动翻斗车和自卸汽车,辅助设备有盛装混凝土的立罐和卧罐,罐的容量一般为3 ~ 6 m^3,配合起吊的起重机运输吨位为10 ~ 20 t以上。

2.2.1 机动翻斗车运输

机动翻斗车(见图5-55)的容量约0.5 m^3,载重量1 t,最高速度20 km/h。其特点是:轻便灵活,转弯半径小,能自卸,但运输量小,适用于短途运送混凝土和砂石料。

图5-55 机动翻斗车

2.2.2 汽车运输

汽车运输主要有混凝土搅拌车、后卸式自卸车、汽车运立罐及无轨侧卸料罐车等。汽车运输机动灵活,载重量大,装卸快,应用最广泛。它比有轨运输的投资少,适用范围宽,且对道路的要求低;但运费较高,震动大,容易造成混凝土漏浆和分离。图5-56(a)为自卸汽车利用钢栈桥直接入仓的方式,图5-56(b)是汽车卸入仓前卧罐与履带起重机配合方式,前者适合基础部位的浇筑,后者一般用于高部位浇筑。当地形条件有利时,也可采用图5-57形式的溜槽方式。

(a)利用栈桥方式   (b)卧罐—起重机方式

图5-56   自卸汽车运输混凝土

1—车厢;2—溜槽;3—串桶

图5-57   自卸汽车通过溜槽卸料

2.2.3   混凝土搅拌车运输

混凝土搅拌车是一种专门运输混凝土的设备,由汽车的基本部分和装卸混凝土的工作装置组成,容量一般为$5 \sim 6 \ m^3$,混凝土只能是二级配以下,且坍落度应在50 mm以上,否则,难以卸料。其优点是运输平稳,混凝土和易性不会有大的改变,且混凝土温度损失小。

2.2.4   铁路运输

大型水利工程混凝土运输利用平坦的地形条件或水电站的尾水平台布置铁路,利用平板机车拖挂3~5节列车运送混凝土。常用的方式有"三罐一空"或"四罐一空"。此方式的运输量大,运输平稳,混凝土质量容易保证,且有利发挥起重机的效率,如图5-58所示,为"两罐一空"方式。

2.3   **混凝土垂直运输机械**

混凝土垂直运输又称为浇筑仓前到仓内的运输,由起重机完成,常用的有以下几种。

1—柴油机车;2—混凝土罐;3—空位;4—平台车

图 5-58　平台机车拖挂混凝土立罐

2.3.1　门式起重机

10/20 t 门机,如图 5-59 所示,它是一种可沿钢栈桥轨道移动的大型起重机。门架中间可通行 2～3 列平台机车,近距离起吊 20 t,远距离 10 t。门机形式有单杆臂架(如丰满门机)和四连杆臂架(如大连产 10/20 t 门机)。前者结构简单,控制范围小;后者臂架可以收缩,减小空间占位,便于相邻门机靠近浇筑同一浇筑块,生产率高,可加快浇筑速度,但结构较复杂。

1—行驶装置;2—门架;3—机房;4—平衡重;5—起重臂

图 5-59　10/20 t 四连杆门机　(单位:m)

高架门机是 20 世纪 40 年代由门机发展起来的,起重幅度大,控制范围大,很适合于高坝、进水塔和大型厂房的浇筑。图 5-60 为三门峡 MQ540/30 型高架门机示意图。常用门、塔机性能见表 5-11。

1—门架;2—圆筒高架塔身;3—回转盘;4—机房;5—平衡重;6—操纵台;7—起重臂

图 5-60　10/30 t 高架门机　（单位:m）

表 5-11　常用门、塔机性能

性能指标	单位	10 t 丰满门机	10/20 t 四连杆门机	10/25 t 塔机	MQ540/30 高架门机	SDMQ1260/60 高架门机
最大起重力矩	kN·m	5 292	3 920	4 410	5 880	12 348
起重量	t	10/30	10/20	10/25	10/30	20/60
起重幅度	m	(18～37)/18	(9～40)/(9～20)	(7～40)/(7～18)	(14～45)/(16～21)	(18～45)/(18～21)
总扬程	m	90/39.5	75/75	88/42	120/70	115/72
轨上起重高度	m	37	30	42	70	52/72
最大垂直轮压	kN	450	207	392	490	465
轨距	m	7	10	10	7	10.5
机尾回转半径	m	8.1	8	20.7	8.5	11.2
电源电压	V	6 000	380	380	6 000	6 000 或 10 000
功率	kW	215	284	217	230	419
整机质量	t	151	239	293	210	358
产地		吉林	大连	太原、天津	三门峡	吉林

2.3.2 塔式起重机

10/25 t 塔机,如图 5-61 所示。起重臂一般水平状,塔身高,伸臂长,配两台起重小车,可沿起重臂移动。塔机本身有行走装置,可在栈桥上行走,可以增加其控制范围。塔机的控制范围大,但转动有限制,相邻塔机运行时的安全距离要求大,不如门机灵活,且在 6 级以上大风时,应停止运行,以防倒塌。常用塔机性能见表 5-11。

1—车轮;2—门架;3—塔身;4—起重臂;5—起重小车;6—回转塔架;7—平衡重

图 5-61 10/25 t 塔机 (单位:m)

2.3.3 缆式起重机

缆式起重机(缆机)主要由缆索系统、起重小车、主副塔架等组成,如图 5-62 所示。缆索系统为缆机的主要组成部分;牵引索牵引起重小车在承重绳上移动;主副塔架为三角形空间结构,分别布置在两岸高处。

缆机的类型按塔架的移动情况分为固定式、平移式和辐射式三种。图 5-63 为辐射式缆机浇筑混凝土拱坝的布置。

缆机的起重量一般为 10 ~ 25 t,最大可达 50 t,跨度为 400 ~ 1 300 m,起重小车水平移动速度 360 ~ 670 m/min,吊钩的垂直升降速度 100 ~ 670 m/min,吊运混凝土立罐 8 ~ 12 次,最大可吊运 24 罐,小时浇筑强度一般在 50 ~ 120 m^3/h。

缆机适用于狭窄河床的混凝土浇筑。它的主要优点是:缆机安装工期灵活,和主体工程的干扰较小,不占浇筑部位;受水流控制的影响小,全年有效施工时间多;控制范围大,使用时间长,生产率高。但投资大,钢索容易损坏,通用性差,对地形要求高。

2.3.4 其他垂直运输机械

除上述几种常用的混凝土垂直运输机械外,还有履带式起重机(或是反铲改装)、汽车式起重机、桅杆式起重机、升降塔和小型塔机等。一般适用于小型工程,或作为大中型工程运输混凝土的辅助设备。

2.4 泵送混凝土运输机械

混凝土输送泵有活塞式和风动式两种。其混凝土输送能力,水平距离为 200 ~

1—主塔;2—副塔;3—起重小车;4—承重索;5—牵引索;6—起重索;7—重物;
8—平衡重;9—机房;10—操纵室;11—索夹

图 5-62 缆式起重机结构图

1—主塔;2—副塔轨道;3—起重机极限;4—绞车索;5—绞车

图 5-63 辐射式缆机浇筑混凝土拱坝的布置 (单位:m)

450 m,垂直高度为 40~80 m。主要用于浇筑配筋稠密或仓面狭窄部位,如隧洞衬砌与封堵、边墙混凝土浇筑。

混凝土输送泵运行须注意:保持输送管道清洁,输送混凝土前,先通砂浆予以润滑管道,浇筑完毕应立即清洗输送泵及管道,保持进料斗始终处在满料状态,严格控制混凝土流动性和骨料粒径,混凝土坍落度一般为 100~160 mm,水泥用量为 250~300 kg/m³,骨料最大粒径在 40 mm 左右。使用完毕,立即清洗机身和输送泵管。

2.5 塔带机运输

塔带机将混凝土水平运输和垂直运输合二为一,具有连续运输、生产效率高、运行灵活等特点。但由于运输强度大、速度快、高速入仓,对铺料、平仓和振捣也带来不利影响。近年来,塔带机(顶带机)和胎带机的引进和应用,实现了对混凝土运输传统方式的变革,从而导致了皮带机运输混凝土的广泛应用。

2.6 混凝土运输的辅助设备

混凝土输送的辅助设备有吊罐、骨料斗、溜槽、溜管(见图 5-64)等。特别是溜槽在边坡及混凝土面板浇筑中应用广泛,它用镀锌铁皮制造,一般呈"U"形,每节长 2 m 左右,宽 80~120 cm,缘高 30 cm 左右。使用溜槽注意坡度不能太大(不宜超过 45°),混凝土坍落度一般在 90 mm 以下,且配置必要的骨料斗和溜筒作为缓降措施,以防混凝土分离。溜筒是进入仓面前的分料缓降措施,其出口离浇筑面的高差不宜大于 2 m。

近几年来,出现了一些新型的混凝土输送设备,如混凝土真空溜槽、MYBOX 等,对解决混凝土在输送过程中的分离现象起到了很好的控制。该设备在三峡、江垭等工程中取得了成功经验。

(b)拉向一侧卸料

(a)垂直位置

1—运料工具;2—受料斗;3—溜管;4—拉索

图 5-64　溜管

2.7　混凝土运输浇筑方案

混凝土供料运输和入仓运输的组合形式称为混凝土运输方案。它是坝体混凝土施工中的一个关键性环节,必须根据工程规模和施工条件合理选择。常用混凝土运输浇筑方案如下。

2.7.1　自卸汽车——履带式起重机运输浇筑方

混凝土由自卸汽车卸入卧罐,再由履带式起重机吊运入仓。这种方案机动灵活,适应工地狭窄的地形。履带式起重机多由挖掘机改装而成,自卸汽车在工地使用较多,所以能及早投产使用,充分发挥机械的利用率。但履带式起重机在负荷下不能变幅,并受工作面与供料线路的影响,常需随工作面而移动机身,控制高度不大,常用于岸边溢洪道、厂房基础、低坝等混凝土工程。

2.7.2　起重机——栈桥运输浇筑方案

采用门机和塔机吊运混凝土浇筑方案,常在平行于坝轴线方向架设栈桥,并在栈桥上安设门机、塔机,如图 5-65 所示。混凝土水平运输车辆常与门机、塔机共用一个栈桥桥面,以便于向门机、塔机供料。

为了扩大起重机的控制范围,增加浇筑高度,为起重机和混凝土运输提供开行线路,使之与浇筑工作面分开,避免相互干扰,工程常常设置施工栈桥。施工栈桥是临时性建筑物,一般由桥墩、梁跨结构和桥面三部分组成,桥上行驶起重机(门机或塔机)和运输车辆(机车或汽车),如图 5-66 所示。

图 5-65　塔机栈桥布置图

(a)栈桥上部结构　　　(b)混合式的栈桥结构

1—钢筋混凝土桥墩;2—桥面;3—起重机轨道;
4—运输轨道;5—栏杆;6—可拆除的刚架

图 5-66　门机和塔机的工作桥示意图

常见栈桥的布置方式有以下几种：

（1）单线栈桥。当建筑物的宽度不太大时，栈桥设于坝底宽度的 1/2 左右处，可控制大部分浇筑部位，栈桥可一次到顶，也可分层加高。分层加高有利于及早投产，避免吊罐下放过深，能简化桥墩结构。但施工过程中要加高栈桥，改变运输线路，对主体工程施工有影响，如图 5-67（a）所示。

（2）双线栈桥。对于较宽的建筑物，为便于全面控制而布置双线栈桥，如图 5-67（b）、（c）所示。双线栈桥常为一主一辅，主栈桥担任大部分浇筑任务，辅栈桥主要担任水平运输任务。这种布置方式在坝后式厂房与河床式厂房混凝土施工过程中应用较多。

（3）多线多高程栈桥。对于坝底宽度特大的高坝工程，常需架设多线多高程栈桥，如图 5-68 所示。近年来，由于高架门机和巨型塔机的应用，可简化这种布置方式。

在选择栈桥布置方式，确定栈桥位置和高程时，除要保证建筑物控制范围和主要工程量外，还必须考虑与水平运输衔接、施工导流、防洪度汛等问题，并尽量减少门、塔机搬迁次数，避免或减少对主体工程的影响。对于兼有运输任务的栈桥，桥面高程应与拌和楼出料高程相协调。

| (a)单线栈桥 | (b)双线栈桥 | (c)主、辅栈桥 |

1—坝体；2—厂房；3—由辅助浇筑方案完成的部位；4—分两次升高的栈桥；5—主栈桥；6—辅栈桥

图 5-67　大坝施工栈桥布置方式

图 5-68　多线多高程栈桥布置图

起重机——栈桥运输浇筑方案的优点是布置比较灵活，控制范围大，运输强度高；门机、塔机为定型设备，机械性能稳定，可多次拆装使用。因此，它是大坝、厂房混凝土施工最常用的方案。其缺点是修建栈桥和安装起重机需要占用一段工期，往往影响主体工程施工;栈桥下部形成浇筑死区(称为栈桥压仓),需用溜管、溜槽等辅助运输设备方能浇筑,或待栈桥拆除后浇筑。此外,坝内栈桥在施工初期难以形成;坝外低栈桥控制范围有限,且受导流方式的影响和汛期洪水的威胁。

2.7.3　缆机运输浇筑方案

在河床狭窄地段修建混凝土坝多采用缆机。如五强溪、隔河岩、万家寨等工程均采用缆机,三峡工程采用了两台跨度为1 416 m、塔架高125 m、起重量20 t的摆塔式缆机。缆机布置,主要是根据枢纽建筑物外形尺寸和河谷两岸地形地质条件,确定缆机跨度和塔架顶部高程。缆机布置的一般原则如下:

(1)尽量缩小缆机跨度和塔架高度。

(2)控制范围尽量覆盖所有坝块。

(3)缆机平台工程量尽量小,双层缆机布置要使低缆浇筑范围不低于初期发电水位。

(4)供料平台要平直且尽量少压或不压坝块。

塔顶控制高程为

$$H = H_0 + f + \alpha + \Delta \tag{5-11}$$

式中　H——缆机塔顶高程,m;

　　　H_0——计划浇筑的最高部位高程,m;

　　　f——缆机承重索垂度,可按跨度的5%计算;

　　　α——吊罐底至承重索的最小距离,m,一般为6~10 m;

　　　Δ——吊罐底至计划浇筑的最高部位高程的安全距离,不小于1 m。

当塔顶高程确定后,即可根据两岸的陡缓和地质条件,确定塔架高度和缆机跨度。

塔架高度H_t为

$$H_t = H - H_n \tag{5-12}$$

式中　H_n——轨道顶面高程,m。

采用缆机方案,应尽量全部覆盖枢纽建筑物,满足高峰期浇筑量。图5-69是多台缆机布置方案示例,共3台20 t辐射式缆机,跨度420 m,主塔高15~20 m。其中,缆机3布置较低,主要担任厂房运输浇筑任务。

缆机方案布置,有时由于地形地质条件限制,或者为了节约缆机平台工作量和设备投资,往往缩短缆机跨度和塔架高度,甚至将缆机平台降至坝顶高程。这时,需要其他运输设备配合施工,还可以采用缆机和门机、塔机结合施工的方案。

2.7.4　专用皮带机浇筑混凝土

皮带机浇筑混凝土往往在运输和卸料时容易产生分离及严重的砂浆损失现象,而难以满足混凝土质量要求,使其应用受到很大限制。近年,美国罗泰克(ROTEC)公司对皮带机进行了较大改革,并在墨西哥惠特斯(TUITES)大坝第一次成功地应用了3台以罗泰克塔带机为主的混凝土浇筑方案,使皮带机浇筑混凝土进入一个新阶段。

塔带机是集水平运输与垂直运输于一体,将塔机与皮带输送机有机结合的专用皮带机,要求混凝土拌和、水平供料、垂直运输及仓面作业一条龙配套。塔带机一般布置在坝内,要求大坝坝基开挖完成后快速进行塔带机系统的安装、调试和试运行,使其尽早投入正常生产。三峡大坝施工采用了4台美国罗泰克公司生产的TC2400型塔带机和2台以

1、2、3—缆机;4—缆机固定塔;5—拌和楼;6—混凝土运输轨道;7—吊罐

图 5-69　多台缆机布置方案

法国波坦(POTAIN)公司为主生产的 MD2200 型塔带机(见图 5-70 和图 5-71)。这两种塔带机主要技术参数见表 5-12。

图 5-70　罗泰克公司 TC2400 型塔带机　（单位:m）

图 5-71　波坦公司 MD2200 型塔带机　（单位：mm）

表 5-12　大型塔带机主要技术参数

项目	TC2400 塔带机	MD2200 塔带机	说明
皮带机最大工作幅度（m）	100	105	布料皮带水平状态
塔机工况工作幅度（m）	80	80	
塔柱最大抗弯力矩或额定力矩（t·m）	2 400	2 200	
塔柱节标准长度（m）	9.3	5.78	固定式塔机
带式输送机			
带宽（mm）	760	750	
带速（m/s）	3.15~4.0	3.15~4.0	
输送能力（m³/min）	6.5	6.5	
最大仰角（°）	+30°	+25°	
最大俯角（°）	−30°	−25°	
输送最大粒径（mm）	150	150	
塔机工况最大起重量（t）	60	60	
工况转换（min）	≤30	≤30	浇筑转安装或安装转浇筑工况
混凝土品种变换一次时间（min）	≤15	≤15	
安装和调试时间（min）	8	9	低价状态，时间为参考值
单班作业人数（人）	8~10	8~10	塔机及皮带机

2.8 混凝土运输浇筑方案的选择

混凝土运输浇筑方案对工程进度、质量、工程造价将产生直接影响,需综合各方面因素,经过技术、经济比较后选定。

2.8.1 方案选择应考虑的因素

(1)枢纽布置,水工建筑物类型、结构和尺寸,特别是坝的高度。

(2)按工程规模、工程量和总进度拟定的施工阶段控制性浇筑进度、强度及温控要求。

(3)施工现场的地形、地质条件和水文特点。

(4)导流方式及分期和防洪措施。

(5)混凝土拌和楼的布置和生产能力。

(6)起重机具的性能和施工队伍的技术水平、熟练程度及设备状况。

上述各种因素互相依存、互相制约。因此,必须结合工程实际,拟出几个可行性方案进行全面的经济比较,最后选定技术上先进、经济上合理、设备供应现实的方案。

2.8.2 运输浇筑方案选择

在运输浇筑方案选择时,可按下述不同情况确定:

(1)高度较大的建筑物。其工程规模和混凝土浇筑强度大,混凝土垂直运输占主要地位。常以门机、塔机—栈桥、皮带机为主方案,以履带机及其他较小机械设备为辅助措施。在较宽河谷的高坝施工,常采用缆机与门机、塔机(或塔带机)相结合的混凝土运输浇筑方案。

(2)高度较低的建筑物。如低坝、水闸、船闸、厂房、护坦及各种导墙等,可选用门机、塔机、履带机、皮带机作为主要方案。

(3)工作面狭窄部位。如隧洞衬砌、导流底孔封堵、厂房二期混凝土部分回填等,可选用混凝土泵、溜管、溜槽、皮带机等运输浇筑方案。

2.9 起重机数量的确定

起重机数量取决于混凝土最高月浇筑强度和选用起重机的浇筑能力。

2.9.1 起重机吊运混凝土生产率

起重机吊运混凝土生产率 P 可按下式计算:

$$P = k_1 nq \tag{5-13}$$

式中 P——起重机吊运混凝土生产率,$\mathrm{m^3/h}$;

  k_1——时间利用系数,可取 $0.75 \sim 0.90$;

  n——起重机每小时循环吊运次数,与机械性能、工作条件和操作技术等情况有关,在正常情况下,缆机可按 $8 \sim 10$ 次考虑,门机和塔机可按 $11 \sim 12$ 次考虑;

  q——每次吊运混凝土方量,$\mathrm{m^3}$,通常以所配吊罐的容量计算。

2.9.2 单台起重机的月浇筑量

单台起重机的月浇筑量 P_{m} 可按下式计算:

$$P_{\mathrm{m}} = kk_2 nmP \tag{5-14}$$

式中　　P_m——单台起重机的月浇筑量,m^3/月;

　　　　k——综合作业影响系数,即计入辅助吊运对混凝土浇筑时间的影响,重力坝一般
　　　　　　　为 0.8~0.9,轻型坝一般为 0.7~0.8;

　　　　k_2——月小时利用数,可取 0.75~0.90;

　　　　n——每月工作天数,d,可取 25 d;

　　　　m——每天工作小时数,h,可取 20 h。

2.9.3　起重机数量的确定

　　根据混凝土最高月浇筑强度可确定起重机台数,计算式如下:

$$N = \frac{Q}{P_m} \tag{5-15}$$

式中　　N——起重机台数,取整数;

　　　　Q——混凝土最高月浇筑强度,m^3/月。

　　起重机数量确定后,根据工程结构特点、外型尺寸及地形地质等条件,并从施工方法上论证实现总进度的可能性。必须指出的是,大中型工程各施工阶段的浇筑部位与浇筑强度差别较大。因此,应分施工阶段进行选择和布置,并注意各阶段的衔接。

3　混凝土浇筑与养护

　　混凝土浇筑是保证混凝土工程质量的最重要环节。混凝土浇筑过程包括浇筑前的准备工作、混凝土入仓铺料、平仓与振捣及养护等。

3.1　浇筑前的准备工作

　　浇筑前的准备工作包括基础面的处理、施工缝处理、立模、钢筋及预埋件安设和全面检查与验收等。

3.1.1　基础面处理

　　对于土基,应将预留的保护层挖除,并清除杂物,然后铺碎石,再覆盖湿砂,进行压实。

　　对于砂砾石地基,应先清除有机质杂物和泥土,平整后浇筑一层 10~20 cm 厚的 C15 混凝土,以防漏浆。

　　对于岩基,必须首先对基础面的松动、软弱、尖角和反坡部分作彻底清除,然后用高压水冲洗岩面上的油污、泥土和杂物。岩面不得有积水,且保持岩面呈湿润状态。浇筑前一般先铺浇一层 1~3 cm 厚的砂浆,以保证基础与混凝土的良好结合。当遇地下水时,应作好排水沟和集水井,将水排走。

3.1.2　施工缝处理

　　施工缝是指浇筑块之间临时的水平和垂直结合缝,即新老混凝土之间的结合面。对需要接缝处理的纵缝面,只需冲洗干净可不凿毛,但须进行接缝灌浆。水平缝的处理必须将老混凝土面的软弱乳皮清除干净,形成石子半露而不松动的清洁表面,以利新老混凝土结合。施工缝处理的方法有如下几种:

　　(1)高压水冲毛。高压水冲毛技术是一项高效、经济而又能保证质量的缝面处理技术,其冲毛压力为 20~50 MPa,冲毛时间以收仓后 24~36 h 为宜,冲毛延时以 0.75~1.25

min/m^2 效果最佳。关键是掌握开始冲毛的时间,过早,会浪费混凝土,并造成石子松动;过迟,又难以达到清除乳皮的目的。时间选择应根据水泥品种、混凝土强度等级和外界气温等进行。

（2）风砂枪喷毛。用粗砂和水装入密封的砂箱,再通过压缩空气（0.4 ~ 0.6 MPa）将水、砂混合后,经喷射枪喷向混凝土面,使之形成麻面。最后,用水清洗冲出的污物。一般在混凝土浇筑后 24 ~ 48 h 内进行。此法质量好,效率高。

（3）钢刷机刷毛。这是一种专门的机械刷毛方式,类似街道清扫机,其旋转的扫帚是钢丝刷。其质量和工效高。

（4）人工或风镐凿毛。是对坚硬混凝土面用人工或风镐凿除乳皮。其质量好,但工效低。风镐是利用空气压缩机提供的风压力驱动振冲钻头,振动力作用于混凝土面层,凿除乳皮。人工则是用铁锤和钢钎敲击。

3.1.3　仓面检查

混凝土开仓浇筑前,必须按照设计和规范要求,对仓面进行全面的质量检查与验收,重点是模板、钢筋和预埋件,应特别注意模板体形,钢筋的规格、尺寸和接头,预埋件不得漏项,预留孔洞位置要正确,机械、风水电是否就位,混凝土工厂是否处于正常状态。由施工方自检合格后,报经监理工程师核查,经监理工程师签发准浇证后,才能浇筑。

浇筑前进行技术交底,明确浇筑高程、铺料方式和厚度、特殊部位的浇筑要点等。

3.2　入仓铺料

为了避免不均匀沉降引起坝体开裂,常采用结构缝和临时的施工缝将坝段分成若干浇筑块,形成若干浇筑仓。

混凝土入仓料多采用平层浇筑法。它是沿仓面某一边逐条逐层有序连续铺填,上一层铺填完毕并振捣密实好后,紧接着铺填振捣下一层,逐层进行,直至浇至限定的浇筑高程,一般为 3 m 以内,如图 5-72（a）所示。每层厚度要根据振捣器性能、浇筑强度、混凝土初凝时间、气温高低和仓面条件等因素确定。一般情况下,层厚 30 ~ 50 cm;采用振捣器组时,可达 70 ~ 80 cm;人工铺料平仓时,层厚不超过 30 cm。当层间间歇超过混凝土初凝时间时,会出现冷缝（即铺填上层混凝土时,下层混凝土已初凝）,使层间抗渗、抗剪和抗拉的能力明显降低。当允许层间间隔时间 $t(h)$ 已定后,为了不出现冷缝,应满足以下的条件:

$$KP(t - t_1) \geqslant BLh \tag{5-16}$$

式中　K——混凝土运输延误系数,一般取 0.8 ~ 0.85;

　　　P——浇筑仓面要求的混凝土运输、浇筑能力,m^3/h;

　　　t_1——混凝土从出机到入仓的时间,h;

　　　B、L——浇筑块的宽度和长度,m;

　　　h——铺料层厚度,m。

出现冷缝的主要原因是浇筑能力不够和仓面面积过大。当采取其他措施（如使用缓凝剂、减水剂,降低浇筑厚度等）仍不足以防止冷缝时,可采用斜层铺料法或阶梯铺料法,如图 5-72(b)、(c)所示。这两种方法,都容易使混凝土在平仓振捣中出现分离。因此,混凝土坍落度不宜过大,浇筑块高度不宜超过 2 m。

(a)平层浇筑法　　　　(b)斜层铺料法　　　　(c)阶梯铺料法

图 5-72　混凝土铺料方法

3.3　平仓

平仓是将卸入仓内成堆的混凝土均匀铺平,达到要求的浇筑层厚。可采用振捣器平仓,斜向插入混凝土料堆,自下而上进行;大型工程大仓面混凝土平仓,一般用平仓机进行;小部位或边角部位利用人工铁锹平仓。须注意,振捣器平仓不能代替振捣密实工序。

3.4　振捣

振捣是混凝土浇筑的关键工序,应在平仓后立即进行。

按振捣方式不同,振捣器分为插入式、外部式和表面式三种,如图 5-73 所示。其中,插入式在大体积混凝土工程中运用较广;外部式适用于柱、墙等结构尺寸小且钢筋稠密的构件;表面式适用于路面、薄板等混凝土浇筑。插入式振捣器按动力源又分为电动软轴式、电动硬轴式和风动式三种,以电动式应用最普遍,其振动影响半径大,捣实质量好,使用方便。

电动软轴式应用在钢筋密集,结构较薄的部位,有 B-50 型、ϕ63 型等,频率为 6 000 次/min 和 11 560 次/min,电动机与振捣棒用软轴连接,如图 5-74 所示。硬轴式的电机与棒体合在一起,国产型号有 HZ6P-80D、HZ6X-30 等,一般用于三、四级配的大体积混凝土浇筑。

使用插入式振捣器,应垂直插入混凝土内部,快插慢拔,并插入下层混凝土 5~10 cm,以消除上、下层间的接缝。振动棒上下略为抽动,振捣时间为 20~30 s,插点要均匀,逐点移动,按顺序进行,不得遗漏,移动间距不大于振动棒作用半径的 1.5 倍(一般为 30~50 cm),靠近模板距离不应小于 20 cm。平板振捣器的移动间距应能保证振捣器的平板覆盖已振实部分边缘。振捣器不要碰到钢筋和模板。

振实标准可按以下一些现象判别:混凝土面以不再出现气泡、不再显著下沉、表面泛浆为准。

3.5　混凝土养护

养护是保证混凝土强度增长,表面不发生干缩裂缝,保证混凝土质量的必要措施。

混凝土浇筑完毕后,应在 10~12 h 以内加以覆盖,并洒水养护。每日洒水次数应能保持混凝土处于足够的润湿状态。冬季应采取保温措施,减少洒水次数,当气温低于 5 ℃

1—模板；2—振捣器

图 5-73　混凝土振捣器

1—电机；2—机械增速器；3—软轴；4—振捣棒；5—底盘；6—手柄

图 5-74　电动软轴插入式振捣器

时，应停止洒水。

　　混凝土浇水或安管淋水养护时间，掺用缓凝型外加剂或有抗渗要求的混凝土不得小于 14 d；大跨度梁、板或悬臂梁需带模养护 28 d 以上。正常养护一般 2~3 周，大体积混凝土 28 d 以上，在混凝土强度达到 1.25 MPa 之前，不得在其上踩踏或施工振动。大面积结构如底板、楼板、屋面等可洒水养护，贮水池可蓄水养护。可喷洒养护剂，在混凝土表面形成保护膜，防止水分蒸发，以达到养护的目的。也可用草袋、锯末、无纺布或塑料薄膜等覆盖。

■ 任务 5　碾压混凝土坝施工

碾压混凝土坝是采用碾压土石坝的施工方法,使用干贫混凝土修建的混凝土坝,是混凝土坝施工的一种新技术。碾压混凝土具有大仓面连续浇筑上升,施工速度快、工序简单、造价低等特点。

1　碾压混凝土原材料及配合比

1.1　碾压混凝土原材料

1.1.1　胶凝材料

碾压混凝土一般采用硅酸盐水泥或矿渣硅酸盐水泥,掺 30% ~65% 粉煤灰,胶凝材料用量一般为 120 ~160 kg/m³,《水工碾压混凝土施工规范》(SL 53—1994) 规定大体积建筑物内部碾压混凝土的胶凝材料用量不宜低于 130 kg/m³,其中水泥熟料不宜低于 45 kg/m³。

1.1.2　骨料

与常态混凝土一样,可采用天然骨料或人工骨料,最大粒径一般为 80 mm,迎水面用碾压混凝土防渗时,一般在一定宽度范围内采用二级配碾压混凝土。碾压混凝土砂率一般比常态混凝土高,对砂子含水率控制要求比常态混凝土严格。当砂子含水率不稳定时,碾压混凝土施工层面易出现局部集中泌水现象。

1.1.3　外加剂

一般应掺用缓凝减水剂,并掺用引水剂,以增强碾压混凝土的抗冻性。

1.2　碾压混凝土配合比

碾压混凝土配合比应满足工程设计的各项指标及施工工艺要求,包括:

(1)混凝土质量均匀,施工过程中粗骨料不易发生分离。

(2)工作度适当,拌和物较易碾压密实,混凝土密度大。

(3)拌和物初凝时间较长,易保证碾压混凝土施工层面的良好黏结,层面物理力学性能好。

(4)混凝土的力学强度、抗渗性能满足设计要求,具有较高的拉伸应变能力。

(5)对于外部碾压混凝土,要求具有适应建筑物环境条件的耐久性。

(6)碾压混凝土配合比经现场试验后调整确定。

2　碾压混凝土拌和及运输

碾压混凝土一般可用强制式或自落式搅拌机拌和,也可采用连续式搅拌机拌和,其拌和时间一般比常态混凝土延长 30 s 左右,故而生产碾压混凝土时拌和楼生产率比常态混凝土低 10% 左右。碾压混凝土运输一般采用自卸汽车、皮带机、真空溜槽等方式,也有采用坝头斜坡道运输混凝土的方法。选取运输机具时,应注意防止或减少碾压混凝土骨料分离。

3 碾压混凝土浇筑

3.1 碾压混凝土浇筑上升方式

坝体浇筑方式有间断上升和连续上升两种,习惯上称为 RCD(日本模式)和 RCC(美国模式)。采用 RCC 碾压混凝土施工时,一般不分纵横缝(必要时可设少量的横缝),采用大仓面通仓浇筑,压实厚度一般为 30 cm。对于水平接缝的处理,在成熟度超过 200 ~ 260 ℃·h 时,对层面采取刷毛、铺砂浆等措施处理,否则仅对层面稍作清理。实际上,层面一般只需要清除松散物,在碾压混凝土尚处于塑性状态时即浇筑上一层碾压混凝土,因而施工速度快,造价低,也利于层面结合。

RCD 碾压混凝土施工,用振动切缝机切出与常态混凝土相同的横缝,碾压混凝土压实层厚 50 ~ 75 cm,甚至达到 100 cm;每层混凝土分几块薄层平仓,平仓层厚 15 ~ 25 cm,一次碾压。每层混凝土浇筑后停歇 3 ~ 5 d,层面刷毛、铺砂浆,因而混凝土水平施工缝面质量良好,但施工速度较慢。如淮河流域上河南省境内的石漫滩碾压混凝土坝是我国当时从仿效 RCD 方式即“金包银”式结构向全断面碾压混凝土结构转变的较新的碾压混凝土坝型。

我国在吸收 RCC 和 RCD 施工经验的基础上,既有沿用两种方法修筑的碾压混凝土坝,也有采用改进的施工方法修筑的碾压混凝土坝,如辽宁观音阁碾压混凝土坝完全采用 RCD 法,广西岩滩碾压混凝土围堰采用 RCC 法。我国大多数碾压混凝土坝采用自创的 RCCD 施工方法,即碾压混凝土在一个升程内(一般 2 ~ 3 m)采用大面积薄层连续浇筑上升,压实厚度为 30 cm,完毕后,对层面冲刷毛,在下一个升程浇筑前铺砂浆。三峡碾压混凝土纵向围堰及二期厂坝导墙即采用该法施工。

当施工仓面较大,碾压混凝土施工强度受设备限制难以满足连续浇筑上升层面允许间歇时间要求时,可采用斜层铺筑法浇筑。该法在湖南江垭工程碾压混凝土施工中采用,施工时碾压层沿坝轴线方向倾斜,坡度根据混凝土施工强度确定,一般为 1:20 ~ 1:40,以满足连续浇筑上升层面允许间歇时间要求为准。该法可缩短连续浇筑上升层面允许间歇时间,有利于提高层间胶结强度,其施工类似于 RCCD 法,升程高度一般为 3 m。在碾压混凝土施工速度及施工强度上,其最大日浇筑量接近 2 万 m³,日上升速度达 1.2 m。

3.2 碾压混凝土浇筑季节

一方面,碾压混凝土采用一个升程内大面积薄层连续浇筑上升,连续浇筑层层面间歇 6 ~ 8 h,高温季节浇筑碾压混凝土,仓面的温度回升大。另一方面,碾压混凝土用水量少,高温季节出机口温度难以达到 7 ℃;因而高温季节对碾压混凝土进行预冷的效果不如常态混凝土。高温季节浇筑基础约束区混凝土,温升将大大超过坝体设计允许最高温度,因而可能产生危害性裂缝。另外,高温季节浇筑碾压混凝土时,混凝土初凝时间短,表层混凝土水分蒸发量大,压实困难,层面胶结差,难以保证层面结合质量。斜层铺筑法虽然可改善混凝土层面胶结,但难以解决混凝土温度控制问题。

因此,为确保大坝碾压混凝土质量,高温季节不宜进行碾压混凝土施工。根据已建工程经验,在日均气温超过 25 ℃时不宜进行碾压混凝土施工,如三峡工程左导墙碾压混凝土规定在 10 月下旬至次年 4 月上旬进行,其余时间停浇。

3.3　平仓及碾压

碾压混凝土浇筑时一般按条带摊铺,铺料条带宽根据施工强度确定,一般为 4 ～ 12 m,铺料厚度为 35 cm,压实后为 30 cm,铺料后常用平仓机或大型履带推土机平仓。为解决一次摊铺产生骨料分离的问题,可采用二次摊铺,层厚 35 cm。采用二次摊铺后,对堆料之间及周边集中的骨料经平仓机反复推刮后,能有效分散,再辅以人工分散处理,可改善自卸汽车铺料引起骨料分离问题。

一条带平仓完后立即开始碾压,振动碾一般选用自重大于 10 t 的大型双筒式自行式振动碾,作业时行走速度为 1 ～ 1.5 km/h,碾压遍数通过现场试碾决定。一般为无振 2 遍加有振 6 ～ 8 遍。碾压条带间搭接宽度大于 20 cm,端头部位搭接宽度大于 100 ～ 150 cm。条带从铺筑到碾压完成控制在 2 h 左右。边角部位采用小型振动碾压实。碾压作业完成后,用核子密度仪检测其密度,达到设计要求后进行下一层碾压作业;若未达到设计要求,立即重碾,直到满足设计要求。模板周边无法碾压的部位可加注与碾压混凝土相同水灰比的水泥浓浆后用插入式振捣器振捣密实。仓面碾压混凝土的 VC 值控制在 5 ～ 10 s,并尽可能加快混凝土的运输速度,缩短仓面作业时间,做到在下一层混凝土初凝前铺完上一层碾压混凝土。

3.4　造缝

碾压混凝土一般采取几个坝段形成的大仓面连续浇筑上升,坝段之间的横缝一般可采取切缝机切缝,或采用其他方式设置诱导缝。切缝机切缝时,可采取先切后碾或先碾后切,成缝面积不小于设计缝面面积的 60%。缝内埋设隔板时,相邻高度宜比压实层低 2 ～ 3 cm。钻孔填砂造缝则是待碾压混凝土浇筑完一个升程后沿分缝线用手风钻造诱导孔。

3.5　施工缝面处理

正常施工缝一般在混凝土收仓 10 h 左右用压力水冲毛,清除混凝土表面的浮浆,以露出粗砂砾和小石为准。

施工过程中因故中止或其他原因造成层面间歇时间超过设计允许时间,应视间歇时间的长短采用不同处理方法。对于间歇时间较短,碾压混凝土未终凝的施工缝面,可将层面松散物和积水清除干净,铺一层 2 ～ 3 cm 厚的砂浆后,继续进行下一层碾压混凝土摊铺、碾压作业;对于已经终凝的碾压混凝土施工缝,一般按正常工作缝处理。

第一层碾压混凝土摊铺前,砂浆铺设随碾压混凝土铺料进行,不得超前,保证在砂浆初凝前完成碾压混凝土的铺筑。碾压混凝土层面铺设的砂浆应有一定的坍落度。

4　碾压混凝土温度控制

4.1　碾压混凝土温度控制标准

由于碾压混凝土胶凝材料用量少,极限拉伸值一般比常态混凝土小,其自身抗裂能力比常态混凝土差,因此其温差标准比常态混凝土严格。《混凝土重力坝设计规范》(SL 319—2005)规定,当碾压混凝土 28 d 极限拉伸值不低于 0.70×10^{-4} 时,碾压混凝土坝基础容许温差见表 5-13。对于外部无常态混凝土或侧面施工期暴露的碾压混凝土浇筑块,其内外温差标准一般在常态混凝土基础上加 2 ～ 3 ℃。

表 5-13　碾压混凝土基础容许温差　　　　　　　（单位:℃）

距基础面高度 h	浇筑块长边长度 L		
	30 m 以下	30~70 m	70 m 以上
0~0.2 L	15.5~18	12~14.5	10~12
0.2L~0.4L	17~19	14.5~16.5	12~14.5

4.2　温控措施

碾压混凝土主要温控措施与常态混凝土基本相同,仅混凝土铺筑季节受到较大限制,由于碾压混凝土属于干硬混凝土,用水量少,高温季节施工时表面水分散发后易干燥而影响层间胶结质量,故而一般要求在低温季节浇筑。

5　碾压混凝土坝的施工质量控制要点

影响碾压混凝土坝施工质量的因素主要有碾压时拌和料的干湿度,卸料、平仓、碾压的质量控制以及碾压混凝土的养护和防护等。

5.1　碾压时拌和料干湿度的控制

碾压混凝土的干湿度一般用 VC 值来表示。VC 值太小表示拌和太湿,振动碾易沉陷,难以正常工作。VC 值太大表示拌和料太干,灰浆太少,骨料架空,不易压实。但混凝土入仓料的干湿又与气温、日照、辐射、湿度、蒸发量、雨量、风力等自然因素相关,碾压时难以控制。现场 VC 值的测定可以采用维勃稠度仪或凭经验手感测定。

在碾压过程中,若振动碾压 3~4 遍后仍无灰浆泌出,混凝土表面有干条状裂纹出现,甚至有粗骨料被压碎现象,则表明混凝土料太干;若振动碾压 1~2 遍后,表面就有灰浆泌出,有较多灰浆粘在振动碾上,低挡行驶有陷车情况,则表明拌和料太湿。在振动碾压 3~4 遍后,混凝土表面有明显灰浆泌出,表面平整、润湿、光滑,碾滚前后有弹性起伏现象,则表明混凝土料干湿适度。

5.2　卸料、平仓、碾压中的质量控制

卸料、平仓、碾压,主要应保证层间结合良好。卸料、铺料厚度要均匀,减少骨料分离,使层内混凝土料均匀,以利充分压实。卸料、平仓、碾压的质量要求与控制措施是:

（1）要避免层间间歇时间太长,防止冷缝发生。

（2）防止骨料分离和拌和料过干。

（3）为了减少混凝土分离,卸料落差不应大于 2 m,堆料高不大于 1.5 m。

（4）入仓混凝土及时摊铺和碾压。

（5）常态混凝土和碾压混凝土结合部的压实控制,无论采用"先碾压后常态"还是"先常态后碾压"或两种混凝土同步入仓,都必须对两种混凝土结合部重新碾压。由于两种料的初凝时间相差可达 4 h,除应注意接缝面外,还应防止常态混凝土水平层面出现冷缝。应对常态混凝土掺高效缓凝剂,使两种材料初凝时间接近,同处于塑性状态,保持层面同步上升,以保证接合部的质量。

（6）每一碾压层至少在 6 个不同地点,每 2 h 至少检测 1 次。压实密度可采用核子水

分密度仪、谐波密实度计和加速度计等方法检测,目前较多采用挖坑填砂法和核子水分密度仪法进行检测。

5.3　碾压混凝土的养护和防护

（1）碾压混凝土浇筑后必须养护,并采取恰当的防护措施,保证混凝土强度迅速增长,达到设计强度。

（2）从施工组织安排上应尽量避免夏季和高温时刻施工。

5.4　混凝土坝的质量控制手段

目前常用的几种主要质量控制手段有:

（1）在碾压混凝土生产过程中,常用维勃稠度仪测定碾压混凝土的稠度,以控制配合比。

（2）在碾压过程中,可使用核子密度仪测定碾压混凝土的湿密度和压实度,对碾压层的均匀性进行控制。

（3）碾压混凝土的强度在施工过程中是以监测密度进行控制的,并通过钻孔取芯样校核其强度是否满足设计要求。

【案例5-1】　大朝山碾压混凝土坝施工

大朝山水电站位于云南省西部云县和景东县交界处,澜沧江中游河段。电站总装机容量135万 kW,多年平均发电量59.31亿 kWh。拦河大坝为全段面碾压混凝土重力坝,坝轴线长247.00 m,最大坝高111 m,混凝土总工程量为110万 m³,其中碾压混凝土为75.68万 m³,约占混凝土总工程量的70%。大朝山碾压混凝土坝于1997年8月开工,2001年10月开始初期蓄水。

1. 碾压混凝土运输入仓方式

在碾压混凝土坝施工中,采用了自卸汽车直接入仓、自卸汽车＋真空溜槽入仓、自卸汽车＋洛泰克胶带机＋真空溜槽入仓、自卸汽车＋洛泰克胶带机、自卸汽车＋缆机入仓等多种碾压混凝土运输入仓方式。在施工过程中,根据坝体不同部位选择不同的运输入仓方式,如图5-75所示。真空溜槽的最大落差为87 m。混凝土生产系统布置在右岸,碾压混凝土生产能力为324 m³/h。

图5-75　多种碾压混凝土运输入仓方式布置示意图　（单位:m）

2. 仓面施工方式

浇筑仓面面积大于 4 000 m² 时采用斜层浇筑方式,最大仓面面积为 8 478 m²,最大斜层面积 3 560 m²。平台采用 1 台 D65P 型和 3 台 D319 型平仓机,每层铺筑厚度 35 cm。振动碾采用 BW202AD 型 4 台,碾压作业先无振碾压 2 遍,有振碾压 6 ~ 8 遍,最后无振碾压 2 遍。行走速度为 1.0 ~ 1.5 km/h。碾压混凝土从出机至碾压完成时间要求控制在 2 h 内。层间允许间隔时间为 6 h,连续碾压升程高度一般为 3 m。坝体上游面施工采用可调式全悬臂模板,上游面变态混凝土采用底部铺浆方式,振动后要求表面出浆。下游面施工采用阶台式模板,坝体横缝等部位用交替上升模板或用切缝机造缝,缝内填干砂。

大朝山碾压混凝土施工每个浇筑仓面都制定了浇筑流程图,做了快速运输、摊铺、碾压和覆盖,相对压实度大于 99%。防渗层实测平均透水率仅为 0.26 Lu,因此取消了坝前丙乳砂浆防渗层,蓄水后渗漏微小。

任务 6　大体积混凝土温度控制

混凝土坝浇筑后,容易在坝的表面和基础部位产生裂缝。这些裂缝主要是由于温度变化而产生的温度裂缝。温度裂缝的深度较大,对坝体的整体性和防渗能力有不良的影响,甚至危及大坝的安全。因此,有计划地控制混凝土温度,防止温度裂缝产生,是混凝土坝施工中必须高度重视的问题。

1　混凝土的温度控制

1.1　大体积混凝土的温度变化过程

混凝土浇筑后,由于水泥水化热作用,温度逐步上升,初期上升快,之后逐渐减慢。例如,1 kg 普通硅酸盐水泥的累计发热量:3 d 时为 33 万 J,7 d 时为 36 万 J,到 28 d 时为 38 万 J。最初三天放出的总热量占总水化热的 86% 以上。混凝土浇筑后的温度变化,由混凝土浇筑温度、水泥水化热温升和散热条件所确定。对结构尺寸不大的构件,散热条件较好,水化热温升不高,不致引起严重后果。但对于大体积水工混凝土,厚度均在 3 ~ 5 m 以上,散热条件较差,且混凝土导热性能不良,大部分水化热都积蓄在浇筑块内,从而引起混凝土温度明显升高,在一两周内最高温度可达 30 ~ 50 ℃,甚至更高。这样,由于混凝土温度高于外界温度,随着时间的推延,热量慢慢地向外界散失,坝体温度则缓慢下降,直至稳定。但这一自然降温过程极为漫长,实测资料表明,这一过程可以延续几年以至几十年之久。此后,坝体温度即趋于稳定。在稳定期,坝体内部温度基本固定,只有表层混凝土(厚约数米)的温度随外界温度的变化而有所波动。

由此可见,大体积混凝土的温度变化要经历三个时期:温升期、冷却期和稳定期,如图 5-76 所示。在这三个时期内,混凝土从入仓浇筑温度 T_p 上升到最高温度 $T_m(T_{max})$,其最大温升为 T_r,然后缓慢下降到稳定温度 T_f。显然,混凝土最大温差 ΔT 为

$$\Delta T = T_m - T_f = T_p + T_r - T_f \qquad (5-17)$$

要降低 ΔT,只有采取温控措施降低 T_p 和 T_r,因为 T_f 值取决于多年平均气温、库水温度和基岩温度,变化不大。

图 5-76　大体积混凝土的温度变化过程线

1.2　温度应力与温度裂缝

温度变形和约束作用是产生温度应力的两个必要条件。由于坝体温度变化所引起的温度变形是经常存在的,而有无温度应力产生的关键是约束作用。混凝土的温度变化必然引起温度变形(体积膨胀或收缩),温度变形一旦受到约束,势必产生温度应力。当产生温度压应力时,由于混凝土抗压强度较高,一般不会损伤结构;当产生温度拉应力时,混凝土结构往往因抗拉强度不足而产生温度裂缝,如图 5-77 所示。

混凝土坝的温度裂缝,按发生部位和约束情况的不同,主要分以下几种类型。

1—贯穿裂缝;2—深层裂缝;3—表面裂缝

图 5-77　混凝土坝温度裂缝

1.2.1　表面裂缝

混凝土坝各部分,由于散热条件不同,温度也不同。坝体内部散热慢、温度高,持续时间长;坝体表层散热快,温度低。这样,就形成了坝体表层和内部的温度差及由此产生的温度变形的差别,互相之间约束(称自身约束)。特别是在寒潮袭击、外部气温骤降时,内外温差更大,相互约束更强。于是,外层混凝土因降温而收缩,就会受到内部尚未收缩的混凝土的约束而产生温度拉应力,当超过混凝土抗拉极限强度时,就会产生表面裂缝。

大体积混凝土内各点温度应力的大小取决于该点温度梯度的大小。在混凝土内处于内外温度平均值的点应力为零,高于平均值的点承受压应力,低于平均值的点承受拉应力。如图 5-78 所示,Ω_T 为浇筑块内温度分布线的包络面积,a 为结构物或浇筑块的厚度,故 Ω_T/a 是平均温度。设一横坐标通过这一平均温度线,则横坐标上下的正负温度应包络的面积彼此相等。沿结构物或块厚方向温度应力 σ 的变化可按下式计算:

$$\sigma = \alpha E_c \left(T_x - \frac{\Omega_T}{a} \right) \tag{5-18}$$

式中　α——混凝土的线膨胀系数,一般取 $1 \times 10^{-5}/℃$;

　　　E_c——混凝土的弹性模量;

　　　a——混凝土浇筑块的厚度;

　　　T_x——横坐标 x 点的温度,℃。

由式(5-18)可知,混凝土的表面所受的约束应力最大,控制浇筑块的内部温升和筑块厚度,可减小温度应力。

表面裂缝的特点是方向不规则,数量较多,但短而浅,缝深多在 1 m 以内,缝宽多在

(a)温度分布　　　　　　　　(b)温度应力分布

1—拉力区;2—压力区

图 5-78　混凝土浇筑自身约束的温度应力

0.5 mm 以下。有的表面裂缝还会随着混凝土内部温度降低而自行闭合。因此,表面裂缝对坝体危害相对较小。若在坝的迎水面出现表面裂缝,将形成渗透的途径,并在渗水压力作用下,裂缝会进一步发展;若在坝的基础部位出现,有可能与其他裂缝相连,发展成为贯穿裂缝。这些对坝的安全运行都是不利的,因此在混凝土坝施工中,必须防止表面裂缝的产生和发展。

　　大量工程实践表明,混凝土坝温度裂缝中大多数为表面裂缝,且大多数是混凝土浇筑初期遇气温骤降等因素引起的,少数表面裂缝是由于中后期年变化气温或水温影响,内外温差过大造成的。表面保护是防止表面裂缝的最有效措施,特别是混凝土浇筑初期,内部温度较高更应注意表面保护。混凝土内外温差的允许范围一般为 20 ~ 25 ℃(基础部位用下限)。由于施工中难于掌握,所以施工单位多用控制坝体最高温度来代替。在施工中,应注意防止在冷风寒潮袭击和低气温下拆模;对新浇混凝土裸露面,当气温骤降时,应用草袋、草帘等保温材料覆盖,或在表面上喷深 6 cm 厚的水泥珍珠岩(水泥浆掺入岩粉拌制),其效果与挂两层草帘相近。

1.2.2　贯穿裂缝和深层裂缝

　　混凝土浇筑初期,温度变化引起温度变形,但接近基础(基岩或老混凝土)部位的混凝土,由于与基础黏结牢固,变形受到基础的约束,称为基础约束。这种约束作用,在混凝土升温膨胀时引起压应力,在降温收缩时引起拉应力。升温期,混凝土有一定的塑性,压应力很低,不致出现裂缝;降温期,拉应力较大,当超过混凝土抗拉极限强度时,就会产生裂缝,称为基础约束裂缝(见图 5-77)。基础约束裂缝的方向大体垂直于基础面,自下而上开展,缝宽可达 1 ~ 3 mm,切割深度可达 3 ~ 5 m 以上。由于它切割深、延伸长,所以又称为深层裂缝。当平行于坝轴线出现时,常贯穿整个坝段,破坏坝的整体性,称为贯穿裂缝。

　　混凝土与基础接近处的温度应力,可由变形相容条件求出。在图 5-79 中,设浇筑块的初始温度呈均匀分布,温度为 T_1,由于基础对塑性混凝土的变形无约束,故无应力发生。由于温升过程时间不长,可将浇筑块温升看作绝热温升,其温升至 T_2,温度发生了 $T_2 - T_1$ 的变化,记为 ΔT,相应的温度应变为 $\varepsilon_T = \alpha \Delta T$。由于升温过程浇筑块尚处于塑性状态,变形自由,故无温度应力发生。事实上,只有降温结硬的混凝土在接近基础面部分才受到刚性基础的双向约束,难以收缩变形,产生拉应力。在极限平衡状态,温度变化引

起的变形 ε_T 为基础的约束应力产生的变形 ε_σ 所抵消,表现为紧贴基础部位无变形发生,

(a)自由收缩变形　　　　(b)基础约束变形　　　　(c)基础约束应力

图 5-79　混凝土浇筑块的温度变形和基础约束应力

根据变形相容条件有

$$\varepsilon_T + \varepsilon_\sigma = 0 \tag{5-19}$$

即

$$\alpha\Delta T + \frac{(1-\mu)\sigma}{E_c} = 0 \tag{5-20}$$

得

$$\sigma = -\frac{E_c\alpha\Delta T}{1-\mu} \tag{5-21}$$

式中　σ——温度应力;

ε_T、ε_σ——浇筑块温升引起的应变和基础约束产生的应变;

μ——混凝土的泊松比,可取为 $0.16 \sim 0.2$。

　　显然,对于筑块混凝土,E、α、μ 均为常量,温度应力的大小只取决于温度变差 ΔT 的大小。混凝土是弹塑性材料,在应力持续作用下,会引起应力松弛(徐变),将抵消部分弹性应力;此外,老混凝土和基岩均非绝对刚体,离基础面越高,约束影响越小。综合以上影响因素,对式(5-21)修正如下:

$$\sigma = -\frac{E_c\Delta TRK_p}{1-\mu} \tag{5-22}$$

式中　K_p——混凝土的松弛系数,通常取 0.5;

R——约束影响系数,离基础面越高,R 越小,其值除和混凝土与基础的弹性模量之
　　　比 E_c/E_r 有关外,也与混凝土筑块高度与其边长比 h/L 有关,取值大小可查
　　　表 5-14。

表 5-14　基础约束影响系数 R

E_g/E_r	h/L		
	0.1	0.2	0.3
2	0.57	0.44	0.42
5	0.37	0.30	0.28

1.3　大体积混凝土温度控制标准

温度控制标准实质上就是将大体积混凝土内的温差所产生的约束应力 σ 控制在混凝土允许抗拉强度内,即

$$\sigma \leqslant \sigma_p / K \tag{5-23}$$

式中　σ_p——混凝土的抗拉极限强度,Pa;

　　　K——安全系数,一般取 1.3~1.8,工程等级高的取大值,等级低的取小值。

在确定大体积混凝土温度控制标准时,须把理论分析同已建工程的经验紧密结合起来。温度控制的理论分析,忽略了不少实际因素,诸如混凝土材料的非均质性、浇筑块各向温度变化的非均质性、骨料的性质和类型、基岩的起伏程度和基岩的吸热作用等。常态混凝土 28 d 龄期的极限拉伸值不低于 0.85×10^{-4},基岩变形模量与混凝土弹性模量相近,短间隙均匀上升时,基础允许温差 ΔT 的控制标准可参考《混凝土重力坝设计规范》(DL 5108—1999),并结合工程实际情况来确定。表 5-15 是基岩与混凝土温差控制标准。

表 5-15　常态混凝土基础允许温差 ΔT 的控制标准　　　　　(单位:℃)

距基面高度 h	浇筑块长边的长度 L(m)				
	<17	17~21	21~30	30~40	40~通仓
0~0.2L	24~26	22~24	10~22	16~19	16~14
0.2L~0.4L	26~28	25~26	22~25	19~22	17~19

此外,当下层混凝土龄期超过 28 d 成为老混凝土时,其上层混凝土浇筑应控制上下层温差,要求不大于 15~20 ℃。要满足以上要求,在施工中一般通过限制上层块体覆盖下层块体的间歇时间来实现。过长的间歇时间是使上下层块体温差超标的重要原因之一。

灌浆温度是温控的又一标准。由于坝体内部的稳定温度随具体部位而异,一般情况并不恰好等于稳定温度。通常在确定灌浆温度时将坝体断面的稳定温度场进行分区,对灌浆温度进行分区处理,各区的灌浆温度取稳定温度的平均值。在严寒地区,经论证,灌浆温度可高于稳定温度一定值。

一般当混凝土的温度场变化小于外部水温或气温变幅的 10%,即可认为温度场基本稳定。坝内温度场由变温场转变为常温场——稳定温度场。

上游坝面以设计水位为边界,按不同的高程分区,取年平均水温作为边界温度;下游坝面以多年平均气温加日照升温值作为边界温度。当坝的边界温度值确定后,可用流网法或电模拟实验绘制稳定温度场。图 5-80 所示分别为国内一座重力坝和一座重力拱坝的稳定温度场。图中实线表示等温线,虚线表示热流线,它表示不同点热传导方向。

在确定灌浆温度时,为了施工方便,常对稳定温度场进行分区简化,分区时既要考虑浇筑分块和纵缝位置,也应考虑工作特征高程,如死水位、底孔高程、正常水位等,如图 5-81 所示。大体上取各区稳定温度的平均值作为分区灌浆温度。

1.4　混凝土的温度控制措施

1.4.1　降低混凝土水化热温升

(1)减少每立方米混凝土的水泥用量。①根据坝体的应力场对坝体进行分区,对于

图 5-80　混凝土坝的稳定温度场

图 5-81　坝体稳定温度的分区

不同分区采用不同强度等级的混凝土;②采用低流态或无坍落度干硬性贫混凝土;③改善骨料级配,优化配合比设计,降低砂率,以减少每立方米水泥用量;④掺用混合材料,如粉煤灰等,掺和料用量可达水泥用量的 25% ~40%;⑤采用高效减水剂。高效减水剂不仅能节约水泥用量约 20%,使 28 d 龄期混凝土的发热量减少 25% ~30%,且能提高混凝土早期强度和极限拉伸值。

（2）采用低发热量的水泥。在满足混凝土各项设计指标的前提下,应采用水化热低的水泥,多用中热水泥和低热硅酸盐水泥,但低热硅酸盐水泥因早期强度低,成本高,已逐步被淘汰。近年已开始生产低热微膨胀水泥,它不仅水化热低,且有微膨胀作用,对降温收缩还可以起到补偿作用,减小收缩引起的拉应力,有利于防止裂缝的发生。

1.4.2　降低混凝土的入仓温度

要降低混凝土的最大温升,必须降低混凝土的入仓温度。混凝土的入仓温度 T_p 可按下式计算:

$$T_p = T_b + \Delta t \tag{5-24}$$

$$T_b = \frac{\sum C_i G_i T_i}{\sum C_i G_i} \tag{5-25}$$

式中　　T_p——混凝土的入仓温度,℃;

　　　　Δt——混凝土自拌和机到入仓温度变化值,℃,当拌和温度与气温相近时,温度回升,Δt 取正值,当气温低于拌和温度,有热量损失,Δt 取负值,Δt 绝对值的大小主要取决于混凝土拌和温度与气温的差值以及盛料容器的隔热措施、运输时间和转运次数,其值一般为拌和温度与气温差绝对值的15%~40%;

　　T_b——混凝土的出机口温度,℃;

　　i——混凝土组成材料的编号;

　　C_i——混凝土中材料i的比热,kJ/(kg·℃),水和水泥的比热分别为4和0.8,骨料的比热一般为0.8~0.96;

　　G_i——每立方米混凝土中材料i的用量,kg/m³;

　　T_i——拌和混凝土时材料i的温度,℃,水温可用当地月平均水温,水泥温度可取30~60℃,骨料温度通常接近月平均气温,若使用前数周内受阳光照射,其温度一般比月平均气温高3~5℃。

　　(1)合理安排浇筑时间。在施工组织上安排春、秋多浇,夏季早晚浇而中午不浇,这是最经济、最有效降低入仓温度的措施。

　　(2)加冰或加冷水拌和混凝土。混凝土拌和时,将部分拌和水改为冰屑,利用冰的低温和冰溶解时吸收潜热的作用。实践证明,混凝土拌和水温降低1℃,可使混凝土出机口温度降低0.2℃左右,一般可将混凝土温度降低20℃。规范规定加冰量不大于拌和水量的80%。加冰拌和,冰与拌和材料直接作用,冷量利用率高,降温效果显著。但加冰后,混凝土拌和时间要适当延长,相应会影响生产力。若采用冰水拌和或地下低温水拌和,则可避免这一弊端。

　　(3)降低骨料温度。①成品料仓骨料堆料高度不宜低于6 m,并应有足够的储备;②搭盖凉棚,用喷雾机降温(砂子除外),水温降低2~5℃,可使骨料温度降低2~3℃;③通过地弄取料,防止骨料运输过程中温度回升,运输设备应有防晒隔热设施;④水冷,使粗骨料浸入循环冷却水中30~45 min,或在通入拌和楼料仓的皮带机廊道、地弄或隧洞中装设喷洒冷却水的水管(喷洒冷却水皮带段的长度由降温要求和皮带机运行速度而定);⑤风冷,在拌和楼料仓下部通入冷气,冷风经粗料的空隙,由风管返回制冷厂再冷,细骨料砂难以采用冰冷,若用风冷,又由于砂的空隙小,效果不显著,应采用专门的风冷装置吹冷;⑥真空气化冷却,利用真空气化吸热原理,将放入密闭容器的骨料,保持真空状态约0.5 h,使骨料降温冷却。

1.4.3　加速混凝土散热

　　(1)自然散热冷却降温。采用薄层浇筑,适当延长散热时间。基础混凝土和老混凝土约束部位浇筑层厚以1~2 m为宜,上下层浇筑间歇时间宜为5~10 d。在高温季节有预冷措施时,应采用厚块浇筑,缩短间歇时间,防止外界温度过高而热量倒流,以保持预冷效果。

　　(2)在混凝土内预埋水管通水冷却(人工强迫散热)。在混凝土内预埋蛇形水管,通循环冷水进行降温冷却。在国内以往的工程中,多采用直径约为2.54 cm的黑铁管进行冷却,该水管施工经验多,施工方法成熟,水管导热性能好,但水管需要在附属加工厂进行制作,制作安装不方便,且费时较多。此外,接头渗漏或堵管时有发生,材料及制安费用也较高,目前应用较多的是塑料水管。塑料软管充气埋入混凝土内,待混凝土初凝后再放气拔出,清洗后以备重复利用。冷却水管布置,平面上呈蛇形,断面呈梅花形,如图5-82所示,也可布置成棋盘形,蛇形管弯头由硬质材料制作,当塑料软管放气拔出后,弯头仍留在混凝土内。

(a)蛇形水管平面布置 (b)冷却水管分层排列

(c)塑料拔管平面布置

1—模板;2—每一根冷却水管冷却的范围;3—冷却水管;4—钢弯管;5—钢管($l=20\sim30$ cm);6—胶皮管

图5-82 冷却水管布置图 （单位:m）

一期通水冷却目的在于削减温升高峰,减少贯穿裂缝发生。一期通水冷却通常在混凝土浇后几小时便开始,持续时间一般为 $15\sim20$ d,混凝土温度与水温差不宜超过25 ℃。通水流速以 0.6 m/s 为宜,水流方向应每24 h调换一次,每天降温不宜超过1 ℃,达到预定降温值方可停止。

二期通水冷却的作用是使坝体温度从最高温度降低到接近稳定温度,以便进行纵缝灌浆。二期通水冷却时间一般为2个月左右,通水水温与混凝土温度差不超过20 ℃,日降温不超过1 ℃。通常应保证至少有 $10\sim15$ ℃的温度降,使接缝张开度有0.5 mm,以满足接缝灌浆对灌缝宽度的要求。冷却用水尽量利用低温地下水和库内低温水,只有当采用天然水不符合要求时,才辅以人工冷却水。通水冷却应自下而上分区进行,通水方向每24 h调换一次,以使坝体均匀降温。通水的进出口一般设于廊道内、坝面上、宽缝坝的宽缝中或空腹坝的空腹中。

2 混凝土坝的分缝与分块

为控制坝体施工期温度应力并适应施工机械设备的浇筑能力,需要用垂直于坝轴线的横缝和平行于坝轴线的纵缝及水平缝,将坝体划分为许多浇筑块进行浇筑。浇筑块的划分还应考虑结构受力特征、土建施工和设备埋件安装的方便。混凝土坝的施工方式有四种,如图5-83所示。

2.1 纵缝分块法

纵缝为平行坝轴线、带键槽的竖直缝,将坝段分成独立的柱状体,再用水平缝将其分成浇筑块。这种分块方法又称为柱状分块,目前我国应用最为普遍。

设纵缝的目的在于给温度变形以活动的余地,以避免产生基础约束裂缝。其间距一般为 $20\sim40$ m,太小则会使接缝张开宽度达不到0.5 mm以上要求。纵缝分块优点是:温

(a)纵缝分块法　　(b)斜缝分块法　　(c)错缝分块法　　(d)通仓浇筑法

1—纵缝;2—斜缝;3—错缝;4—水平缝

图 5-83　混凝土浇筑分缝分块的基本形式

控较有把握,混凝土浇筑工艺相对简单,各柱状体可分别上升,相互干扰小,施工安排灵活。缺点是:纵缝将仓面分得较狭窄,使模板工作量增加,不便于大型机械化施工;为了恢复坝的整体性,纵缝需接缝灌浆处理,坝体蓄水兴利受到接缝灌浆的限制。

为增加其抗剪能力,在纵缝面设置键槽。键槽常为直角三角形,其短边、长边应分别与坝的第一、第二主应力正交,使键槽面承压而不承剪。键槽布置如图5-84所示。

Ⅰ、Ⅱ—纵缝编号;1—第一主应力轨迹线

图 5-84　坝体主应力与键槽布置

2.2　斜缝分块法

斜缝为大致沿坝体两组主应力之一的轨迹面设置的伸缩缝,一般往上游倾斜,其缝面与坝体第一主应力方向大体一致,从而使缝面上剪应力基本消除。因此,斜缝面只需设置梯形键槽、加插筋和凿毛处理,不必进行斜缝灌浆。为了坝体防渗需要,斜缝的上端在迎水面一定距离处终止,并在终点顶部加设并缝钢筋或并缝廊道。

从施工方面考虑,选择斜缝原因有两个:一是坝内埋设有引水钢管,斜缝与钢管斜段平行,便于其安装;二是为了拦洪,采用斜缝分块可以及时形成临时挡水断面。斜缝的缺点是:只有先浇筑上游正坡坝段,才能浇筑倒坡坝块,施工干扰大,选择仓位的灵活性小;斜缝前后浇筑块高差和温差须严格控制,否则会产生很大的温度应力。由于斜缝面可以不灌浆,所以坝体建成后即可蓄水受益,节约工程投资。

2.3　错缝分块法

分块时将块间纵缝错开,互不贯通,错距等于层厚的 1/3 ~ 1/2,故坝整体性好,也不需要进行纵缝灌浆。但错缝高差要求严格,由于浇筑块相互搭接,其次序需按一定规律安排,施工干扰大,施工进度慢,同时在纵缝上下端因应力集中容易开裂。

2.4　通仓浇筑法

坝段不设纵缝,逐层往上浇筑,不存在接缝灌浆问题。由于浇筑仓面大,可节省大量模板,便于机械化施工,有利于加快施工进度,提高坝的整体性。但是,大面积浇筑,受基础和老混凝土的约束力强,容易产生温度裂缝。为此,温度控制要求很严格,除采用薄层浇筑,充分利用自然散热外,还必须采取多种预冷措施,允许温差控制在 15～18 ℃。

　　上述四种分块方法,以纵缝法最为普遍。中低坝可采用错缝法或不灌浆的斜缝。如采用通仓浇筑,应有专门论证和全面的温控设计。

3　坝体接缝灌浆

　　混凝土坝的断面尺寸一般都较大,实际施工时常分缝分块进行浇筑。重力坝横缝一般为永久温度沉陷缝;纵缝、拱坝和重力坝横缝都属于临时施工缝,需要进行接缝灌浆。蓄水前应完成初期低库水位以下各灌区的接缝灌浆及其验收工作。蓄水后,各灌区的接缝灌浆应在库水位低于灌区底部高程时进行。

3.1　接缝灌浆的基本条件

　　(1)灌区两侧混凝土温度必须达到设计规定的接缝灌浆温度。

　　(2)除结构上不具备条件外,灌区上部应有 9 m 厚的混凝土压重,且其温度也应达到设计规定的接缝灌浆温度。

　　(3)灌区两侧坝块混凝土龄期应大于 6 个月,对少数特殊灌区混凝土龄期小于 6 个月,应采取补偿混凝土变形等措施,但混凝土龄期不得小于 4 个月。

　　(4)接缝张开度要大于 0.5 mm。小于 0.5 mm 的缝,应作细缝处理,可采用湿磨细水泥灌浆或化学灌浆;灌浆管道系统和缝面畅通,灌区止浆封闭完好。

　　(5)灌浆一般安排在 12 月至次年 3 月低温季节进行。

　　接缝灌浆时,坝体内部温度应降到稳定温度,灌浆时间最好选择在低温季节和上游水位较低时进行,以避免接缝宽度缩小。

3.2　接缝灌浆系统

　　混凝土坝的接缝灌浆,需要在缝面上预埋灌浆系统。根据缝的面积大小,将缝面从上而下划分为若干灌浆区。每一灌浆区高 9～12 m,面积 200～300 m²,四周用止浆片封闭,自成一套灌浆系统。每个灌区由循环管路、止浆片、键槽、出浆盒及排污槽组成。灌浆时利用预埋在坝体内的进浆管、回浆管、支管及出浆管送水泥浆,迫使缝中空气(包括缝面上的部分水泥浆)从排气槽、排气管排出,直至缝面灌满设计稠度的水泥浆。图 5-85 为接缝灌浆布置图。

1—拌浆筒;2—灌浆机;3—进浆管;4—回浆管;5—阀门;6—压力表;

7—止浆片;8—排气槽;9—排气管;10—支管;11—出浆盒

图 5-85　接缝灌浆布置示意图

(1)止浆片。沿每一个灌区四周埋设,其作用是阻止水与浆液的外溢。止水片过去多采用1.2 mm的镀锌铁片,这类材料易于锈蚀,或因形状不好而与混凝土结合不良,常引起止浆片失效。近年来,广泛采用塑料止水带,其宽度以250～300 mm为宜。

垂直及水平止浆片距坝块表面的距离应不小于30 cm,如止浆片距坝面的距离过小,混凝土不易振捣密实,容易出现架空或漏振,影响止浆效果。

(2)灌浆管路。目前国内的灌浆系统有两种形式。

一种是传统钢管盒式灌浆管路系统(即埋管式),由进浆管、回浆管、支管、出浆盒、排污槽等组成。支管间距2 m,支管上每隔2～3 m有一孔洞,其上安装出浆盒。出浆盒由喇叭形出浆孔(采用木制圆锥或铁皮制成)与盒盖(采用预制砂浆盖板或铁皮制成)组成,分别位于缝面两侧浇筑块中,如图5-86所示。在进行后浇块施工时,盒盖要盖紧出浆孔,并在孔边钉上铁钉,以防止浇筑时堵塞。待以后接缝张开,盒盖也相应的张开以保证出浆。

(a)先浇块浇筑时　　　(b)后浇块浇筑时

1—升浆管;2—出浆口;3—预制砂浆盒盖;
4—喇叭形出浆机;5—模板;6—铁钉

图5-86　出浆盒的构造与安装

另一种是20世纪70年代革新成功的骑缝式拔管灌浆管路系统。其进浆支管和排气管,均由充气塑料拔管组成。由于管孔骑于接缝上,因而管孔与接缝直接连通,浆液通过管孔向接缝全线注浆。进、回浆干管装置在外部,通过插管与管孔连接。其布置如图5-87所示。预埋件是随坝块的浇筑先后分两次埋设。先浇块的预埋件有止浆片、垂直与水平的半圆木条、圆钉及长脚马钉。先浇块拆模后,再拆除半圆木条,这样就在先浇块的表面上,形成了水平与垂直向的预留半圆槽孔壁。后浇块的预埋件有连通管、接头、充气塑料拔管及短管等。当后浇块浇筑一定时间之后(夏季埋管后24 h,冬季埋管后24～72 h),拔出放气的塑料拔管,即形成骑缝造孔,并有进、回相通的接缝灌浆系统。

二者比较,骑缝式拔管灌浆管路系统具有结构简单、省工省料、出浆顺畅、进回浆压力小等优点。乌江渡工程就是采用的骑缝式拔管灌浆管路系统。

(3)键槽。为保持坝体的整体稳定性,灌浆缝面需设置键槽。键槽分纵缝键槽、横缝键槽两种。键槽一般设计成不等边三角形,其短边及长边尽量垂直于第一主应力及第二主应力,使斜面上的剪应力等于或接近于零。当先浇块在上游时,键槽的短边应在上,长边在下,先浇块在下游时,则短边在下,长边在上。对于拱坝及重力拱坝,从传递应力有利于施工及接缝灌浆考虑,一般采用三角形键槽,横缝采用梯形键槽。对中低高度的坝,横

1—止浆片;2—排气孔;3—孔口插管;4—骑缝孔;
5—升浆连通管;6—进、回浆干管;7—横缝面

图 5-87　骑缝式拔管灌浆管路系统布置简图

缝设置水平梯形键槽。

(4)出浆盒(钢管盒式灌浆系统)。位于键槽上的出浆盒是灌浆时浆液从灌浆管道进入缝面的通道,为了使浆液在进入缝面时易于扩散,出浆盒一般设计成圆锥形。施工时先浇块上预埋截头圆锥形铁(木)模,大头紧贴键槽模板,小头通过短管或直接与支管相接,先浇块拆模时,将铁(木)模取出,在后浇块上升前,盖上预制混凝土或金属盖板,并在周围涂抹水泥砂浆,形成缝面出浆盒。

出浆盒应放在键槽易拉开的一面,如放在三角形键槽的上部斜面及键槽的凹直面。每个出浆盒担负灌浆面积以 5 m^2 为宜,应呈梅花形布置,灌浆底部一排出浆盒,可适当加密为 1.5 m。

(5)排气槽和排气管。排气槽断面为三角形,水平设于每一灌浆区的顶端,并通过排气管与廊道相通。其作用是:在灌浆过程中,排出空气、部分缝面浆液,判断接缝灌浆情况;从排气管倒灌水泥浆,保证接缝灌浆质量。

3.3　接缝灌浆施工

3.3.1　接缝灌浆的次序

(1)同一接缝的灌区,应自基础灌区开始,逐层向上灌注。上层灌区的灌浆,应待下层和下层相邻灌区灌好后才能进行。

(2)为了避免各坝块沿一个方向灌注形成累加变形,影响后灌接缝的张开度,横缝灌浆应自河床中部向两岸进展,或自两岸向河床中部进展。纵缝灌浆宜自下游向上游推进。主要是考虑到接缝灌浆的附加应力与坝体蓄水后的应力叠加,不致造成下游坝趾出现较大的压应力,同时还可抵消一部分上游坝踵在蓄水后的拉应力。但有时也可先灌上游纵缝,然后自上游向下游顺次灌注,预先改善上游坝踵应力状态。

(3)当条件可能时,同一坝段、同一高程的纵缝,或相邻坝段同一高程的横缝最好同时进行灌注。此外,对已查明张开度较小的接缝,最好先行灌注。

(4)在同一坝段或同一坝块中,如同时有接触灌浆、纵缝及横缝灌浆,应先进行接触

灌浆。其好处可以提高坝块的稳定性,对于陡峭岩坡的接触灌浆,则宜安排在相邻纵缝或横缝灌浆后进行,以利于提高接触灌浆时坝块的稳定性。

(5)纵缝及横缝灌浆的先后顺序。一般是先灌横缝,后灌纵缝。但也有的工程考虑到坝块的侧向稳定,先灌纵缝,后灌横缝。

(6)同一接缝的上、下层灌区的间歇时间,不应少于 14 d,并要求下层灌浆后的水泥结石具有 70% 的强度,才能进行上层灌区的灌浆。同一高程的相邻纵缝或横缝的间歇时间不应少于 7 d。同一坝块同一高程的纵、横缝间歇时间,如果属于水平键槽的纵直缝先灌浆,须待 14 d 后方可灌注横缝。

(7)在靠近基础的接触灌区,如基础有中高压帷幕灌浆,接缝灌浆最好是在帷幕灌浆之前进行。此外,当接触灌区两侧的坝块存在架空、冷缝或裂缝等缺陷时,应先处理缺陷,然后进行接触灌浆。

3.3.2　接缝灌浆的程序、方法和步骤

接缝灌浆的整个施工程序是:缝面冲洗、压水检查、灌浆区事故处理、灌浆、进浆结束。其中初始浆液(水灰比 3:1 或 2:1)开灌,经中级浆液(水灰比 1:1)变换为最终浆液(水灰比 0.6:1 或 0.5:1),直到进浆结束。

初始浆液稠度较稀,主要是润湿管路及缝面,并排出缝中大部分空气;中级浆液主要起过渡作用,但也可以填充较细裂缝;最终浆液用来最后填充接缝,保证设计要求的质量。在灌浆的过程中,各级浆液的变换可由排气管口控制。开灌时,最先灌入初始浆液,当排气管出浆后,即可改为中级浆液;当排气管口出浆稠度与注入浆液稠度接近时,即可改换为最终浆液。排气管间断放浆是为了变换浆液的需要,即排出空气和稀浆,并保证缝面畅通。在此阶段,还应适当采取沉淀措施,即暂时关闭进浆阀门,停止向缝内进浆 5 ~ 30 min,使缝内浆液变浓,并消除可能形成的气泡。

灌浆转入结束阶段的标准是:排气管出浆稠度达到最终浆液稠度;排气管口压力或缝面张开度达到设计规定值;注入率不大于 0.4 L/min,持续灌浆 20 min 后结束。

接缝灌浆的压力必须慎重选择,过小不易保证灌浆质量,过大可能影响坝的安全。一般采用的控制标准是:进浆管压力 350 ~ 450 kPa,回浆管压力 200 ~ 250 kPa。

任务 7　混凝土坝的施工质量控制

1　施工质量控制内容

混凝土坝的施工质量控制应从原材料的质量控制入手,直至混凝土的拌和、运输、入仓、平仓、振捣、养护等各个环节,混凝土坝作为大体积混凝土工程尚有温度控制和一期、二期冷却等问题。仅就混凝土的质量控制而言,不仅要在出机口取样,也应在仓内取样,测试其质量指标,按试件强度的离差系数或标准差进行控制。

2　施工质量检测方法

混凝土浇筑结束后,还需进一步取样检查,如不符要求,应及时采取补救措施。常用

的检查和监测的方法有物理监测、钻孔压水、大块取样和原型观测。

（1）物理监测。

物理监测就是采用超声波、γ射线、红外线等仪表监测裂缝、空洞和弹性模量。

（2）钻孔压水。

钻孔压水是一种极为普遍的检查方法。通常用地质钻机取样，进行抗压、抗拉、抗剪、抗渗等各种试验。压水试验单位吸水率应小于 0.01 L/（min·m·m）。

（3）大块取样。

大块取样可采用 1 m 以上的大直径钻机取样，同时，人可直接下井（孔）进行观察，也可在廊道内打排孔，使孔与孔相连，成片取出大尺寸的试样进行试验。

（4）原型观测。

原型观测一般在混凝土浇筑中埋设电阻温度计监测运行期混凝土内的温度变化，埋设测缝计监测裂缝的开合，埋设渗压计监测坝基扬压力和坝体渗透压力的大小，埋设应力应变计监测坝体应力应变情况，埋设钢筋计监测结构内部钢筋的工作情况，同时进行位移、沉降等外部观测。

在整个建筑物施工完毕交付使用前，还须进行竣工测量，所得资料作为与设计对比，运行期备查的重要竣工文件。

3　质量问题处理

对在质检过程中发现的质量问题应及时进行处理。对坝内裂缝、空洞可采用水泥灌浆，对细微裂缝可用化学灌浆，对表面裂缝可用水泥砂浆或环氧砂浆涂抹处理。对质量十分低劣又不便灌浆补强处理的，一般需要整块炸掉重新浇筑。

任务8　混凝土冬、夏季施工

1　混凝土冬季施工

有关规范规定：寒冷地区 5 ℃以下或最低气温在 −3 ℃以下时，混凝土施工必须采取冬季施工措施，要求混凝土强度达到设计要求的 50% 以前不遭受冻结。由于受工期制约，许多工程的混凝土在冬季施工是不可避免的。因此，必须采取相应的冬季施工措施，以保证混凝土质量。

1.1　混凝土冬季施工的原理

水泥水化作用的速度除与混凝土本身组成材料和配合比有关外，还随着温度的高低而变化。当温度降低到 0 ℃时，存在于混凝土中的水有一部分开始结冰，逐渐由液相（水）变为固相（冰）。因此，水化作用减慢，强度增长相应较慢。温度继续下降，水泥水化作用基本停止，强度不再增长。水变成冰后，体积增大，同时产生较大的冰胀应力。其冰胀应力值常常大于水泥石内部形成的初期强度值，使混凝土受到不同程度的破坏，还会在骨料和钢筋表面上产生颗粒较大的冰凌，减弱水泥浆与骨料和钢筋的黏结力，从而影响混凝土的强度。当冰凌融化后，又会在混凝土内部形成各种各样的空隙，而降低混凝土的密实性及耐久性。

由此可见,在冬季混凝土施工中,对于预先养护期长,获得初期强度较高的混凝土受冻后,后期强度几乎没有损失。而对于预先养护期短,获得初期强度比较低的混凝土受冻后,后期强度都有不同程度的损失。

混凝土冻结前,使其在正常温度下有一段预先养护期,以加速水泥的水化作用。使混凝土获得不遭受冻害的最低预养强度值,称为混凝土受冻的临界强度。为与国际衡量标准一致,更能反映混凝土的实际强度,以及测定养护温度和时间也比较方便,现行规范规定以1 800 ℃·h的成熟度为标准。所谓成熟度,是指混凝土养护温度与养护时间的乘积。对普通硅酸盐水泥混凝土的强度可以达到设计强度等级的40%以上,与原规范临界强度值较接近。

1.2 混凝土冬季施工措施

1.2.1 调整配合比法

调整配合比法主要适用于在0 ℃左右的混凝土施工。选择适当品种的水泥,应使用硅酸盐水泥(R型)或快硬水泥,该品种水泥水化热较大,且在早期强度较高,效果较明显。尽量降低水灰比,水灰比不大于0.60,一般水泥用量300 kg/m³,从而增加了水化热,提高了混凝土的早期强度。

1.2.2 蓄热法

蓄热法主要用于室外日平均气温-10 ℃以上、结构比较厚大的结构。对原材料(水、砂、石)进行加热,使混凝土在搅拌、运输和浇筑以后,还储备有相当的热量,并加强保温,以保证在温度降到0 ℃以前使新浇混凝土具有足够的抗冻能力。此法施工简单、经济,但要注意保温,避免角部与外露表面受冻。

当气温在3~5 ℃以下时,可用加热水拌和,水温不宜超过60 ℃,否则易产生假凝。砂子加热的温度不宜超过60 ℃,石子不能超过40 ℃。水泥不能直接加热,宜在使用前存放在暖棚内,升温不宜过高。具体可通过热工计算。

1.2.3 外部加热法

外部加热法主要用于小范围、结构不大、要求较高的特殊结构。常采用搭设暖棚火炉加热、蒸气加热、电加热、红外线对混凝土进行密封辐射加热等。此类方法可使混凝土获得较高的温度,但设备复杂,能耗多,热效率低,费用高。

1.2.4 掺外加剂法

在-10 ℃以上的气温中,对混凝土拌和物掺加一种能降低水的冰点的化学剂,使混凝土在负温下仍处于液相状态,水化作用能继续进行,从而使混凝土强度继续增长。目前常用有氯化钙、氯化钠、硫酸钠、木质素磺酸钙等。使用氯盐类早强剂必须慎重,以免钢筋与混凝土受到侵害,注意适当添加阻锈剂。

在保持混凝土配合比不变的情况下,加入引气剂后生成的气泡,相应增加了水泥浆的体积,提高拌和物的流动性,改善其黏聚性及保水性,缓冲混凝土内水结冰所产生的冰压力,提高混凝土的抗冻性。

总之,混凝土冬季作业应做好施工组织上的合理安排,创造混凝土强度快速增长的条件;合理选择水泥品种、外加剂;延长混凝土的拌和时间;减少拌和、运输、浇筑中的热量损失;预热拌和材料;采取保温、蓄热和加热养护措施。

2　混凝土夏季施工

在混凝土凝结过程中,水泥水化速度与环境温度成正比。夏季气温较高,气温超过30 ℃,若不采取冷却降温措施,便会对混凝土质量产生不良影响。若气温骤降或水分蒸发过快,易引起表面裂缝,浇筑块体冷却收缩时因基础约束会引起贯穿裂缝,影响坝体的整体性和防渗性能。所以,相关规范规定:当气温超过30 ℃时,混凝土生产、运输、浇筑等各个环节应采取夏季施工措施。采取一系列的预冷降温、散热以及充分利用低温时段浇筑等措施实施温度控制。

任务9　预应力混凝土施工

普通钢筋混凝土构件在荷载作用下,受拉区的混凝土较容易开裂。此时,受拉钢筋的应力只达到30 MPa。对于允许出现裂缝的构件,当裂缝宽度限制在0.2~0.3 mm时,受拉钢筋的应力也只达到200 MPa左右,钢筋的作用没有得到充分发挥。为了提高构件的的抗裂性,并使高强度钢材能充分发挥作用,在结构或构件承受荷载以前,在受拉区域通过对高强度钢筋进行张拉后将钢筋的回弹力施加给混凝土,使混凝土受到一个预压应力。当该构件在荷载作用下产生拉应力时,受拉区混凝土的拉伸变形首先与压缩变形抵消,随着荷载的不断增加,受拉区混凝土才逐渐受拉,从而提高了构件的抗裂度和刚度。

预应力混凝土构件与钢筋混凝土构件相比,具有截面小、自重轻、节约钢材(节约钢材20%~40%)、刚度大、抗裂性高和耐久性好等优点,可有效地利用高强度钢筋和高强度等级的混凝土。但预应力混凝土施工工序多,需要专门的机械设备,工艺比较复杂,操作要求较高。

为了使预应力混凝土结构中的钢筋与混凝土共同工作、共同受力,提高两者的黏结力,增加锚固能力,预应力混凝土的强度等级不宜低于C30,当采用碳素钢丝、钢绞线、热处理钢筋作预应力钢筋时,混凝土强度等级不小于C40。

预应力混凝土预加应力的方法有先张法和后张法(包括无黏结后张法)两种。

1　先张法

1.1　先张法施工工艺

先张法是在浇筑混凝土前张拉预应力筋,并将张拉的预应力筋临时固定在台座上(或钢模上),然后浇筑混凝土,待混凝土强度达到设计强度的75%以上,预应力筋与混凝土之间具有足够的黏结力之后,在端部放松预应力筋,使混凝土产生预压应力,如图5-88所示。

先张法是将构件固定在台座上生产,预应力筋的张拉力由台座承受。预应力筋的张拉、锚固与混凝土的浇筑、养护和预应力筋的放张等均在台座上进行。这种方法不需要复杂的机械设备,既可露天生产、自然养护,也可采用湿热养护,适用于中小型预应力混凝土构件的生产。

1—台座；2—预应力筋；3—夹具；4—构件

图 5-88　先张法施工顺序

1.2　张拉设备和机具

1.2.1　台座

台座是先张法生产中的主要设备，承受预应力筋的张拉力。台座应有足够的强度和刚度，以免台座变形、倾覆、滑移而引起预应力值的损失。台座按结构形式分为墩式和槽式两种。其选择应根据构件种类、张拉力大小和施工条件确定。

（1）墩式台座。它有重力式和构架式两种，如图 5-89 所示。重力式台座主要靠自重来平衡张拉力所产生的倾覆力矩，构架式台座主要靠土压力来平衡张拉力所产生的倾覆力矩。

(a)重力式台座　　　　　　　(b)构架式台座

图 5-89　墩式台座

（2）槽式台座。浇筑中小型吊车梁时，由于张拉力和倾覆力矩都很大，一般多采用槽式台座，如图 5-90 所示，它由钢筋混凝土立柱、上下横梁和台面组成。为便于拆卸迁移，台座应设计成装配式。此外，在施工现场也可利用条石或已预制好的柱、桩和基础梁等构件，装配成简易式台座。

1.2.2　夹具

根据夹具的工作特点分为张拉夹具和锚固夹具。

（1）张拉夹具。张拉夹具是将预应力筋与张拉机械连接起来，进行预应力张拉的工具。常用的张拉夹具有两种：偏心式夹具和楔形夹具。偏心式夹具由一对带齿的月牙形偏心块组成，如图 5-91 所示；楔形夹具由锚板和楔块组成，如图 5-92 所示。

（2）锚固夹具。锚固夹具是将预应力筋临时固定在台座横梁上的工具。常用的锚固

1—传力柱;2—砖墙;3—下横梁;4—上横梁

图 5-90　槽式台座

图 5-91　偏心式夹具

1—钢丝;2—锚板;3—楔块

图 5-92　楔形夹具

夹具有锥形夹具、圆套筒、三片式夹具、方套筒两片式夹具、镦头夹具 5 种。

锥形夹具是用来锚固预应力钢丝的,由中间开有圆锥形孔的套筒和刻有细齿的锥形齿板或锥销组成,分别称为圆锥齿板式夹具和圆锥三槽式夹具,见图 5-93 和图 5-94。

(a)装配图　　　　　　　　　(b)工形齿板

图 5-93　圆锥齿板式夹具 （单位:mm）

圆锥齿板式夹具的套筒和齿板均用 45 号钢制作。套筒不需作热处理,齿板热处理后的硬度应达到 HRC40 ~ 50。

圆锥三槽式夹具锥销上有三条半圆槽,依锥销上半圆槽的大小,可分别锚固一根 $\phi^b 3$、$\phi^b 4$ 或 $\phi^b 5$ 钢丝。套筒和锥销均用 45 号钢制作,套筒不作热处理,锥销热处理后的硬度应达到 HRC40 ~ 45。

锥形夹具工作时依靠预应力钢丝的拉力就能够锚固住钢丝。锚固夹具本身牢固可靠地锚固住预应力筋的能力,称为自锚。

镦头夹具是用来锚固预应力钢丝或钢筋的固定端的夹具。冷拔低碳钢丝可采用冷镦

图 5-94 圆锥三槽式夹具 （单位:mm）

或热镦方法制作镦头；碳素钢丝只能采用冷镦方法制作镦头；直径小于 22 mm 的钢筋可在对焊机上采用热镦方法制作镦头；大直径的钢筋只能采用热锻方法锻制镦头。镦头夹具如图 5-95 所示。

图 5-95 单根镦头夹具 （单位:mm）

1.2.3 张拉机械

先张法施工中预应力钢筋可单根张拉或多根成组张拉。常用的张拉机械如下：

(1)电动螺杆张拉机。电动螺杆张拉机由张拉螺杆、变速箱、拉力架、承力架和张拉夹具组成。电动螺杆张拉机可以张拉预应力钢筋也可以张拉预应力钢丝，如图 5-96 所示。

(2)YC－200 型穿心式千斤顶。张拉直径 12～20 mm 的单根预应力钢筋，可采用 YC－200 型穿心式千斤顶，如图 5-97 所示，由偏心式夹具、油缸和弹性顶压头组成。

2 后张法

后张法是先制作构件，并在构件体内按预应力钢筋的位置留出相应的孔道；待构件的混凝土强度达到规定的强度（一般不低于设计强度的 75% ）后，在预留孔道中穿入预应力钢筋（或钢丝）进行张拉，并利用锚具把张拉后的预应力筋锚固在构件的端部，依靠构件端部的锚具将预应力筋的预张拉力传给混凝土，使其产生预压应力；最后在孔道中灌入水

1—电动机；2—皮带传动；3—齿轮；4—齿轮螺母；5—螺杆；6—顶杆；

7—台座横梁；8—钢丝；9—锚固夹具；10—张拉夹具；11—弹簧测力器；12—滑动架

图 5-96　电动螺杆张拉机

(a)张拉过程

(b)临时锚固，回油过程

1—钢筋；2—台座；3—圆套筒三片式夹具；

4—弹性顶压头；5、6—油嘴；7—偏心式夹具；8—弹簧

图 5-97　YC–200 型穿心式千斤顶工作示意图

泥浆,使预应力筋与混凝土构件形成整体。图 5-98 为预应力混凝土构件采用后张法生产示意图。

采用后张法施工时,预应力筋的张拉是在构件端部直接进行的,不需要专门的台座,故可在现场进行。它可以现场生产大型构件(薄腹梁、吊车梁、屋架),也可以作为预制构件的拼装手段。采用后张法生产时,因为留设在构件上的锚具不能重复使用,故耗钢量大;由于孔道留设、穿筋、灌浆及锚具部分预压应力局部集中处需加配筋等,使端部断面构造和施工操作都比先张法复杂。后张法的生产工艺流程如图 5-99 所示。

2.1　锚具、预应力筋和张拉设备

在后张法施工中的锚具、预应力筋和张拉设备是相互配套的。现在常用的预应力筋有单根粗钢筋、钢绞线束(钢筋束)和钢丝束三类。它们的加工方法与钢筋的直径、锚具的形式、张拉设备和张拉工艺有关,其中锚固预应力筋的锚具必须具有可靠的锚固能力,并且不能超过预期的滑移值。

2.1.1　用单根钢筋作预应力筋

(1)锚具。用单根粗钢筋作预应力筋时,张拉端通常采用螺丝端杆锚具,固定端采用

(a)制作混凝土构件

(b)张拉钢筋

(c)锚固和孔道灌浆

1—混凝土构件;2—预留孔道;3—预应力筋;4—千斤顶;5—锚具

图 5-98　预应力混凝土后张法生产示意图

图 5-99　后张法生产工艺流程示意图

帮条锚具。

　　螺丝端杆锚具是由螺丝端杆、螺母、垫板组成的,如图 5-100 所示。螺丝端杆与预应力钢筋的焊接,应在预应力筋冷拉以前进行。冷拉时螺母的位置应在螺丝端杆的端部,经冷拉后螺丝端杆不得发生塑性变形。

帮条锚具是由衬板与三根帮条焊接而成的,如图 5-101 所示。这种锚具可作为冷拉Ⅱ级与Ⅲ级钢筋的固定端锚具用。帮条固定时,三根帮条与衬板相接触部分的截面应在同一垂直面上,以免受力时产生扭曲。

1—钢筋;2—螺丝端杆;3—螺母;4—焊接接头;5—垫板　　　　　1—衬板;2—帮条;3—主筋

图 5-100　螺丝端杆锚具　　　　　　　　　　　　　　图 5-101　帮条锚具

(2)张拉设备。YL-60 型拉杆式千斤顶常用于张拉带有螺丝端杆锚具的预应力钢筋。它由主缸、副缸、主副缸活塞、连接器、传力架、拉杆等组成,如图 5-102 所示。这种千斤顶张拉吨位为 600 kN,张拉行程为 150 mm。YC-60 型和 YC-18 型穿心式千斤顶改装后可用于张拉带有螺丝端杆锚具的单根粗钢筋预应力筋。

1—主缸;2—主缸活塞;3—主缸进油孔;4—副缸;5—副缸活塞;6—副缸进油孔;
7—连接器;8—传力架;9—拉杆;10—螺母;11—预应力筋;12—混凝土构件;13—垫板;14—螺丝端杆

图 5-102　用拉杆式千斤顶张拉单根钢筋的工作原理图

2.1.2　预应力钢筋束和钢绞线束

(1)锚具。预应力钢筋束和钢绞线束常使用 JM 型、XM 型、QM 型等锚具。

JM 型锚具由锚环和夹片组成,如图 5-103 所示,常用于锚固 3~6 根直径为 12 mm 的光面钢筋、螺纹钢筋或钢绞线。锚环分甲型与乙型。甲型锚环为一个具有锥形内孔的圆柱体,使用时直接放置在构件端部的垫板上,乙型锚环是在圆柱体外部一端增加一个正方形肋板,使用时将锚环预先埋在构件端部,不另设置垫板。

XM 型锚具是一种新型锚具,见图 5-104。它适用于锚固 1~12 根直径为 15 mm 的预应力钢绞线束和钢丝束。这种锚具的特点是每根钢绞线都是分开锚固的,因此任何一根

(a)预应力筋与锚具连接　　　　　　(c)JM－12型锚环

1—混凝土构件；2—孔道；3—钢筋束；4—JM－12型锚具；5—镦头锚具；6—甲型锚环；7—乙型锚环

图 5-103　JM－12 型锚具　（单位：mm）

钢绞线的失效(如钢绞线拉断、夹片碎裂等)，都不会引起整束锚固失败。

(a)单根XM型锚具　　　　　　　　(b)多根XM型锚具

1—夹片；2—锚环；3—锚板

图 5-104　XM 型锚具

QM 型锚具也是一种新型锚具，适用于锚固 4~31ϕ^j12 和 3~19ϕ^j15 钢绞线束。它与 XM 型锚具的不同点是，锚孔是直的，锚板顶面是平的，夹片垂直开缝；此外，备有喇叭形铸铁垫片与弹簧圈等。由于灌浆孔设在垫板上，锚板尺寸可稍小。QM 型锚具及其有关配件的形状见图 5-105。

(2)张拉设备。使用 JM 锚具、XM 型锚具和 QM 型锚具锚固时，可采用 YC 型穿心式千斤顶张拉钢筋束和钢绞线束。这种千斤顶的构造与工作原理如图 5-106(a)所示，其型号常用加撑脚后的 YC－60 型，见图 5-106(b)。

YC 型穿心式千斤顶是一种适用性很广的千斤顶，如配置撑脚和拉杆等附件，还可作为拉杆式千斤顶使用。如在千斤顶前端装上分束顶压器，并将千斤顶与撑套之间用钢管接长，可作为 YZ 型千斤顶张拉钢质锥形锚具。YC 型穿心式千斤顶的张拉力，一般有 180 kN、200 kN、600 kN、1 200 kN 和 3 000 kN 等几种，张拉行程有 150 mm 至 800 mm 不等。

2.1.3　钢丝束预应力筋

钢丝束预应力筋一般由几根到几十根直径为 3~5 mm 的平行的碳素钢丝组成。常

1—锚板；2—夹片；3—钢绞线；4—喇叭形铸铁垫板；5—弹簧圈；6—预留孔道用的波纹管；7—灌浆孔

图 5-105　QM 型锚具及配件　（单位：mm）

(a)构造与工作原理

(b)加撑脚后的 YC-60 千斤顶

1—张拉油缸；2—顶压油缸(即张拉活塞)；3—顶压活塞；4—弹簧；5—预应力筋；6—工具式锚具；
7—螺帽；8—锚具；9—混凝土构件；10—撑脚；11—张拉杆；12—连接器；13—张拉工作油室；
14—顶压工作油室；15—张拉回程油室；16—张拉缸油嘴；17—顶压缸油嘴；18—油孔

图 5-106　穿心式千斤顶构造及工作原理　（单位：mm）

用的锚具有钢质锥形锚具、钢丝束镦头锚具和锥形螺杆锚具。

钢质锥形锚具由锚环和锚塞组成，见图 5-107。它适用于锚固 6 根、12 根、18 根与 24 根直径为 3 ~ 5 mm 的钢丝束。锚环内孔的锥度应与锚塞的锥度一致；锚塞上刻有细齿槽，以夹紧钢丝防止滑动。

钢丝束镦头锚具用于锚固 12 ~ 54 根直径为 3 ~ 5 mm 碳素钢丝的钢丝束，分为 A 型和 B 型两种，见图 5-108。A 型由锚环与螺母组成，用于张拉端。B 型为锚板，用于固定端。镦头锚具的滑移值不应大于 1 mm。镦头锚具的强度，不得低于钢丝规定抗拉强度的 98%。

张拉时，张拉螺杆一端与锚环内丝扣连接，另一端与拉杆式千斤顶的拉头连接。当张拉到控制应力时锚环被拉出，则拧紧锚环外丝扣上的螺母加以锚固。

(a)锚塞　　　　　　　　　　(b)锚环

图 5-107　钢质锥形锚具　（单位:mm）

(a)DM5A型锚具　　　　　　　　　　　(b)DM5B型锚具

1—A 型锚环;2—螺母;3—构件断面预埋钢板;4—构件端部孔道;5—钢丝束;6—构件预留孔道;7—B 型锚板

图 5-108　钢丝束墩头锚具

　　锥形螺杆锚具由锥形螺杆、套筒、螺母、垫板组成,如图 5-109 所示。它适用于锚固 14 ~ 28 根直径为 3 ~ 5 mm 的钢丝束。

1—套筒;2—锥形螺杆;3—垫板;4—螺母

图 5-109　锥形螺杆锚具

　　对于钢丝束的张拉,钢质锥形锚具用 YZ 型锥锚式双作用千斤顶进行张拉。镦头锚具用 YC 型或 YL 型千斤顶张拉。大跨度结构,长钢丝束等引伸量大者,用 YC 型千斤顶为宜。YZ 型千斤顶(见图 5-110)宜用于张拉钢质锥形锚具锚固的钢丝束。YZ 型千斤顶的张拉力为 380 kN、635 kN、850 kN 等几种,张拉行程为 200 ~ 500 mm,顶压力为 140 kN、330 kN 和 415 kN。

1—预应力筋;2—顶压头;3—副缸;4—副缸活塞;5—主缸;6—主缸活塞;
7—主缸拉力弹簧;8—副缸压力弹簧;9—锥形卡环;10—楔块;11—主缸油嘴;
12—副缸油嘴;13—锚塞;14—构件;15—锚环

图 5-110　YZ 型千斤顶构造示意图

2.2　孔道留设

穿入预应力钢筋的预留孔道形状有直线形、曲线形和折线形三种。

孔道的直径一般比预应力钢筋(束)外径(包括钢筋对焊接头处外径或必须穿过孔道的锚具外径)大 10～15 mm,以利于预应力钢筋穿入。孔道的留设方法有抽芯法和预埋波纹管法。

2.2.1　抽芯法

该方法在我国有较长的历史,价格比较便宜,但有一定的局限性。如对大跨度结构、大型的或形状复杂的特种结构及多跨连续结构等,因孔道密集而难以适应。抽芯法一般有两种,即钢管抽芯法与胶管抽芯法。

(1)钢管抽芯法。该方法适用于留设直线孔道。采用钢管抽芯法施工时,要预先将钢管埋设在模板内的孔道位置处。钢管要平直,表面要光滑,每根长度最好不超过 15 m,钢管两端应各伸出构件约 500 mm。较长的构件可采用两根钢管,中间用套管连接,见图 5-111。在混凝土浇筑过程中和混凝土初凝后,每间隔一定时间慢慢转动钢管,不让混凝土与钢管黏结牢固,等到混凝土终凝前抽出钢管。抽管过早,会造成坍孔事故;抽管太晚,则混凝土与钢管黏结牢固,抽管困难。一般抽管时间在浇筑后 3～6 h。抽管顺序宜先上后下,抽管可采用人工或卷扬机,速度必须均匀,边抽边转,并与孔道保持在一条直线上。抽管后应及时检查孔道情况,做好孔道清理工作。

1—钢管;2—白铁皮套管;3—硬木塞
图 5-111　钢管连接方式　(单位:mm)

(2)胶管抽芯法。此方法不仅可以留设直线孔道,亦可留设曲线和折线孔道,胶管弹性好,便于弯曲,一般有 5 ~ 7 层帆布夹层(壁厚 6 ~ 7 mm)普通橡胶管和钢丝网橡皮管两种。胶管具有一定弹性,在拉力作用下,其断面能缩小,故在混凝土初凝后即可把胶管抽拔出来。夹布胶管质软,必须在管内充气或充水。在浇筑混凝土前,向胶皮管中充入压力为 0.5 ~ 0.8 MPa 的压缩空气或压力水,此时胶皮管直径可增大约 3 mm,浇筑混凝土时,振动棒不要碰胶管,并应经常检查水压表的压力是否正常,如有变化必须补压。待混凝土初凝后,放出压缩空气或压力水,胶管孔径变小,并与混凝土脱离,随即抽出胶管,形成孔道。抽管顺序一般应为先上后下,先曲后直。

一般采用钢筋井字形网架把管子固定在模内的位置。井字网架间距为 1 ~ 2 m;胶管直线段一般为 500 mm 左右,曲线段为 300 ~ 400 mm。

2.2.2　预埋波纹管法

预埋波纹管法中的波纹管是由镀锌薄钢带经波纹卷管机压波卷成的一种金属波纹软管,具有重量轻,刚度好,弯折方便,连接简单,与混凝土黏结较好等优点。波纹管的内径为 50 ~ 100 mm,管壁厚 0.25 ~ 0.30 mm。除圆形管外,近年来又研制成一种扁形波纹管,可用于板式结构中,扁管的长边边长为短边边长的 2.5 ~ 4.5 倍。预埋波纹管法可根据要求做成曲线、折线等各种形状的孔道。所用波纹管施工后留在构件中,可省去抽管工序。

预埋管法一般用于采用钢丝或钢绞线作为预应力钢筋的大型构件或结构中,可直接把下好料的钢丝、钢绞线在孔道成型前就穿入波纹管中,这样可以省掉穿束工序,亦可待孔道成型后再进行穿束。

对连续结构中呈波浪状布置的曲线束,当高差较大时,应在孔道的每个峰顶处设置泌水孔;起伏较大的曲线孔道,应在弯曲的低点处设置排水孔;对于较长的直线孔道,应每隔 12 ~ 15 m 设置排气孔。必要时可考虑将泌水孔、排气孔作为灌浆孔用。波纹管的连接可采用大一号的同型波纹管,接头管的长度为 200 mm,用密封胶带或塑料热塑管封口。

2.3　预应力钢筋张拉

2.3.1　混凝土的张拉强度

预应力钢筋的张拉是制作预应力构件的关键,必须按规范有关规定精心施工。张拉时构件或结构的混凝土强度应符合设计要求,当设计无具体要求时,不应低于设计强度标准值的 75%。

2.3.2　张拉控制应力及张拉程序

预应力张拉控制应力应符合设计要求及最大张拉控制应力的有关规定。其中,后张法控制应力值低于先张法,这是因为后张法构件在张拉钢筋的同时,混凝土已受到弹性压缩,张拉力可以进一步补足;而先张法构件,是在预应力钢筋放松后,混凝土才受到弹性压缩,这时张拉力无法补足。此外,混凝土的收缩、徐变引起的预应力损失,后张法也比先张法小。

为了减小预应力钢筋的松弛损失等,与先张法一样采用超张拉法,其张拉程序为:

$$0 \xrightarrow{\text{持荷 2 min}} 1.05\sigma_{con} \rightarrow \sigma_{con} \text{ 或 } 0 \rightarrow 1.03\sigma_{con} \rightarrow \sigma_{con}。\ \sigma_{con} \text{为张拉控制应力}。$$

2.3.3　张拉方法

张拉方法有一端张拉和两端张拉。两端张拉宜先在一端张拉,再在另一端补足张拉力。如有多根可一端张拉的预应力钢筋,宜将这些预应力钢筋的张拉端分别设在结构的两端。

长度不大的直线预应力钢筋,可一端张拉。曲线预应力钢筋应两端张拉。抽芯成孔的直线预应力钢筋,长度大于 24 m 时应两端张拉,不大于 24 m 时可一端张拉。预埋波纹管成孔的直线预应力钢筋,长度大于 30 m 时应两端张拉,不大于 30 m 时可一端张拉。竖向预应力结构宜采用两端分别张拉的方法,且以下端张拉为主。

安装张拉设备时,应使直线预应力钢筋张拉力的作用线与孔道中心线重合;曲线预应力钢筋张拉力的作用线与孔道中心线末端的切线重合。

2.3.4 张拉顺序

选择合理的张拉顺序是保证质量的重要一环。当构件或结构有多根预应力钢筋(束)时,应同时张拉,如不能同时张拉,也可分批张拉。但分批张拉的顺序应考虑使混凝土不产生超应力,构件不扭转由侧弯、结构不变位等因素来确定。在同一构件上一般应对称张拉,避免引起偏心。在进行预应力钢筋张拉时,可采用一端张拉法,亦可采用两端同时张拉法。当采用一端张拉时,为了克服孔道摩擦力的影响,使预应力钢筋的应力得以均匀传递,反复张拉 2 ~ 3 次,可以达到较好的效果。

采用分批张拉时,应考虑后批张拉预应力钢筋所产生的混凝土弹性压缩对先批预应力钢筋的影响,即应在先批张拉的预应力钢筋的张拉应力中增加 $E_s \sigma_h / E_h$。

先批张拉的预应力钢筋的控制应力 σ_{con}^1 应为

$$\sigma_{con}^1 = \sigma_{con} + \frac{E_s}{E_h}\sigma_h \qquad (5\text{-}26)$$

式中　　σ_{con}^1——先批预应力钢筋张拉控制应力,fptk;

σ_{con}——设计控制应力(即后批预应力钢筋张拉控制应力),fptk;

E_s——预应力钢筋的弹性模量,MPa;

E_h——混凝土的弹性模量,MPa;

σ_h——张拉后批预应力钢筋时在已张拉预应力钢筋重心处产生的混凝土法向应力,MPa。

对于平卧叠层浇制的构件,张拉时应考虑由于上下层间的摩阻引起的预应力损失,可由上至下逐层加大张拉力。对于钢丝、钢绞线、热处理钢筋,底层张拉力不宜比顶层张拉力大 5%;对于冷拉 Ⅱ ~ Ⅳ 级钢筋,底层张拉力不宜比顶层张拉力大 9%,且不得超过最大张拉控制应力允许值。如果隔离层效果较好,亦可采用同一张拉值。

2.4 孔道灌浆

后张法预应力钢筋张拉、锚固完成后,利用灰浆泵将水泥浆压灌到预应力孔道中去,这样既可以起到预应力筋的防锈蚀作用,也可使预应力筋与混凝土构件的有效黏结增加,控制超载时的裂缝发展,减轻两端锚具的负荷状况,提高结构的耐久性。

灌浆前孔道应湿润、洁净。对于水平孔道,灌浆顺序应先灌下层孔道,后灌上层孔道。对于竖直孔道,应自下而上分段灌注,每段高度根据施工条件确定,下段顶部及上段底部应分别设置排气孔和灌浆孔。

灌浆用的水泥浆,除应满足强度和黏结力的要求外,还应具有较大的流动性和较小的干缩性和泌水性。宜用强度等级不低于42.5级的普通硅酸盐水泥;水灰比宜为0.4～0.45。对于空隙大的孔道可采用水泥砂浆灌浆,水泥浆及水泥砂浆的强度均不得小于20 MPa。为增加灌浆密实度和强度,可使用一定比例的减水剂和膨胀剂。减水剂和膨胀剂均不得含有导致预应力钢材锈蚀的物质。

3 无黏结预应力混凝土施工工艺

无黏结后张预应力起源于20世纪50年代的美国,我国70年代开始研究,80年代初应用于实际工程中。无黏结后张预应力混凝土是在浇灌混凝土之前,把预先加工好的无黏结预应力钢筋与普通钢筋一样直接放置在模板内,然后浇筑混凝土,待混凝土达到设计强度时,即可进行张拉。它与有黏结预应力混凝土的不同之处在于:不需在放置预应力钢筋的部位预先留设孔道和沿孔道穿筋;预应力钢筋张拉完后,不需进行孔道灌浆。

3.1 无黏结预应力钢筋的制作

无黏结预应力钢筋(见图5-112)的制作是无黏结后张预应力混凝土施工中的主要工序。无黏结预应力钢筋一般由钢丝、钢绞线等柔性较好的预应力钢材制作而成,当用电热法张拉时,亦可用冷拉钢筋制作。

1—塑料外包层;2—防腐润滑脂;3—钢绞线(或碳素钢丝束)

图5-112 无黏结预应力钢筋

无黏结预应力钢筋的涂料层应用防腐材料制作,一般防腐材料可以用沥青、油脂、蜡、环氧树脂或塑料。涂料应具有良好的延性及韧性;在一定的温度范围内(至少在 −20 ～70 ℃)不流淌,不变脆,不开裂,应具有化学稳定性,与钢、水泥以及护套材料均无化学反应,不透水,不吸湿,防腐性能好,油滑性能好,摩擦阻力小,如规范要求,防腐油脂涂料层无黏结筋的张拉摩擦系数不应大于0.12,防腐沥青涂料则不应大于0.25。

无黏结预应力钢筋的护套材料可以用纸带或塑料带包缠或用注塑套管。护套材料应具有足够的抗拉强度及韧性,以免在工作现场或因运输、储存、安装引起难以修复的损坏和磨损,要求其防水性及抗腐蚀性强,低温不脆化,高温化学稳定性好,对周围材料无侵蚀性。用塑料作为外包材料时,还应具有抗老化的性能。高密度的聚乙烯和聚丙烯塑料就具有较好的韧性和耐久性;低温下不易发脆;高温下化学稳定性较好,并具有较高的抗磨损能力和抗蠕变能力。但这种塑料目前在我国产量较低,价格昂贵。我国目前使用的高压低密度聚乙烯塑料是通过专门的注塑设备挤压成型的,并将涂有防腐油脂层的预应力钢筋包裹上一层塑料。当用沥青防腐剂作涂料层时,可用塑料带密缠作外包层,塑料各圈之间的搭接宽度应不小于带宽的1/4,缠绕层数不应小于两层。挤压涂层工业流水线如图5-113所示。

1—放线盘;2—钢丝;3—梳子板;4—给油装置;5—塑料挤压机机头;
6—风冷装置;7—水冷装置;8—牵引机;9—定位支架;10—收线盘

图 5-113　挤压涂层工业流水线图

3.2　无黏结预应力钢筋的铺放

无黏结预应力钢筋的铺设工序通常在绑扎完底筋后进行。无黏结预应力钢筋铺放的曲率可用垫铁马凳或其他构造措施控制。其放置间距不宜大于 2 m,用铁丝与非预应力钢筋扎紧。铺设双向配筋的无黏结预应力钢筋时,应先低后高,应尽量避免两个方向的无黏结预应力钢筋相互穿插编结。绑扎无黏结预应力钢筋时,应先在两端拉紧,同时从中间往两端绑扎定位。

浇筑混凝土前应对无黏结预应力钢筋进行检查验收,如各控制点的矢高、塑料保护套有无脱落和歪斜、固定端镦头与锚板是否贴紧、无黏结预应力钢筋涂层有无破损等。合格后方可浇筑混凝土。

3.3　无黏结预应力钢筋的张拉

无黏结预应力钢丝束的张拉与有黏结预应力钢丝束的张拉相似。张拉程序一般采用 $0 \to 103\% \sigma_{con}$,然后进行锚固。由于无黏结预应力钢丝束为曲线配筋,故应两端同时张拉。

成束无黏结预应力钢筋正式张拉前,宜先用千斤顶往复抽动几次,以降低张拉摩擦损失。试验表明,进行三次张拉时,第三次的摩阻损失值可比第一次降低 16.8% ~ 49.1%。在张拉过程中,当有个别钢丝发生滑脱或断裂时,可相应降低张拉力,但滑脱或断裂的根数不应超过结构同一截面钢丝总根数的 2%。

3.4　锚头端部的处理

无黏结预应力钢丝束通常采用镦头锚具,外径较大,钢丝束两端留有一定长度的孔道,其直径略大于锚具的外径。钢丝束张拉锚固以后,其端部便留下孔道,且该部分钢丝没有涂层,必须采取保护措施,以防止钢丝锈蚀。

无黏结预应力束锚头端部处理,目前常用的办法有两种:一是在孔道中注入油脂并加以封闭,见图 5-114(a);二是在两端留设的孔道内注入环氧树脂水泥砂浆,将端部孔道全部灌注密实,以防预应力钢筋发生局部锈蚀,见图 5-114(b)。灌注用环氧树脂水泥砂浆的强度不得低于 35 MPa。灌浆的同时,将锚环内也用环氧树脂水泥砂浆封闭,既防止钢丝锈蚀,又起到一定的锚固作用。最后浇筑混凝土或外包钢筋混凝土,或用环氧砂浆将锚具封闭。用混凝土做堵头封闭时,要防止产生收缩裂缝。当不能采用混凝土或环氧砂浆作封闭保护时,预应力钢筋锚具要全部涂刷抗锈漆或油脂,并采取其他保护措施。

(a)锚头端部处理方法之一　　　　(a)锚头端部处理方法之二

1—油枪;2—锚具;3—端部孔道;4—有涂层的无黏结预应力束;5—无涂层的端部钢丝;6—构件;
7—注入孔道的油脂;8—混凝土封闭;9—无黏结预应力钢丝束;10—环氧树脂水泥砂浆;11—端部加固螺旋钢筋

图 5-114　锚头端部处理方法　　(单位:mm)

项目实训

背景资料:

某混凝土重力坝工程由左岸非溢流坝段、溢流坝段、右岸非溢流坝段、右岸坝肩混凝土刺墙段等组成。最大坝高 43 m,坝顶全长 322 m,共 17 个坝段。坝址以上流域面积 610.5 km²,属于亚热带暖湿气候区,雨量充沛,湿润温和。夏季平均气温比较高,需要采取温控措施。其施工中发生如下事件:

事件 1:非溢流坝段施工,根据混凝土坝型、地质情况、结构布置、施工方法、浇筑能力、温控水平等因素进行综合考虑,重力坝分缝分块浇筑形式如图 5-115 所示。

事件 2:混凝土浇筑采用单阶式拌和楼拌和混凝土,自卸汽车配卧罐水平运输,塔机吊运混凝土入仓。

事件 3:在混凝土浇筑过程中,混凝土采用多卡模板系统,承包人进行闸墩模板及支架设计时,考虑的基本荷载有:模板及支架自重、新浇混凝土重量、钢筋重量以及振捣混凝土时产生的荷载。监理单位发现承包人考虑的基本荷载有漏项并及时进行了纠正。其闸墩浇筑混凝土侧压力分布如图 5-116 所示。

图 5-115　重力坝分缝分块浇筑形式

事件 4:某验收批钢筋进场后,施工、监理单位共同检查了其出厂质量证明书和外观质量,并测量了钢筋的直径,合格后随机抽取了一根钢筋在其端部先截了 300 mm 后,再截取了一个抗拉试件和一个冷弯试件进行检验。

事件 5:根据大坝施工进度计划得出的坝体混凝土施工分月强度,月最大浇筑强度为 104 146 m³,发生在 2011 年 12 月;年最大浇筑强度为 1 273 903 m³,发生在 2011 年。混凝土浇筑块最大尺寸为 20.0 m×24.0 m,最大浇筑分层厚度为 45 cm,采用

图 5-116　荷载分布图

平层法入仓铺料。

事件 6：施工当日平均气温连续 5 d 稳定在 5 ℃以下或最低气温连续 5 d 稳定在 −3 ℃以下时，应当按低温季节进行混凝土施工，当夏季施工时采取温控措施控制出口温度 7 ℃。

事件 7：在溢流坝工作桥现浇梁时，该梁跨度 6 m，底模由于拆除较早，出现了裂缝，影响了使用，因而拆除重建，造成损失 2 万元。工作桥梁主筋和箍筋尺寸如图 5-117 所示。

图 5-117　工作桥梁主筋和箍筋尺寸　（单位：mm）

问题：

1. 指出事件 1 重力坝分缝分块浇筑形式，1、2 代表的分缝及其名称，并说明其特点。

2. 单阶式拌和楼由上而下的分层、混凝土运输的要求是什么？混凝土辅助运输方案有哪些？

3. 事件 3 中漏掉了哪些基本荷载？图中 H、h、F 的含义是什么？模板施工要求有哪些？

4. 指出事件 4 的不妥之处，并加以更正。

5. 根据事件 5，确定该工程混凝土拌和系统的小时生产能力；若在 20 ℃的环境温度下混凝土初凝时间为 3 h，校核该生产能力能否满足要求。

6. 根据事件 6，指出冬期施工不妥之处和冬期施工措施；简述常用的大体积混凝土温控措施，混凝土养护相关规定、养护方法及适用条件。

7. 指出事件 5 中底模的拆模强度要求，并计算钢筋的下料长度。

项目 6　地下建筑工程

学习指南

工作任务

(1)地下工程开挖方式;

(2)钻孔爆破开挖法;

(3)掘进机开挖;

(4)衬砌施工;

(5)锚喷支护。

知识目标

(1)熟悉不同开挖方式的适用条件;

(2)掌握钻孔爆破法的施工程序;

(3)了解掘进机施工的特点;

(4)了解衬砌的特点和作用;

(5)掌握锚喷支护的类型、特点及各类型的适用条件。

能力目标

(1)能根据不同的施工条件选择合适的开挖方式;

(2)会进行钻孔爆破设计,能编制循环作业图;

(3)能根据施工条件优选隧洞开挖方案;

(4)能根据工程实际选择合理的衬砌方案;

(5)能根据不同的施工条件选择合适的支护方式。

　　地下工程包括水利水电工程的各种平洞、地下厂房、斜井和竖井等。地下工程往往是整个枢纽工程施工进度控制的关键项目。目前,地下工程施工方法有钻孔爆破法和掘进机法,其中钻孔爆破法应用较为广泛。

　　地下工程的围岩分类对开挖和支护方式、施工方法、施工进度影响较大。围岩以岩石强度、岩体完整程度、结构面状态、地下水和主要结构面产状等五项因素之和的总评分为基本依据,以围岩强度应力比为参考依据,进行工程地质分类,见表6-1。

表6-1 围岩工程地质分类

围岩类别	围岩稳定性	围岩总评分 T	围岩强度应力比 S	支护类型
I	稳定。围岩可长期稳定，一般无不稳定块体	$T > 85$	>4	不支护或局部锚杆或喷薄层混凝土。大跨度时，喷混凝土，系统锚杆加钢筋网
II	基本稳定。围岩整体稳定，不会产生塑性变形，局部可能产生掉块	$85 \geq T > 65$	>4	
III	稳定性差。围岩强度不足，局部会产生塑性变形，不支护可能产生塌方或变形破坏。完整的较软岩，可能暂时稳定	$65 \geq T > 45$	>2	喷混凝土，系统锚杆加钢筋网。跨度为 20～25 m 时，浇筑混凝土衬砌
IV	不稳定。围岩自稳时间很短，规模较大的各种变形和破坏都可能发生	$45 \geq T > 25$	>2	喷混凝土，系统锚杆加钢筋网，并浇筑混凝土衬砌，V类围岩还应布置拱架支撑
V	极不稳定。围岩不能自稳，变形破坏严重	$T \leq 25$	—	

注：II、III、IV类围岩，当其强度应力比小于本表规定时，围岩类别宜相应降低一级。

地下工程按其断面大小可分为小断面、中断面、大断面和特大断面四类，具体尺寸见表6-2。

表6-2 按断面尺寸的洞室分类

断面分类	断面面积(m^2)	等效直径(m)
小断面	<20	<4.5
中断面	$20～35$	$4.5～6.5$
大断面	$35～120$	$6.5～12$
特大断面	>120	>12

地下工程的施工特点为：

（1）由于地质条件的不可预见性，施工方法直接受到工程地质、水文地质和施工条件的制约，因此施工中强调随机应变的能力。

（2）地下工程主要采用钻爆法开挖，在同一工作面表现为周期性的循环。也会遇到不良地质地段而发生塌方，有害气体逸出及地下涌水等突发事件，因此施工中必须有充分的应急措施。

（3）施工环境和条件相对较差，作业空间狭小，工序交叉多、干扰大，通风散烟和地下排水困难，安全问题比较突出。

（4）围岩既是开挖的对象，又是成洞的介质。这就需要充分了解围岩性质和合理运用洞室体形特征，以发挥围岩自承稳定能力，既可保证施工安全，又可节省支护工程量。

任务1 地下工程开挖方式

地下工程按体形和布置形式可分为平洞、斜井、竖井和地下厂房。

1 平洞的开挖方式

平洞(坡度小于等于6°的隧洞)开挖方式应根据工程地质条件、隧洞断面尺寸、工期要求及施工机械特性等综合分析,经过经济技术比较后选定。

1.1 全断面开挖法

全断面开挖是指平洞的设计断面一次性钻孔爆破成型。平洞的衬砌或支护,可在全洞贯通后进行,也可在掘进相当距离后进行。当地质条件较好,围岩坚固稳定,不需要临时支护或仅需局部支护的大小断面平洞中,又有完善的机械设备时,均可采用全断面开挖法,如图6-1所示。

包括台车躲炮距离

Ⅰ、Ⅱ、Ⅲ、Ⅳ—开挖及衬砌顺序

图6-1　全断面开挖法 (单位:m)

全断面开挖,由于洞内工作面较大,有利于机械化施工,施工干扰小,风水电管线无须多次拆装,可使用各种机械作业。

当缺乏大型施工机械设备而无法进行全断面开挖时,可采用断面分层开挖方法,即将工作面分为上下两层,上层超前2~4 m,上下层同时掘进,如图6-2所示。具体施工顺序是爆破散烟及安全检查后,清理上层台阶的石渣,进行上层工作面的钻孔,同时下台阶出渣,清渣后下层工作面钻孔,钻孔完成后,上下层炮孔同时装药,一起爆破,保持上下工作面掘进深度一致。

Ⅰ—上台阶;Ⅱ—下台阶;
1—上台阶钻孔;2—扒落石渣;3—出渣后再钻孔

图6-2　全断面台阶法掘进示意图

1.2　导洞开挖法

导洞开挖法就是在平洞的断面上先开挖小断面的洞室(导洞)作为先导,然后扩大至整个设计断面。根据导洞及扩大开挖的次序可分为导洞专进法和导洞并进法。导洞专进法是待导洞全线贯通后再开挖扩大部分;导洞并进法是待导洞开挖一定距离(一般为10~15 m)后,导洞与扩大部分的开挖同时前进。

导洞一般采用上窄下宽的梯形断面,这种形状施工简单,受力条件较好,可利用底角布置风、水等管线。导洞断面尺寸根据出渣运输要求、临时支护形式和人行安全的条件确定。一般底宽为2.5~4.5 m(其中人行通道宽取0.7 m),高度为2.2~3.5 m。根据导洞在整个断面中的不同位置,可分为下导洞、上导洞、中心导洞、双导洞等开挖方法。

1.2.1　下导洞开挖法

导洞布置在断面下部中央,开挖后向上、向两侧扩大至全断面。其施工顺序是:先开挖下导洞,并架设漏斗棚架,然后向上拉槽至拱顶,再由拱部两侧向下开挖。上部岩渣可经漏斗棚架装车出渣,所以又称为漏斗棚架法,如图6-3所示。其优点是出渣线路不必转移,工序之间施工干扰小。但遇地质条件较差时,施工不够安全。该方法适用于围岩基本稳定的大断面隧洞或机械化程度较低的中小断面平洞。

1—下导洞;2—顶部扩大;3—上部扩大;4—下部扩大;5—边墙衬砌;
6—顶拱衬砌;7—底板衬砌;8—漏斗棚架;9—脚手架

图6-3　下导洞开挖法施工顺序

1.2.2　上导洞开挖法

导洞布置在断面顶拱中央,开挖后由两侧向下扩大,其施工顺序如图6-4所示,即先开挖顶拱中部,再向两侧扩拱,及时衬砌顶拱,然后再转向下部开挖衬砌。此法适用于稳定性差的围岩。其优点是:先开挖顶拱可及时做好顶拱衬砌,下部施工在拱圈保护下进行,比较安全。缺点是:需重复铺设风、水管道及出渣线路,排水困难,施工干扰大,衬砌整体性差,尤其是下部开挖时影响拱圈稳定,所以下部岩体开挖时常采用马口开挖法,如图6-5所示。其原理是由衬砌后的边墙承担拱圈的荷载。

1.2.3　中心导洞开挖法

导洞布置在断面中央,导洞全线贯通后向四周辐射钻孔开挖,其施工顺序如图6-6所示。此法适用于围岩基本稳定,不需临时支护,且具有柱架式钻机的大中断面的平洞。其优点是:利用柱架式钻机,可以一次钻完四周辐射炮孔,钻孔和出渣可平行作业。缺点是:导洞和扩大并进时,导洞部分出渣很不方便,所以一般待导洞贯通后再扩大开挖。

1—上导洞;1、2、3、4、5—开挖顺序;
Ⅴ、Ⅵ、Ⅶ—衬砌顺序

图6-4　紧水滩水电站右岸导流隧洞的开挖

(a)对开马口

(b)错开马口

1—拱圈施工缝;2—隧洞中心线;①～④—开挖顺序

图6-5　马口开挖顺序　（单位:cm）

1.2.4　双导洞开挖法

双导洞开挖有上、下导洞和双侧导洞两种开挖法。上、下导洞开挖法适用于围岩稳定性好,但缺少大型开挖设备的较大断面平洞。下导洞出渣排水,上导洞扩大并对顶拱衬砌。为了便于施工,上、下导洞用斜洞或竖井连通。双侧导洞法适用于围岩稳定性差,地下水较严重,断面较大需要边开挖边支护的平洞,其施工顺序如图6-7所示。

(a)横断面　　　　(b)纵断面

1—导洞;2—四周扩大部分;3—柱架;4—钻孔;5—石渣

图6-6　中心导洞开挖法施工顺序

1、3、5、6、8、9—开挖顺序;Ⅱ、Ⅳ、Ⅶ、Ⅹ—衬砌顺序

图6-7　双侧导洞开挖法施工顺序

2　竖井和斜井的开挖方式

竖井(井线与水平夹角大于75°)和斜井(井线与水平夹角为6°～75°)素有"咽喉工程"之称,其工作面窄小,通风困难,不安全因素较多。

2.1　竖井

竖井的施工特点是竖向开挖、竖向出渣和竖向衬砌。竖井往往与水平隧洞相通。因此,可先挖通与竖井相通的水平通道,为竖井施工创造条件。一般竖井开挖有全断面法和导井法两种。

2.1.1　全断面法

自上而下全断面竖井开挖法与平洞的全断面施工类似,如图6-8所示。但由于是竖

向作业,施工困难,进度较慢,适用于采用普通钻爆法开挖的小断面竖井。采用全断面竖井开挖,应注意做好竖井锁口(井口加固措施),确保提升安全,并做好井内外排水、防水措施。要注意观测围岩情况,采取相应措施确保安全施工。

(a)竖井开挖　　　　　　　　(b)斜井开挖

1—井架;2—卷扬机;3—吊桶(或棱车箕斗);4—轨道;5—井盖

图6-8　全断面开挖法

全断面竖井开挖,也可采用深孔爆破法(见图6-9),即按设计要求,断面炮孔一次钻孔,再自下而上分层爆破(或一次爆破),由下部平洞出渣。此法适用于深度不大、围岩稳定的竖井。施工时要控制钻孔的偏斜,偏斜率应小于0.5%,同时还应控制装药量,特别是周边炮孔的装药量。

(a)钻孔　　　　　　　　(b)爆破

1—导井;2—钻井

图6-9　深孔分段爆破

2.1.2　导井法

导井法是在竖井中部先开挖导井(断面面积为 $4 \sim 5 \ m^2$),然后扩大的施工方法。导井有自上而下和自下而上的开挖方法。前者可用普通钻孔爆破法,也可用大钻机施工;后者常用吊罐法(也称吊篮法(见图6-10))或爬罐法施工。扩大开挖可自上而下逐层下挖,也可自下而上倒井上挖。扩挖的石渣,经导井落至井底,由井底水平通道运出洞外。

目前常用爬罐法开挖导井(见图6-11)。爬罐是一个带有驱动机构,沿着特制轨道上下爬升的吊笼;吊笼上有作业平台,可进行放线、钻孔、装药、安全处理等作业。

反井钻机导井施工法在水电工程竖井和斜井施工中已有不少实例。在水布垭、小湾、三板溪等工程电站竖井施工中的成功应用,已总结出一套较为完整、成熟的施工工艺。反井钻机法具有钻进快、精度高、施工安全、质量好等优点,有很好的应用前景。

2.2　斜井

倾角大于 45°的斜井施工条件与竖井相近,可按竖井开挖方法施工。倾角小于 30°的斜井,一般采用自下而上的全断面开挖法,用卷扬机提升出渣,开挖完成后衬砌。倾角为 30°~45°的斜井,可采用自下而上挖导井,自上而下扩大开挖,利用重力溜渣,由下部通道出渣。

竖井与斜井开挖方式、施工程序及施工特点见表 6-3。

1—卷扬机;2—提升钢丝绳孔;
3—吊篮;4—吊篮避炮洞
图 6-10　吊篮法开挖导井

(a)竖井导井开挖　　　　　　(b)斜井导井开挖

1—主爬罐;2—导轨;3—副爬罐;4—主副爬罐电缆盘;5—风水阀门;6—悬吊工作平台
图 6-11　爬罐法开挖导井

表 6-3　竖井与斜井开挖方式对比

开挖方式			适用范围	施工程序	施工特点
全断面开挖法 (正井法)			小断面浅井,大断面竖井下部无施工通道或下部虽有交通条件,但工期不能满足要求,斜井倾角小于 40°	开挖一段,支护一段,见图 6-8	需要提升设备解决人员、钻机及其他工具、材料、石渣的垂直运输,安全问题突出
先导井后扩大开挖法	导井开挖法	正反井或正反井结合法	适用于井深 < 100 m 的导井	提升架及卷扬设备安装→开挖	施工简易,正井开挖需提升设备
		深井分段爆破法	适用于井深 30~70 m,下部有施工通道的竖井	钻机自上而下一次钻孔,自下而上一次或分段爆破,石渣坠落至下部出渣,见图 6-9	成本低、效率高,爆破效果取决于钻孔精度

续表 6-3

	开挖方式	适用范围	施工程序	施工特点
先导井后扩大开挖法	导井开挖法 吊罐法	适用于井深 < 100 m 的竖井	先用钻机钻钢丝绳孔及辅助孔(孔径 100 mm)→上部安装起吊设备→下放钢丝绳吊吊罐进行开挖作业,见图 6-10	施工设备简易,成本低,要求上、下联系可靠
	爬罐法	适用于竖井和倾角大于 45°斜井的导井开挖	先人工开挖一段导井→安装导轨→开挖,见图 6-11	自上向下利用爬罐上升,向上式钻机钻孔,浅孔爆破
	反井钻机法	适用于竖井、斜井(倾角≥50°)中等强度岩石,深度在 250 m 以内的斜导井和深度在 300 m 以内的竖导井开挖	先自上而下钻 ϕ216 mm 导孔,然后自下而上扩孔至 2.0 m,见图 6-12	机械化程度高,施工速度快,安全,工作环境好,质量好,功效高;对于Ⅳ～Ⅴ类围岩成功率低
	扩大开挖法 导井辐射孔扩挖法	适用于Ⅰ、Ⅱ类围岩的竖导井	在导井内,用吊罐或活动平台自下而上打辐射孔,分段爆破,见图 6-13	需要提升设备及活动作业平台,钻孔与出渣可平行作业,井壁规格控制难度大
	吊盘反向扩挖法	适用于Ⅰ、Ⅱ类围岩,较小断面的竖井	导井开挖,从导井内下放活动吊盘,并与岩壁撑牢,即进行钻孔作业。钻孔完后,收拢吊盘,从吊井内往上起,见图 6-14	需提升设备,吊盘结构简单、造价低
	自上而下扩挖法	适用于各类围岩	先加固井口,安装提升设备,进行钻孔作业。视围岩稳定情况,支护跟着开挖面进行。石渣从导井内卸入井底,再转运出洞,见图 6-15	需提升设备,以运输设备和器材;对斜井扩大,需有专用活动钻孔平台车

(a)导井钻孔　　　　　(b)扩井钻进

1—反井钻机;2—辅助设施;3—导孔钻进;4—扩井钻头

图 6-12　反井钻机开挖导井

1—已挖好的导井;2—辐射孔;3—扩大后的竖井

图 6-13　导井辐射孔扩大开挖

1—导井;2—活动吊盘;3—提升设备

图 6-14　吊盘反向扩大开挖

3　地下厂房开挖方式

水电站地下厂房的特点是跨度大,边墙高,相邻洞室距离近,交叉洞口多,形成复杂的洞室群。许多地下厂房的吊车梁结构采用岩锚式,与支护、混凝土浇筑等工序交叉施工,干扰大,劳动条件差,不安全因素较多,难以投入较多机械设备等。同时,地下厂房自上而

(a)竖井开挖作业图　　(b)斜井作业开挖图　(c)手风钻自上而下扩挖图

图 6-15　竖井、斜井开挖布置图

下与许多永久隧洞交叉或相邻,又为分层施工提供了方便的交通条件。

地下厂房的规模越来越大,一般采取自上而下分层施工,先拱后墙,以保持围岩稳定和施工安全为主要原则。施工中采用预裂爆破或光面爆破,结合深孔梯段爆破,加大爆破规模,提高开挖速度。采用凿岩台车、液压钻机钻孔,挖掘机配自卸汽车出渣。开挖过程中充分利用永久隧洞做施工通道,辅以施工支洞,以加快施工进度。分层开挖的方式如图 6-16 所示。

图 6-16　水电站主厂房及主变室分层开挖示意图　（单位:m）

(1)第一层(顶拱)开挖。层高一般 7~9 m,采用预裂爆破或光面爆破成型。该层多采用全断面开挖,或先挖中导洞,再由两侧跟进的施工方法。顶层开挖后应及时锚固,喷混凝土或进行混凝土衬砌。该层开挖一般都可利用通(排)风洞进行运渣。

(2)第二层开挖。多数厂房在该层设计有岩锚梁,层厚可延伸至岩锚架以下 2~4 m。

在岩锚梁部位,预留出保护层。岩锚梁以外的部分采用深孔台阶爆破法施工。岩锚梁开挖要求边界平整、成型好。保护层可采用凿岩台车或手风钻钻孔,水平孔爆破,同时进行岩锚梁边壁光面爆破,严格控制超欠挖,并使残留半孔率达到80%以上。岩锚梁承受较大荷载,其锚杆定位、注浆及锚杆安装均有很高要求。

(3)第三层开挖。采用深孔梯段爆破和控制爆破开挖。上一层岩锚梁施工前,应先进行该层控制爆破,岩锚梁完工后,应控制本层爆破规模,使岩锚梁受到的爆破振动不超过设计规定的允许振速值。第三层往往与进厂交通洞相通,厂、洞相交部位应进行锚喷支护锁口,当交通洞顶距岩锚梁较近时,要进行加固处理。

(4)第四层及以下各层开挖。采用边墙控制爆破,中部梯段爆破法进行施工。在地下厂房开挖中,无论采用哪种开挖方式,都会遇到厂房与其他洞室交叉段的施工问题。在这种情况下,需在厂房大规模开挖之前,先把交叉段的洞口开挖出来,并做好喷锚支护和混凝土衬砌,或在设计断面以外浇筑临时混凝土套拱,以防洞口塌落,引起高边墙塌方。

任务2　钻孔爆破开挖法

钻孔爆破法主要的施工顺序为钻孔、装药爆破、出渣及相应的辅助工作。

1　钻孔爆破设计

钻孔爆破设计的主要任务是:确定开挖断面的炮孔布置,即各类炮孔的位置、方向和深度,各类炮孔的装药量、装药结构及堵孔方式;确定各类炮孔的起爆方法和起爆顺序。

1.1　炮孔类型及布置

由于受工作面、自由面的限制,以及控制开挖断面轮廓形状和尺寸的要求,按炮孔的作用可将炮孔分为掏槽炮孔、崩落炮孔和周边炮孔,如图6-17所示。

1、2—掏槽炮孔;3~8—崩落炮孔;
9~12—周边炮孔

图6-17　光面爆破炮孔布置

1.1.1　掏槽炮孔

掏槽炮孔的主要作用是增加临空面,以提高爆破效果,常布置于开挖断面的中部。根据炮孔布置的形状和方向,又可分为斜孔掏槽和垂直掏槽。

(1)斜孔掏槽。斜孔掏槽又分为楔形掏槽和锥形掏槽。楔形掏槽是由数对对称相向倾斜的炮孔组成,如图6-18(b)所示,适用于各种坚固程度的岩石。楔形掏槽孔的夹角与布置是根据岩石的坚固系数值选定的,见表6-4。在较坚硬岩体中,用分层楔形掏槽方法,即第一层掏槽孔用较小的倾角,孔深为第二层掏槽孔的0.5~0.7倍,第二层掏槽孔用较大倾角(70°~75°),如图6-19所示。锥形掏槽炮孔的布置,如图6-18(a)所示。

(a)锥形　　　　　　　　　(b)楔形

(c)楔形(水平)　　　　　　　　(d)爬眼

图 6-18　斜孔掏槽

表 6-4　楔形掏槽炮孔的布置

岩石坚固系数 f	最少掏槽孔数量	对开挖面倾角	成对掏槽孔的距离(cm)
2 ~ 6	4	70°	50
6 ~ 8	4 ~ 6	68°	45
8 ~ 10	6	65°	40
10 ~ 13	6	63°	35
13 ~ 16	6	60°	25
16 ~ 18	6	58°	20
18 ~ 20	6 ~ 8	53°	20

（2）垂直掏槽。由于掏槽炮孔与工作面垂直布置，钻孔作业和深度不受工作面大小限制，便于钻孔作业，容易达到要求的循环进尺。

垂直掏槽的形式很多，常用的有大直径（大于 100 mm）中空直眼掏槽和小直径中空直眼掏槽，中空眼的作用是为装药掏槽炮孔提供临空面。直眼掏槽种类和炮孔布置形式如图 6-20 所示。

图 6-19　多层楔形掏槽孔布置

1.1.2 崩落炮孔

崩落炮孔的主要作用是爆落岩体,为周边炮孔的爆破创造有利条件。为此,崩落炮孔大致均匀地分布在掏槽外围。炮孔垂直于工作面,炮孔深度应在同一平面,以保证工作面平整。炮孔间距由岩体硬度和岩渣块度来确定,一般间距为:软石 100 ~ 120 cm,中硬石 80 ~ 100 cm,坚硬石60 ~ 80 cm,特硬石 50 ~ 60 cm。

1.1.3 周边炮孔

周边炮孔是布置在开挖断面四周,控制开挖断面轮廓的炮孔。为了保证开挖面的规格,每个角上要布置角孔。断面底部的周边孔,考虑到底部岩石上抬的夹制影响和工作面翻渣的作用,应将底孔间距适当加密或适当加大装药量。

周边孔的孔口应距开挖断面设计边线 10 ~ 20 cm,以利于钻孔作业。钻孔时应控制孔的倾斜角度和深度,使孔底落在同一平面上。孔底距设计边界的距离视岩石的硬度而确定,中硬岩石,孔底可达到设计边界;软石,孔底在设计边界内 10 cm;坚硬岩石,孔底应超出设计边界 10 ~ 15 cm。

为了减弱对围岩的影响和减少超欠开挖量,隧洞开挖常采用光面爆破。图 6-17 所示为光面爆破全断面开挖法的炮孔布置,常用爆破参数见表6-5。

(a)大直径中空直眼掏槽基本类型

(b)双临空孔型 (c)三临空孔型 (d)单临空孔型

(注:炮眼旁数字为毫秒雷管段别)

图 6-20　直眼掏槽 （单位:cm）

表 6-5　隧洞光面爆破参数

岩石类别	岩石极限抗压强度（MPa）	周边孔间距 a（cm）	周边孔抵抗线 W（cm）	周边孔密集系数 $M = a/W$	周边孔装药集中度 ΔL（g/m）
硬岩	>59	55 ~ 65	60 ~ 80	0.9 ~ 1.0	300 ~ 350
中硬岩	29 ~ 59	45 ~ 60	60 ~ 75	0.8 ~ 0.9	200 ~ 300
软岩	<29	35 ~ 45	45 ~ 55	0.7 ~ 0.8	70 ~ 120

注:炮孔直径 40 ~ 50 mm;炮孔深度 1.0 ~ 3.5 m;2# 岩石硝铵炸药,药卷直径 20 ~ 25 mm。

1.2　炮孔数量和装药量

工作面上炮孔数量和装药量受岩层性质、炸药性能、爆破时自由面状况、炮孔大小和深度、装药方式、工作面的形状和大小以及岩渣的块度等多种因素的影响。

1.2.1　炮孔数量

初步计算时,可应用装药量平衡原理计算炮孔数量,即炮孔数目正好能容纳该次爆破岩体所必须的炸药用量。常用计算公式为

$$N = \frac{Q}{\gamma\alpha L} = \frac{KSL}{\gamma\alpha L} = \frac{KS}{\gamma\alpha} \tag{6-1}$$

$$\gamma = 100(\pi/4)d^2\Delta k$$

$$W = (0.5 \sim 0.8)B \tag{6-2}$$

式中　N——一次掘进循环中开挖面上的炮孔总数;

　　　Q——一次爆破的炸药用量,kg;

　　　L——炮孔深度,m;

　　　γ——单个炮孔每米装药量,kg/m,见表 6-6;

　　　d——药卷直径 cm;

　　　Δ——炸药密度,kg/cm^3;

　　　k——装药压紧系数,通常硝铵炸药,$k = 1.0$,硝化甘油炸药,$k = 1.2$;

　　　α——炮孔的装药影响系数,见表 6-7;

　　　B——开挖断面宽度,m;

　　　K——单位耗药量,kg/m^3,见表 6-8;

　　　S——开挖断面面积,m^2。

表 6-6　2# 岩石铵锑炸药 γ 值

药卷直径（mm）	5	35	38	40	45	50
γ 值（kg/m）	0.78	0.96	1.10	1.25	1.59	1.90

表6-7　炮孔的装药α值

炮孔类型	岩石坚固系数 f	炸药威力		
		低级(猛度 10~12 mm)	中级(猛度 13~15 mm)	高级(猛度 16~17 mm)
掏槽孔	12~15	0.72~0.75	0.70~0.72	0.68~0.70
	8~10	0.70~0.72	0.68~0.70	0.66~0.68
	5~7	0.68~0.70	0.65~0.68	0.62~0.66
	3~4	0.65~0.68	0.63~0.65	0.60~0.62
	1.5~2.0	0.63~0.65	0.60~0.63	0.58~0.60 .
崩落孔与周边孔	12~15	0.64~0.66	0.62~0.64	0.60~0.62
	8~10	0.62~0.64	0.60~0.62	0.58~0.60
	5~7	0.60~0.62	0.58~0.60	0.56~0.58
	3~4	0.54~0.56	0.52~0.54	0.50~0.52
	1.5~2.0	0.52~0.54	0.50~0.52	0.48~0.50

表6-8　单位耗药量K值

炸药	部位	开挖断面 (m²)	岩石级别									
			< Ⅵ	Ⅶ	Ⅷ	Ⅸ	Ⅹ	Ⅺ	Ⅻ	Ⅷ	ⅩⅣ	ⅩⅤ
硝铵炸药	导洞	4~6	0.99	1.53	1.63	1.83	2.01	2.32	2.66	2.84	3.06	3.28
		6~9	0.81	1.24	1.33	1.49	1.63	1.89	2.11	2.30	2.51	2.67
		9~12	0.76	1.08	1.15	1.29	1.42	1.63	1.83	2.01	2.26	2.31
	扩大		0.55	0.62	0.66	0.71	0.78	0.83	0.90	0.99	1.05	1.17
	挖底		0.49	0.54	0.58	0.61	0.64	0.69	0.70	0.73	0.80	0.86

1.2.2　炮孔装药量

1.2.2.1　排炮总药量

排炮总药量计算公式为

$$Q = KV = KLS\mu \tag{6-3}$$

式中　Q——排炮进尺炸药耗量,kg;

　　　　K——单位耗药量,kg/m³;

　　　　V——每排炮进尺爆落岩石的体积,m³;

　　　　L——实际钻孔深度,m;

　　　　S——开挖端面面积,m²;

　　　　μ——炮孔利用率,$\mu = L'/L$;

　　　　L'——爆破后的实际深度,m。

1.2.2.2　单孔装药量

排炮总药量计算出来之后，即可进行分配。根据炮孔的位置不同，需要不同的装药量。

（1）导洞部分。

掘槽孔：

$$q_{掘} = 1.15 \frac{Q_导}{N_导} \qquad (6-4)$$

崩落孔：

$$q_{崩} = 0.85 \frac{Q_导}{N_导} \qquad (6-5)$$

周边孔：

$$q_{周} = \frac{Q_导}{N_导} \qquad (6-6)$$

式中　$q_{掘}$、$q_{崩}$、$q_{周}$——掘槽孔、崩落孔、周边孔的每个孔装药量，kg；

　　　$Q_导$、$N_导$——导洞的总装药量（一个开挖面的一个循环）及导洞一次循环的炮孔数目。

（2）扩大部分。

$$q_{扩} = \frac{Q_扩}{N_扩} \qquad (6-7)$$

式中　$q_{扩}$、$Q_扩$、$N_扩$——扩大部分的单孔装药量、扩大部分一个循环的总装药量及扩大部分一个循环的炮孔总数。

1.3　炮孔深度

炮孔深度的确定，主要与开挖面的尺寸、掘槽形式、岩层性质、钻机、自由面数目和循环作业时间的分配等因素有关。加大炮孔深度，无疑可以提高掘进速度。但是炮孔深度增加，钻孔速度与炮孔利用率将降低，炸药耗量亦随之增加。合理的炮孔深度，能提高爆破效果，降低开挖费用，加快掘进速度。因此，合理的炮孔深度，应综合分析确定。

合理的炮孔深度还应与循环作业时间相协调，循环作业时间常采用 4 h、6 h、8 h、16 h、24 h 等。因此，炮孔深度 L 又是循环作业时间的函数，即 $L = f(T)$。循环作业时间 T 的组成为

$$T = \varphi t_1 + N t_2 + t_3 + t_4 + t_5 \qquad (6-8)$$

其中

$$t_1 = \frac{NL}{vm} \qquad (6-9)$$

$$t_4 = \frac{LS\eta}{p} \qquad (6-10)$$

式中　T——一个循环作业内各工作所需时间的总和；

　　　φ——钻孔与装岩出渣平行作业系数，用手提钻机时 $\varphi = 0.3 \sim 0.5$，不平行作业时，$\varphi = 1.0$；

　　　t_1——开挖面上的钻孔时间，h；

　　　N——开挖面上的炮孔总数；

　　　L——炮孔深度，m；

　　　v——一台钻机的钻孔速度，m/h；

　　　m——同时工作的钻机台数；

t_2——每个炮孔的装药时间,h;

t_3——爆破后的通风散烟时间,h;

t_4——出渣时间,h;

S——开挖断面面积,m^2;

η——炮孔利用系数,一般为 0.8 ~ 0.9;

p——装岩出渣生产率,m^3/h;

t_5——准备工作与交接班时间,h。

将上述参数代入式(6-8),并经整理可得到的炮孔深度:

$$L = \frac{(T - Nt_2 - t_3 - t_5)mvp}{pN\varphi + Smv\eta} \qquad (6-11)$$

1.4　周边轮廓控制

钻孔爆破法开挖地下工程,周边轮廓的控制普遍采用光面爆破。

光面爆破爆破参数的选择,目前理论计算还不很成熟,主要还是依靠经验,根据工程地质条件用"类比法"初选爆破参数,然后通过试验或试用,从围岩的振松情况、洞室成形好坏等方面来考察爆破的实际效果,以便调整不合理的参数,据以指导此后的施工。常用爆破参数见表6-5。

必须指出,光面爆破要求精确钻孔,控制孔深,使孔底落在同一平面上,控制孔斜,使周边孔的连线恰能形成开挖断面轮廓。起爆时,要控制好起爆顺序,先掏槽,次崩落,后周边,并使同类炮孔同时起爆。

2　钻孔爆破循环作业

钻孔爆破法开挖地下工程,每掘进一次,主要工序有钻孔准备、钻孔、装药、爆破、通风排烟、安全检查、出渣、延长运输线路和风水电管线铺设等。掘进一次的工序组合称为循环作业。

2.1　钻孔作业

钻孔作业时间一般占循环时间的 1/4 ~ 1/2,且钻孔的质量对洞室开挖规格、爆破效率和施工安全影响极大。因此,选用高效的钻孔机械是加快隧洞掘进进尺的一项重要措施。常用钻孔机械有风钻和凿岩台车。

风钻可分为手持式、柱架式和气腿式。常用的是气腿式风钻,图 6-21 为目前常见的 YT - 23 型气腿凿岩机。凿岩台车有窄轨式台车,履带式、轮胎式多臂台车,如图 6-22 所示。其特点是凿岩机可由支架自由移动至需要位置,并借助推动装置自动推进凿岩,提高了钻孔孔位的精度和钻孔速度,适用于围岩稳定性较好的大、中断面。

钻孔时应控制孔位、孔深和孔的斜度。掏槽孔和周边孔的孔位偏差应不大于 50

图 6-21　YT - 23 型气腿凿岩机

mm,其他炮孔则不得超过 100 mm;掘槽孔的深度应比崩落孔深 10~20 cm,其他炮孔的孔底应落在设计规定的平面上;周边孔的最大斜度值应小于 20 cm,以防止径向超挖过大。

图 6-22　凿岩台车(实腹、轮行)

2.2　出渣运输

出渣运输是一项最繁重的工作,一般占循环时间的 1/3~1/2,也是控制掘进速度的关键。因此,必须合理选择配套的装渣运输设备和数量,规划好洞内外运输线路和弃渣场地,制定可靠的施工组织措施和安全运行措施。

出渣运输设备应配套,运输道路布置应与出渣运输设备一致。常见的配套方式有以下几种。

2.2.1　棚架漏斗装渣,机车牵引斗车出渣

该方式适用于围岩稳定性较好、机械设备较低的平洞,如图 6-23 所示。棚架及出渣漏斗是在下导洞开挖后搭设,棚架应能承受爆破落渣的荷载,棚架下部净空应满足运行操作及错车要求。漏斗布置应满足出渣要求,漏斗口应对准车斗并与车斗的尺寸相适应。

1~5—开挖顺序
图 6-23　棚架漏斗装渣

2.2.2　装岩机装渣,机车牵引斗车或矿车出渣

该方式适用于围岩稳定的小断面平洞、施工支洞和导洞。风动或电动装岩机装车,装车和调车的方式可根据开挖断面和设备情况确定,图 6-24 所示是常用的三种调车方式。有轨运输线路,一般设双车道,并每隔 300~400 m 设置岔道。当采用单车道时,每隔 100~200 m 设置岔道,岔道有效长度应符合最长车组的要求,以满足装车和调车的需要。采用浮放道岔,可缩短调车距离,使装岩机更接近工作面而加快装渣速度。

2.2.3　装载机或挖掘机装渣,自卸汽车出渣

该方式适用于中、大断面全断面开挖的平洞。装载机按行走方式可分为履带式和轮胎式,如图 6-25(a)、(b)所示,按铲斗卸渣形式可分为侧向卸渣和三向卸渣。挖掘机生产效率低,要求工作面净空较大,适用于大断面洞室开挖。装载机具有行走速度快,装渣灵活,对工作面净空要求较低,生产效率较高等优点。因此,常采用装载机配自卸汽车方式,

如图 6-25(c)所示。装载机铲斗斗容和自卸汽车斗容的适宜比例为 1:3～1:5。运输路线宜设双车道,如设单车道,应每隔 200～300 m 设错车道。自卸汽车载重量和装载机斗容量在不同运距时的配套可参考表 6-9。

(a)浮放道岔双线调车

(b)菱形渡线钣双线调车

(c)皮带运输机分料双线调车

1—装岩机;2—正在装载的矿车;3—已装满待运的矿车;
4—等待装载的空车;5—浮放道岔或菱形渡线钣;6—皮带运输机

图 6-24　装岩机装车出渣调车方式　(单位:m)

(a) 履带式装载机

(b)轮胎式装载机　　　　　　　(c)装载机配自卸汽车

图 6-25　装载机及出渣示意图

表6-9　自卸汽车和装载机斗容量配套参考表

装载机斗容 (m³)	运距（km）			说明
	<1	1~3	>3	
1.5	7~10	7~10	10	
2	10	12	12	1. 车辆载重单位为t
3	12~15	15	15	2. 洞内车速<10 km/h
4	20	20	20	3. 洞外车速<20 km/h
5	32	32	32	

2.3　临时支护

临时支护的形式很多,可分为传统的构架式支撑和锚喷支护两类。喷混凝土和锚杆支护是一种临时性和永久性结合的支护形式,应优先采用,有关内容将在任务5介绍。

构架式支撑的结构形式有门框形和拱形两种,如图6-26、图6-27所示。按使用的材料分为木支撑、钢支撑、预制钢筋混凝土支撑。

(a) 横剖面　　(b) 纵剖面

1—顶梁;2—立柱;3—底梁;4—纵向撑木;
5—垫木;6—顶衬板;7—侧衬板

图6-26　门框形木支撑

Ⅰ—半截面(有立柱)；Ⅱ—半截面(无立柱)

1—垫木;2—纵向拉杆;3—衬板;
4—工字托梁;5—立柱;6—楔块

图6-27　钢拱支撑

2.3.1　木支撑

木支撑具有重量轻,加工、架立方便,损坏前有显著变化,不会突然折断等优点,其结构形式分为门框形、拱形和扇形。由于木支撑要耗费大量木材,故已少用。

2.3.2　钢支撑

钢支撑可多次使用,承载能力强,占空间小,但使用钢材多,一次性费用高,其结构形式分为门框形和拱形。在破碎且不稳定的岩层中,当支撑不能拆除需留在混凝土衬砌中时,也需采用钢支撑。

2.3.3　预制钢筋混凝土支撑

用预制的钢筋混凝土构件进行支撑,在围岩软弱,山岩压力大,支撑需留在衬砌内,钢材又缺乏时,多采用这种支撑,但因其构件重量大,安装、运输都不方便,所以只适用于中、小断面。

2.4　辅助作业

地下工程施工的辅助作业有通风,防尘,消烟,照明和风、水、电供应等工作,做好这些辅助作业,可以改善施工人员的工作环境,加快施工进度。

2.4.1　通风、防尘及消烟

通风、防尘及消烟的目的是为了排除因钻孔、爆破、装岩、内燃机尾气等原因产生的有害气体,降低岩尘含量,及时供给工作面充足的新鲜空气,改善洞室内的温度、湿度和气流速度,使之符合洞室施工卫生要求。

2.4.1.1　通风方式

洞的通风有自然通风和机械通风两种,自然通风只适用于洞长小于 40 m 的短洞。一般多采用机械通风,其基本形式有压入式、吸出式和混合式三种,如图6-28所示。

压入式通风是将新鲜空气通过风管直接送到工作面,混浊空气由洞身排至洞外。其优点是工作面很快获得新鲜空气,缺点是混浊空气容易扩散至整个洞室。风管端部布置离工作面不宜超过 $6\sqrt{s}$ m(s 为开挖面积,m²)。吸出式通风是通过风管将工作面的混浊空气吸走并排至洞外,新鲜空气由洞口流入洞内。其优点是工作面混浊空气较快地被吸出,但新鲜空气流入较缓慢。混合式通风是在爆破后排烟用吸出式,经常性通风用压入式,充分发挥了上述两种方式的优点。

1—风机;2—风筒;3—新鲜空气;4—污浊气体;5—帘幕

图6-28　机械通风方式

2.4.1.2　通风量

通风量可根据下列三种情况分别计算,取最大者,再根据通风长度,考虑20%~50%的风管漏风损失。

(1)按工作面作业的最多人数计算,每人所需通风量为 3 m³/min。

(2)按冲淡有害气体的要求计算,公式如下:

$$Q = AB/(1\,000 \times 0.02\% \times t) = 5AB/t = 10A \qquad (6\text{-}12)$$

式中　Q——通风量,m^3/min,如洞室内使用内燃机应另加(按每马力 3 m^3/min 通风量计算);

　　　A——工作面同时爆破的最大炸药量,kg;

　　　B——每千克产生一氧化碳气体量,可按 40 L 计算;

　　　$1\,000$——1 m^3 = 1 000 L;

　　　0.02%——一氧化碳气体浓度降至 0.02% 以下才可进入工作面;

　　　t——通风时间,可按 20 min 计算。

（3）按洞内温度与风速的要求计算,根据洞内温度确定洞内风速,其关系如表 6-10 所示。

$$Q > v_{最小风速} \cdot S_{最大} \qquad (6\text{-}13)$$

式中　$v_{最小风速}$——全断面开挖时不小于 0.15 m/s,导洞内不小于 0.25 m/s;

　　　$S_{最大}$——隧洞最大断面面积,m^2。

表 6-10　洞内温度与洞内风速关系

温度(℃)	< 15	15 ~ 20	20 ~ 22	22 ~ 24	24 ~ 28
风速(m/s)	0.25 ~ 0.5	0.5 ~ 1.0	1.0 ~ 1.5	1.5 ~ 2.0	> 2.0

2.4.2　风、水、电供应及排水

洞室在整个开挖循环作业中,风、水、电供应及排水需统筹考虑。输送到工作面的压缩空气,应保证风量充足,风压不低于 500 kPa;施工用水的数量、质量和压力,应满足钻孔、喷锚、衬砌、灌浆等作业的要求;洞内动力、照明、电力起爆的供电线路应按需要分开架设,并注意防水和绝缘;洞内照明应采用 36 V 或 24 V 的低压电,保证照明亮度;洞内排水系统必须畅通,保证工作面和路面无积水。

3　循环作业图编制

常采用的循环时间为 4 h、6 h、8 h、12 h 等,视开挖断面的大小、围岩稳定的程度和钻孔出渣设备的能力等因素来确定。当围岩稳定性较好,有钻架台车或多臂钻车钻孔,短臂挖掘机或装载机配自卸汽车出渣时,宜采用深孔少循环的方式,以节省辅助工作的时间。若围岩的稳定性较差,用风钻钻孔,斗车或矿车出渣,宜采用浅孔多循环的方式,以保证围岩稳定。例如,用气腿式风钻钻孔的导洞开挖,循环进尺常取 1.8 ~ 2.0 m,每班 2 ~ 3 个循环;小断面隧洞开挖,若使用钻架台车或多臂钻车,循环进尺可取 3 ~ 5 m,每班完成一个循环。

在确定循环进尺时,通常是根据围岩条件、钻孔出渣设备的能力,初步选定掘进深度,计算钻孔、装药爆破、出渣、临时支护等工序的时间,然后按班或日循环次数为整数的原则,再修改初选进尺,直到满足正常班次的循环作业。编制循环作业图除应遵循各工序的技术要求和工序之间的逻辑关系外,还应挖掘各工序搭接的潜力,以提高掘进速度,降低

工程造价。

【案例6-1】 鲁布革水电站引水隧洞循环作业

鲁布革水电站引水隧洞分 A、B、C、D 四段掘进,其中 D 段全长 2 589 m,开挖直径 8.8 m,底坡 0.032。岩层为厚层白云岩和白云质灰岩,完整性好,偶有团块状灰岩与泥质薄层出现,节理断层较不发育,地下水位线位于洞底高程以下。采用全断面钻爆法施工,其施工方案简述如下:

(1)施工设备。测量放线与布孔用激光发生器;钻孔用 2 台 JCH310 - C 型全液压三臂凿岩台车;通风用 1 台 PF100SW37 型隧洞轴流式送风机;清撬危石及清底用 1 台斗容量为 0.34 m³ 的 UH04 型液压反向铲;装渣用 1 台斗容量为 3.1 m³ 的 966D 型侧翻式轮胎装载机;出渣用 4~6 辆 12 t 自卸汽车。

(2)钻爆施工参数。设计开挖断面 60.82 m²,钻孔 139 个,钻孔直径 100 mm 和 45 mm,钻孔深度 3.3 m,循环进尺 3.0 m,炮孔密度 2.29 个/m²,爆破效率 89.8%,平均单位耗药量 1.65 kg/m³,平均单位耗雷管量 0.79 个/m³,每天 3 个循环,施工总人数 62 人。

(3)循环作业。循环作业图如图 6-29 所示。

图 6-29　鲁布革水电站引水隧洞 D 段循环作业图

任务 3　掘进机开挖

掘进机是一种专用的隧洞掘进设备。它依靠机械的强大推力和剪切力破碎岩石,同时连续出渣,具有比钻爆法更高的掘进速度。目前使用的掘进机主要有三种:小炮头掘进机(也称部分断面掘进机)、全断面掘进机、盾构掘进机。

1　岩石掘进机

掘进机产生于 20 世纪 50 年代,我国于 60 年代开始使用,70 年代开始生产,先后在杭州玉皇山、云南西洱河、天生桥二级水电站及甘肃引大入秦等水利水电引水隧洞工程中使用,掘进机形式如图 6-30 所示。掘进机可分为滚压式和铣削式。滚压式主要是通过水平推进油缸,使刀盘上的滚刀强行压入岩体,利用刀盘旋转推进过程中的挤压和剪切的联合作用破碎岩体;铣削式是利用岩石抗弯、抗剪强度低的特点,靠铣削(即剪切)加弯折破碎岩体。碎石渣由安装在刀盘上的铲斗铲起,转至顶部骨料斗卸在皮带机上,通过皮带机运至机尾,卸入运输设备并送至洞外。图 6-31 所示为掘进机工作示意图。

(a) 全断面掘进机

(b) 部分断面掘进机

(c) 扩孔式掘进机

1—工作机构;2—装载机构;3—液压系统;4—机架;5—行走机构;6—输送机构;7—电气系统;
8—喷雾除尘系统;9—支撑装置;10—行走装置;11—刀盘;12—液压泵及马达等;13—迈步支架

图 6-30　隧洞掘进机

图 6-31　掘进机工作示意图

1.1　掘进机的特点

与传统钻爆法相比,掘进机开挖可实现多种工序的综合机械化联合作业,具有成洞质量优、施工速度快、劳动工效高等优点。虽然掘进机开挖的单价比钻爆法开挖的单价约高1.78倍,但由于提高了掘进速度,减少了支洞数量和长度,降低了隧洞超挖岩石量和混凝土超填量,通过综合经济效益分析,掘进机施工的隧洞成洞造价比钻爆法约低35%。

掘进机开挖也存在较多缺点,主要有:初期投资(主要是设备费用)大,刀具磨损快,刀具更换、电缆延伸、机器调整等辅助工作占时较长,掘进时释放热量大,要求通风能力强。

因此,选择何种掘进方案,应结合工程具体条件,通过技术经济比较后确定。

1.2　适用范围

从理论上说,掘进机可适用于各种水平和倾斜隧洞的施工。但从经济和技术的综合角度考虑,其使用范围尚受到一定的限制。

(1)地质条件。掘进机对岩性和地质构造有一定的选择,围岩岩性以中硬岩石为佳,岩石抗压强度以 30 ~ 150 MPa 为最经济合理。

(2)工程条件。掘进机适用于圆形隧洞和城门洞形隧洞施工。要求洞线比较顺直,无较大弯道的长隧洞。国外经验认为隧洞直径以 5 ~ 10 m 为最佳,其直径在 2 ~ 4 m 时隧洞长度应大于 800 m;直径大于 4 m 时隧洞长度宜为 2 000 m 以上,或认为开挖长度大于600 倍洞径是较经济合理的。单机掘进最佳长度为 10 km 左右。

(3)使用条件。由于掘进机施工单位工程量的开挖成本较钻爆法高,临时性隧洞或衬砌要求低的隧洞,采用掘进机施工就不经济。对于永久性长隧洞、承压或衬砌要求较高的隧洞,使用掘进机就有优势。

1.3　影响施工进度的主要因素

(1)掘进机技术特性对施工进度的影响。目前世界上各国生产的掘进机特性各异,产品质量差异较大。我国掘进机的研制虽然到了实用阶段,而且曾创造过月进尺 301 m、日进尺 22 m 的好成绩,但与国外掘进机相比,还存在较大的差距。有效时间利用系数国外一般为 50% 左右,近年来增至 60% ~ 75%,而我国生产的掘进机只有 20% 左右。

(2)岩性对掘进速度的影响。围岩岩性对掘进机掘进速度影响较大。中软和中硬岩石掘进速度较高。如砂岩、页岩、石灰岩、白云岩等月进尺可达 600 ~ 750 m,而坚硬的花岗岩月进尺仅 140 ~ 220 m,且刀具的损耗随岩石抗压强度的增加而显著加大。

国外于 20 世纪 70 年代用莫氏硬度表示,凡莫氏硬度小于 4.5 的岩石,如页岩、砂岩等认为是掘进机最佳的掘进对象,见表6-11,随着掘进机破岩性能、刀具性能的提高,掘进机适应的岩石硬度也将有所提高。

表 6-11　岩石莫氏硬度值

岩石	页岩	砂岩	灰岩	大理岩	板岩	花岗岩	片岩	片麻岩	玄武岩
莫氏硬度	<3	3 ~ 7	3	3	4 ~ 5	6 ~ 7	6 ~ 7	6 ~ 7	8 ~ 9

(3)地质构造对掘进速度的影响。掘进机遇到不良地质如断层、溶洞、暗河或流砂等时,其掘进速度将受到严重影响。在特别复杂的条件下,要借助人力或钻爆法,并辅以必要的安全支护措施。如西班牙的伯特隆隧洞,正常掘进时,月最高进尺 619 m,但遇到断

层时,月进尺只有 90 m。

(4)配套系统的完善和可靠程度对掘进速度的影响。要使掘进机快速挖掘的优点能充分发挥出来,就必须配备合适的配套设备,尤其在小直径长隧洞的施工中,这一点更为重要。整个开挖进尺往往主要受控于岩渣运出洞外的施工安排。

(5)施工组织与管理对掘进速度的影响。掘进机法开挖隧洞必须有严格的施工组织设计。要根据工程本身的具体条件和设备情况,优选合适的施工方法,制订施工进度计划,培训施工技术队伍,科学管理,文明施工。

2　盾构机

盾构机是在机身前部安装盾构,在盾构内部安设混凝土管片衬砌的掘进机。它适用于软弱地层或破碎岩层的掘进。盾构机的主要组成部分有:用厚钢板制成的防护罩、带有切割刀具的刀盘、刀盘的驱动系统、压缩空气封闭室、向工作面输送膨润土泥浆的管道、从工作面排除开挖土和膨润土泥浆的输送管道、预制混凝土块安装器、后配套设备和地面泥浆筛分厂等。盾构机的特点是:在掘进的同时进行排渣和拼装后面的预制混凝土衬砌块。这种施工方法的机械化程度高,全部工作在盾构壳体保护下进行,施工安全。

盾构机掘进的具体方法:用带有切割刀具的开式刀盘切割破碎岩层或土层,用尾部已安装好的预制混凝土衬砌块为盾构机向前掘进提供反力,用机械或水力出渣,用盾构支撑洞壁,保障施工安全。

盾构机掘进隧洞的出渣方式分为机械式和水力式,发达国家多使用水力式。使用水力式盾构机出渣,在工作面处要建立一个注满膨润土液的密封室。膨润土液既用于平衡工作面上的土压力和地下水压力,又用来和土颗粒相互作用以增加黏结力,并作为出渣输送土料的介质。此外,还要在地面上设置筛分场,以便把土料分离出来,重复使用膨润土液。为了向工作面提供稳定的压力,常采用设置空气垫的办法解决,即在水力盾构机前端压力密封舱的上部设置一块局部隔板,隔板下部稍超过盾构机轴线,将舱室分为前后两部分。前部分完全注满膨润土液,后部分只用膨润土液充填一多半,形成一个自由液面,当从舱室上部输入压缩空气,并作用于自由液面时,便形成空气垫。空气垫的压力由一个特制的调节阀控制。液面下降时,泵输出的膨润土液量上升;液面上升时,泵输出的膨润土液量下降,可根据盾构机的掘进速度进行调节。

【案例 6-2】　瑞士爱姆森水工隧洞

洞长 1 145 m,倾角 33°,通过岩层为含石英的花岗岩,岩石抗压强度为 23 536 N/cm²,采用一台维尔特 TBⅡ-300E 型挖掘机自下而上开挖,1968 年 10 月 1 日开工,1969 年 9 月 1 日完成,掘进 1 108 m,实际施工时间 9 个月。每日两班作业,每班 5～6 人。日平均进尺 5.3 m,日最高进尺 15.75 m,月最高进尺 140 m。工作时间分配:掘进机运转,50%;刀具维修,10%(检查 54 次,换刀 216 把);其他影响,34%;机修及停工,3%;扩大,3%。

■ 任务4　衬砌施工

地下洞室开挖后,为了防止围岩风化和坍落,保证围岩稳定,往往要对洞壁进行衬砌。

衬砌类型有现浇混凝土或钢筋混凝土衬砌、混凝土预制块或条石衬砌、预填骨料压浆衬砌等。本任务仅介绍隧洞现浇混凝土及钢筋混凝土衬砌施工。

1　隧洞衬砌的分段分块及浇筑顺序

水工隧洞较长,纵向需要分段进行浇筑。分段长度根据围岩条件、隧洞断面尺寸、混凝土生产能力与混凝土冷却收缩等因素而定。一般分段长度以 9 ~ 15 m 为宜。当结构上设有永久伸缩缝时,可利用结构永久缝分段;当结构永久缝间距过大或无永久缝时,可设施工缝分段,并做好施工缝的处理。

分段浇筑的顺序有跳仓浇筑、分段流水浇筑和分段留空当浇筑等三种方式,如图 6-32 所示。

(a)跳仓浇筑,先浇①、③、⑤、…段,后浇②、④、⑥、…段

(b)分段流水浇筑,在大段Ⅰ、Ⅱ、Ⅲ、…之间进行流水作业

(c)分段留空当浇筑,空当宽 1 m 左右,最后浇筑

(d)在结构转折点设施工缝　　(e)在内力较小部位设施工缝

①、③、…⑨—分段序号;Ⅰ、Ⅱ、Ⅲ—流水段号;

1—止水;2—分缝;3—空当;4—顶拱;5—边拱(边墙);6—底拱(底板)

图 6-32　平洞衬砌分段分块

分段流水浇筑时,须等待先浇筑段混凝土达到一定强度后,才能浇筑相邻后段,影响施工进度。跳仓浇筑可避免窝工,因此隧洞衬砌常采用跳仓浇筑或分段留空当浇筑。对于无压平洞,结构上按允许开裂设计时,也可采用滑动模板连续施工的浇筑方式,但施工工艺必须严格控制。

衬砌施工除在纵向分段外,在横断面上也采用分块浇筑。一般分为底拱(底板)、边拱(边墙)和顶拱,如图 6-33 所示。常采用的浇筑顺序为:先底拱(底板)、后边拱(边墙)和顶拱。可以连续浇筑,也可以分开浇筑,由浇筑能力或模板形式而定。地质条件较差时,可采用先顶拱后边拱(边墙)和底拱(底板)的浇筑顺序。当采用开挖和衬砌平行作业时,由于底板清渣无法完成,可采用先边拱(边墙)和顶拱,最后浇筑底拱(底板)的浇筑顺序。当采用底拱(底板)最后浇筑的顺序时,应注意已衬砌的边墙、顶拱混凝土的位移和变形,并做好接头处反缝的处理,必要时对反缝要进行灌浆。

(a)底拱模板　　　(b)边墙模板　　　(c)顶拱模板

1—脚手架;2—路面板;3—模板桁架;4—桁架立柱

图6-33　平洞断面分块

2　隧洞衬砌模板

隧洞衬砌用的模板,按浇筑部位不同,可分为底拱模板、边拱(边墙)和顶拱模板,不同部位的模板,其构造和使用特点各不相同。

底拱模板,当中心角较小时,可以像平底板浇筑那样,只立端部挡板,不用表面模板,在混凝土浇捣中,用弧形样板将表面刮成弧形。对于中心角较大的底拱,一般采用悬挂式弧形模板(如图6-33(a)所示)。浇筑前,先立端部挡板和弧形模板的桁架,悬挂式弧形模板是随着混凝土的浇筑升高的,从中间向两旁逐步安装。安装时,应将运输系统的支撑与模板架支撑分开,避免引起模板位移走样。

对洞径一致的中、大型隧洞的底拱浇筑,也可采用拖模法施工,但必须严格控制施工工艺。

边拱(边墙)和顶拱的模板,常用的有桁架式和移动式两种。

桁架式模板又称为拆移式模板,主要由面板、桁架、支撑及拉条等组成,如图6-33所示。通常是在洞外先将桁架拼装好,运入洞内安装就位,再安装面板。

移动式模板主要由车架、可绕铰转动的模板支架和钢模板组成。车架和支架用型钢构成,车架可通过行走机构移动,故又称为钢模台车。它具有全断面一次成型、施工进度快及成本低等优点。鲁布革水电站引水隧洞混凝土衬砌采用针梁式钢模台车。该针梁式钢模台车,浇筑段长15 m,设置40个不同高度的450 mm×600 mm的洞口,供进料、进入操作及检查用。四周设置40个螺栓孔,用来埋设灌浆管。顶部设置3个泵送混凝土的尾管注入孔口,同时还设置抗浮、防倾斜、防滑移和升降钢模的液压装置以及行走装置,总重150 t,如图6-34和图6-35所示。由于针梁式钢模台车可全断面一次成型,配以混凝土泵送料入仓,提高了工作效率。

3　衬砌混凝土的浇筑和封拱

由于隧洞衬砌的工作面狭窄,混凝土的运输和浇筑,以及浇筑前钢筋的绑扎安装等工作都较困难,采用合理的施工方案、先进的施工技术和组织设计尤为重要。隧洞衬砌内的钢筋,是在洞外制作,运入洞内安装绑扎。扎筋工作常在立好模板并预留端部挡板的时候进行。钢筋靠预先插入岩壁的锚筋固定。如采用钢筋台车绑扎钢筋时,则先绑扎钢筋后立模板,如图6-36所示。

1—针梁;2—钢模;3—前支座液压千斤顶;4—后支座液压千斤顶;5—前抗浮液压千斤顶平台;

6—后抗浮液压千斤顶平台;7—行走装置系统;8—混凝土衬砌;9—针梁的梁框;

10—装在梁框上的轮子,供钢模行走用;11—手动螺栓千斤顶,供伸缩边模用;

12—手动螺栓千斤顶,供伸缩顶模用;13—针梁上下共4条钢轨,供有轨行走用;14—千斤顶定位螺栓

图6-34 针梁式钢模台车示意图 （单位:mm）

隧洞混凝土浇筑能力的关键是混凝土的运输组合。混凝土水平运输有自卸汽车、搅拌运输车、专用梭车、搅拌罐车等。混凝土的入仓运输常用混凝土泵,常用型号为液压活塞泵。各种运输工具和适用条件见表6-12。

表6-12 隧洞混凝土施工运输车辆及适用条件

运输方式	运输车辆	适用条件
有轨	斗车或箱式车、搅拌罐车、专用车	中、小断面隧洞,长隧洞最优方案是搅拌车
无轨	搅拌运输车、自卸汽车	大、中断面隧洞,搅拌运输车较优

混凝土泵的给料设备是保证混凝土泵生产率的重要配套设备,应根据混凝土泵进料高度、运输车辆出料高度及工作面等进行选择。常用的给料设备及配套方案如图6-37所示。浇筑布置如图6-38所示。

在浇筑顶拱时,浇筑段的最后一个预留窗口的混凝土封堵称为封拱。由于受仓内工作条件限制,使混凝土形成完整拱圈的封拱工作,常采取以下两种措施:

(a)钢模就位状态

(b)针梁行走

(c)针梁定位

(d)拖模

(e)钢模行走

1—针梁;2—钢模;3—前抗浮;4—后抗浮;5—前支座千斤顶;6—千斤顶收起;7—千斤顶受力;
8—收缩顶拱;9—收缩右边拱;10—收缩左边拱;11—收缩底拱;12—后支座;13—针梁移动

图 6-35　针梁式钢模台车运行示意图 （单位:cm）

（1）封拱盒封拱。当最后一个顶拱预留窗口,工人无法操作时,退出窗口,并在窗口四周装上模框,将窗口浇筑成长方形,待混凝土强度达到 1 MPa 后,拆除模框,洞口凿毛,装上封拱盒封拱,如图 6-39 所示。

（2）混凝土泵封拱。使用混凝土泵浇筑顶拱混凝土时,封拱布置如图 6-40 所示。即将导管的末端接上冲天尾管,垂直穿过模板伸入仓内,冲天尾管的位置应用钢筋固定,尾管之间的间距根据混凝土扩散半径确定,一般为 4 ～ 6 m,离端部约 1.5 m,尾管出口与岩面的距离一般为 20 cm 左右,其原则是在保证压出的混凝土能自由扩散的前提下,越贴近岩面,封拱效果越好。为了排除仓

1—钢筋;2—钢筋台车;3—螺旋千斤顶;
4—轨道;5—固定轨道埋件;6—底拱混凝土

图 6-36　钢筋台车示意图

内空气和检查拱顶混凝土充填情况,在仓内最高处设置通气孔。为了便于人进仓工作,在仓的中央设置进人孔。

混凝土泵封拱的步骤如下:当混凝土浇筑至顶拱仓面时,撤出仓内各种器材,并尽量填高;当混凝土浇筑至与进人孔齐平时,撤出仓内人员,封闭进人孔,增大混凝土坍落度（达 14 ～ 16 cm）,并加快泵送速度,直至通气管开始漏浆或压入混凝土超过预计量时止,停止压送混凝土后,拆除尾管上包住预留孔眼的铁箍,从孔眼中插入钢筋,防止混凝土下落,并拆除尾管。待顶拱混凝土凝固后,将外伸的尾管割除,用灰浆抹平,如图 6-41 所示。

图6-37　边、顶拱混凝土浇筑机械化配套

(a)泵在模板前方　　　　　　　　(b)泵在模板后方

1—混凝土泵;2—泵管;3—钢模;4—运输台车;5—混凝土衬砌

图6-38　混凝土泵浇筑边、顶拱施工布置

(a)封拱前的混凝土浇筑面

(b)装模框　　　　　　　　(c)封拱盒封拱

1—已浇筑的混凝土;2—模框;3—封拱部分;4—封拱盒;
5—进料盒门;6—活动封拱板;7—顶架;8—千斤顶

图6-39　采用封拱盒封拱

4　隧洞灌浆

　　隧洞灌浆有回填灌浆和固结灌浆。前者的作用是填塞围岩与衬砌间的空隙,所以只限于拱顶一定范围内;后者的作用是加固围岩,提高围岩的整体性和强度,所以其范围包括断面四周的围岩。

1—已浇段;2—冲天尾管;3—通气管;
4—导管;5—脚手架;6—尾管出口与岩面距离
图 6-40　混凝土泵封拱示意图

(a)浇筑时的情况　(b)导管拆除时的情况

1—尾管;2—导管;3—直径 2 ~ 3 cm 的孔眼;
4—铁皮箍;5—插入孔眼中的钢筋
图 6-41　垂直尾管上的孔眼

灌浆孔可在衬砌时预留,孔径为 38 ~ 50 mm。灌浆孔沿洞轴线 2 ~ 4 m 布置一排,各排孔位交叉排列。同时还需布置一定数量的检查孔,用以检查灌浆质量,如图 6-42 所示。

1—回填灌浆孔;2—固结灌浆孔;3—检查孔
图 6-42　灌浆孔的布置

水工隧洞灌浆应按先回填后固结的顺序进行,回填灌浆应在衬砌混凝土达到 70% 设计强度后尽早进行。回填灌浆结束 7 d 后再进行固结灌浆。灌浆前应对灌浆孔进行冲洗,冲洗压力不宜大于本段灌浆压力的 80%。回填灌浆须按分序加密原则进行,固结灌浆应按环间分序、环内加密的原则进行,灌浆压力、浆液浓度、升压顺序和结束灌浆标准应符合设计要求。

任务 5　锚喷支护

锚喷支护是应用锚杆(索)与喷射混凝土形成复合体以加固岩体的措施。主要有锚杆支护、喷混凝土支护、喷混凝土锚杆支护、喷混凝土锚杆钢丝网支护等不同形式。锚杆支护、喷射混凝土和现场量测是新奥地利隧洞施工法(简称新奥法)的三项主要内容。新奥法是奥地利学者 L. V. 拉布采维兹等人于 20 世纪 50 年代初期创建,并于 1963 年正式命名的。新奥法的关键是在洞室的设计和施工中要有措施,使围岩既能充分发挥承载能力,又不致过度松弛降低岩体强度。

锚喷支护是在洞室开挖后,将围岩冲洗干净,适时喷上一层厚 3 ~ 8 cm 的混凝土,防止围岩松动。如发现围岩变形过大,可视需要及时加设锚杆或加厚混凝土,使围岩稳定。锚喷支护既可以作临时支护,也可以作永久支护。它适用于各种地质条件、不同断面大小的地下洞室,但不适用于地下水丰富的地区。锚喷支护与现浇混凝土衬砌相比,混凝土量减少 50% 以上,开挖量减少 15% ~ 25%,可省去支模和灌浆工序,劳动力节省 50% 左右,施工速度加快一倍以上,造价降低 50% 左右。

1　锚喷支护原理

锚喷支护是充分利用围岩的自承能力和具有弹塑性变形的特点,有效控制和维护围岩的稳定,最大限度发挥围岩自承能力的新型支护形式。它的原理是把岩体视为具有黏性、弹性和塑性等物理性质的连续介质,洞室开挖后,洞室周围的岩体(围岩)将向着临空面变形,变形随时间而增大,增大到一定程度,围岩将产生坍塌。因此,在围岩产生一定变形前,应及时采用既有一定刚度又有一定柔性的薄层支护结构,使支护与围岩紧密地黏结成一个整体,既限制围岩变形又可与围岩"同步变形",从而加固和保护围岩,使围岩成为支护的主体,充分发挥围岩自身的承载能力,增加围岩的稳定性。

锚喷支护原理与传统的现浇混凝土衬砌的松动围岩压力理论有着本质的不同。后者认为,洞室的衬砌或支护结构完全是为了承担洞壁邻近部分松塌岩体所形成的松动围岩而设置的,并且认为围岩的松塌是不可避免的,认为围岩越差,洞室越大,松塌的范围也就越大,因此所用支护结构必然是坚固的、比较厚的混凝土或钢筋混凝土衬砌。实践证明,传统的衬砌理论不能正确地反映围岩的自承能力,这种理论只适用于围岩非常松散破碎的洞室衬砌。传统的钢木支撑不能满足这种要求,锚杆和喷射混凝土则能与围岩结合为一体,不仅可以取得良好的支护效果,而且施工简便,其参数易于调整,并能满足不同地质条件对支护所提出的各种要求。

2　锚杆支护

锚杆是锚固在岩体中的杆件,锚杆插入岩体后,与围岩共同工作,提高围岩的自稳能力。

2.1　锚杆分类及作用

工程中常用的锚杆,按受力状态可分为非张拉型锚杆和张拉型锚杆。其中,张拉型锚杆又分为张拉锚杆和预应力锚杆。按锚固方式可分为全长黏结型锚杆、端头锚固型锚杆和摩擦型锚杆等。

楔缝式锚杆和胀壳式锚杆属于端头锚固型锚杆,如图 6-43(a)、(b)所示。其施工顺序是:将楔块(或锥形螺母)嵌入锚杆端部的楔瓣(或胀圈)内后,同时插入钻孔,使楔块(或锥形螺母)与孔底接触。再用冲击力(楔缝式)或用扳手旋转锚杆(胀壳式)使楔瓣(或胀圈)胀开,紧压孔壁,最后安上垫板,拧紧螺帽,将岩石压紧锚固。端头锚固型锚杆一般用作临时支护。

全长锚固的锚杆有砂浆锚杆和树脂锚杆等,如图 6-43(c)~(g)所示。锚杆可用钢筋,也可用钢丝索或钢丝绳。为了充分发挥锚杆强度,尤其是用钢丝索或钢丝绳作锚杆时,可对锚杆施加预应力而成为预应力锚杆。全长锚固型锚杆一般用于永久支护。

2.2　全长黏结型锚杆工艺流程

(1)先注浆后插杆。

测量定位→钻机就位→造孔(钻头直径比锚杆直径大 15 mm 以上)→洗孔→灌注水泥砂浆→安装锚杆→封孔灌浆→检测适用于垂直孔、下倾孔和临时支护锚杆。

(2)先插杆后注浆。

(c)螺纹或竹节 (d)中空螺纹或竹 (e)波浪形钢 (f)倒U形钢 (g)钢管
钢筋砂浆锚杆 节钢筋砂浆锚杆 筋砂浆锚杆 筋砂浆锚杆 砂浆锚杆

(a)楔缝式锚杆　(b)胀壳式锚杆

1—楔块;2—锚杆;3—垫块;4—螺帽;5—锥形螺帽;6—胀圈;7—突头;8—水泥砂浆或树脂

图 6-43　锚杆的类型

测量定位→钻机就位→造孔(孔口注浆,钻头直径比锚杆直径大 25 mm 以上,孔底注浆,钻头直径比锚杆直径大 40 mm 以上)→洗孔→安装锚杆(附加进浆管和排气管)→灌注水泥砂浆→检测适用于水平孔、仰角孔及永久性支护锚杆。

2.3　施工技术要点

锚杆施工前,应根据不同的地质条件进行生产性工艺试验,以确定最优的施工参数和施工工艺。

(1)造孔。造孔精度控制:孔位偏差不宜超过 10 cm,钻孔孔斜偏差 2°~4°,孔深偏差 ±5 cm。锚杆直径大多采用 25 mm。长度小于 5 m 的一般采用手风钻造孔,对其他的锚杆可根据设计要求采用回转钻机或其他钻孔设备进行造孔。在三峡船闸锚杆施工中采用的钻孔设备为 YQ100B 和 DCZ 锚杆钻机。

(2)锚杆安装。锚杆安装一般采用人工安装,安装前应对杆体表面进行检查,进行去污和除锈处理,并安装孔内杆体的居中托架。

(3)注浆。砂浆配合比:水泥和砂宜为 1:1~1:2(重量比),水灰比为 0.38~0.45。采用先注浆后插锚杆时,注浆管应插至距孔底 10~20 cm,随砂浆的注入,缓慢匀速拔出;杆体插入若无砂浆溢出,应及时补注。当采用先插锚杆后注浆时,注浆管插至距孔底 10~20 cm,随砂浆的注入缓慢匀速拔出;杆体插入若无砂浆溢出,应及时补注。当采用先插锚杆后注浆时,孔口应采用灌浆塞或孔口(管)封闭灌浆,适当加压,待灌浆结束后,及时封闭进、回浆管。

(4)拉拔检测。锚杆砂浆达到龄期后,按照有关规程规范要求的比例,每 300~400 根锚杆至少选一组(三根),对锚杆进行拉拔抽检,检查锚杆的抗拉强度等是否满足设计及规范要求。

对预应力锚杆,钻孔冲洗干净后,放入锚索及内锚头,固定锚索,张拉锚索到控制应力后,用外锚头固定锚索,最后灌浆,用混凝土封闭外锚头,如图 6-44 所示。

1—导向帽;2—六棱锚塞;3—外夹片;4—挡圈;5—顶簧;6—套管;7—排气管;8—黏结砂浆;
9—现浇混凝土支墩;10—垫板;11—锚环;12—锚塞;13—锥筒;14—顶簧套筒;15—托筒

图6-44　胀壳式内锚头钢绞线预应力锚索

2.4　锚杆布置

锚杆布置有局部锚杆和系统锚杆之分。局部锚杆主要用于加固危石,防止掉块,如图6-45所示。系统锚杆用于提高围岩的承载能力,顶拱的系统锚杆可在顶拱围岩中形成连续压缩带,提高围岩的承载能力。系统锚杆在岩层中的布置和在围岩中的作用如图6-46和图6-47所示。

(a)顶拱楔形体　　　　　　　(b)边墙楔形体

图6-45　围岩楔形体锚杆支护

图6-46　层理岩层中系统锚杆的布置

锚杆的布置参数一般可参照以下规定选取:

(1)加固危岩的锚杆必须插入稳定的岩体中,插入深度和间距视危岩的质量(或滑动力)确定。

(2)系统锚杆一般按梅花形排列,锚杆长度视洞室跨度、围岩特性和锚固部位而定,

图 6-47　围岩中的预压拱

通常插入深度为 1.5~3.5 m,间距约为锚固深度的 1/2。

3　喷混凝土施工

喷混凝土是将水泥、砂、石等骨料,按一定配合比拌和后,装入喷射机中,用压缩空气将混合料压送到喷头处,与水混合后高速喷到作业面上,快速凝固而成一种薄层支护结构。这种支护结构的主要作用是,喷射混凝土不但与围岩表面有一定的黏结力,而且能充填围岩的缝隙,提高围岩的整体性和强度,增强围岩抵抗位移和松动的能力,同时还可起到封闭围岩、防止风化的作用,是一种高效、早强、经济的轻型支护结构。

3.1　喷混凝土的原材料及配合比

喷混凝土的原材料与普通混凝土基本相同,但在技术要求上有一定的差别,现说明如下:

(1)水泥。优先选用强度等级不低于 42.5 的普通硅酸盐水泥,也可采用强度等级不低于 52.5 的矿渣硅酸盐水泥和火山灰质硅酸盐水泥。其目的是为了保证喷射混凝土的凝结时间与速凝剂有较好的相容性。

(2)砂石料。优先选用磨圆度较好的天然砂和卵石,也可采用机制砂石料。砂的细度模数应大于 2.5,细石粒径不宜大于 15 mm,以减少施工操作时的粉尘、回弹量和堵管。最大粒径为 15 mm 的级配应满足表 6-13 的要求。

表 6-13　喷射混凝土骨料级配

项目	通过各种筛径的累计质量百分数(%)							
	0.15 mm	0.30 mm	0.60 mm	1.20 mm	2.50 mm	5.00 mm	10.0 mm	15.0 mm
优	5~7	10~15	17~22	23~31	35~43	50~60	73~82	100
良	4~8	5~12	7~31	18~41	26~54	40~70	62~90	100

(3)水。喷混凝土用水与一般混凝土对水的要求相同。地下洞室中的浑浊水和一切有酸、碱侵蚀性的水不能使用。

(4)外加剂。为提高喷射混凝土的早期强度,增加一次喷射的厚度,宜在喷射混凝土中掺加速凝、早强、减水等外加剂,但掺入外加剂的喷混凝土的各项性能指标不得低于设计要求。在使用速凝剂时,水泥净浆试验的初凝时间应小于 5 min,终凝时间不得大于 10 min。

(5)硅粉。硅粉是在电弧炉中生产硅金属和硅铁合金的过程中产生的副产品,含有

85%~95%的无定形二氧化硅,平均粒径0.1 μm,为水泥颗粒粒径的1/100,颗粒呈圆形。

在混凝土中掺入适量的硅粉,可以减少混凝土拌和物的泌水性和混凝土的孔隙率,提高混凝土的强度、抗渗性和耐久性。硅粉的一般掺量为水泥质量的5%~15%。

喷射混凝土的配合比应满足混凝土强度和喷射工艺的要求,可按类比法选择后通过试验确定。喷射混凝土配合比可参考表6-14。

表6-14 各种喷射混凝土配合比及密度

喷射混凝土类型	水泥与砂石质量比	水灰比	砂率	外加剂占水泥用量	密度(kg/m³)
干喷法	1.0:4.0~1.0:4.5	0.40~0.45	45%~55%	2%~4%	≥2.2×10³
湿喷法	1.0:3.5~1.0:4.5	0.42~0.50	50%~60%	2%~4%	≥2.2×10³
水泥裹砂喷射混凝土	1.0:4.0~1.0:4.5	0.40~0.52	55%~70%	2%~4%	≥2.2×10³
钢纤维喷射混凝土	1.0:3.0~1.0:4.0	0.40~0.45	50%~60%	2%~4%	≥2.4×10³

注:28 d龄期抗压强度为20 MPa,抗拉强度1.5 MPa,黏结力≥0.5 MPa,抗渗等级P8。

3.2 喷混凝土的施工工艺

喷混凝土的施工方法有干喷、潮喷、湿喷和半湿喷四种。主要区别是投料的程序不同,尤其是加水和速凝剂的时机不同。

3.2.1 干喷和潮喷

干喷是将骨料、水泥和速凝剂按设计比例干拌均匀,然后装入喷射机,用压缩空气将混合的干骨料压送到喷枪,再在喷嘴处与高压水混合,以较高速度喷射到岩面上。其优点是喷射机械较简单,机械清洗和故障处理容易。其缺点是产生的粉尘量大,回弹量大,水灰比不易控制。其施工工艺流程如图6-48所示。

图6-48 干喷工艺流程

潮喷只是在骨料中预加少量水,从而降低了上料、拌和及喷射时的粉尘,其余与干喷工艺一样。由于潮喷可降低一定的粉尘,目前使用较多。

3.2.2 湿喷

湿喷是将骨料、水泥和水按设计比例拌和均匀,用湿式喷射机压送到喷头处,再在喷头上添加速凝剂后喷出。其施工工艺流程如图6-49所示。

湿喷的优点是粉尘少、回弹量小、混凝土质量容易控制,应当发展应用。缺点是对喷射机械要求较高,机械清洗和故障处理较麻烦。

图 6-49　湿喷工艺流程

3.2.3　半湿喷

半湿喷又称混合喷射或水泥裹砂造壳喷射法。其施工程序是先将一部分砂加第一次水拌湿,再投入全部水泥预制搅拌造壳,然后加第二次水和减水剂拌和成 SEC 砂浆,同时将另一部分砂和石强制搅拌均匀。然后分别用砂浆泵和干式喷射机压送到混合管后喷出。其施工工艺流程如图 6-50 所示。

图 6-50　混合喷射工艺流程

半湿喷所使用的主要机械设备与干喷基本相同。但由于半湿喷是分次投料搅拌,混凝土的质量较干喷时要好,粉尘和回弹率也有大幅度降低。然而机械数量较多,工艺较复杂,机械清洗和故障处理很麻烦。尤其是水泥裹砂造壳技术的质量直接影响到喷射混凝土的质量,施工技术要求高。

由于湿喷和半湿喷工作面粉尘少,混凝土强度高,回弹率小,所以湿喷和半湿喷被广泛应用。我国小浪底工程洞室壁几乎全部采用湿喷。

3.3　喷射混凝土机械设备

(1)喷射机。喷射机是喷射混凝土的主要设备,有干式喷射机和湿式喷射机两种。干式喷射机有双罐式、转体式和转盘式,如图 6-51 所示;湿式喷射机有挤压泵式、转体活塞式和螺杆泵式。泵式喷射机要求混凝土具有较大的流动性和大于70%的含砂率,机械构造较为复杂,清洗和故障处理麻烦,机械使用费较高,目前现场使用较少,有待进一步改进推广。

(2)机械手。喷头的喷射方向和距离的控制,可采用人工控制或机械手控制。人工控制虽然可以近距离随时观察喷射情况,但劳动强度大,粉尘危害大,易危及人身安全,现场只用于解决少量和局部的喷射工作。机械手控制可避免以上缺点,喷射灵活方便,工作

(a) 双罐式喷射机　　　　(b) 转体式喷射机　　　　(c) 转盘式喷射机

图 6-51　干式喷射机

范围大,效率高,其工作原理见图 6-52。

1—翻转油缸;2—伸缩油缸;3—探照灯;4—大臂;5—转筒;6—风水系统;
7—液压系统;8—车架;9—钢轨;10—卡轨器;11—拉杆

图 6-52　喷射机械手

(3)其他。喷射混凝土的拌制是用强制式搅拌机,喷射时的风压为 $0.1 \sim 0.15$ MPa,水压应稍高于风压。湿式喷射时,风压和水压均较干喷时高。输料管在使用过程中应转向,以减少管道磨损。

3.4　喷前检查及准备

喷射混凝土前应做好以下工作:

(1)对开挖断面尺寸进行检查,清除松动危石,用高压风和水清洗受喷面,对欠挖、超挖严重的应予以处理。

（2）挂网应顺坡铺设铁丝网或钢筋网，网间搭接 10～20 cm，用镀锌铁丝绑扎，如遇坡面不平整，应调整铁丝网与坡面的间距。

（3）受喷岩面有集中渗水处，应做好排水的引流处理，并根据岩面潮湿程度，适当调整水灰比。

（4）埋设喷层厚度检查标志。可采用石缝处钉铁钉，安设钢筋头等方法作标志。

（5）检查调试好各机械设备的工作状态。

3.5　施喷注意事项

（1）喷射时应分段（不超过 6 m）、分部（先下后上）、分块（2 m×2 m）进行，严格按先墙后拱、先下后上的顺序进行，以减少混凝土因重力作用而引发的滑动或脱落现象。

（2）喷头要垂直于受喷面，倾斜角度不大于 10°，距离受喷面 0.8～1.2 m。喷头移动可采用 S 形往返移动前进，也可采用螺旋形移动前进，如图 6-53 所示。

图 6-53　混凝土喷射程序

（3）喷射时一次喷射厚度不得太薄或太厚，对于岩面凹陷处应先喷且多喷，凸出处应后喷少喷。一次喷射厚度可参考表 6-15。

表 6-15　一次喷射厚度　　　　　　　　　　　　　　　　　（单位：cm）

部位	掺速凝剂	不掺速凝剂
边墙	7～10	5～7
拱部	5～7	3～5

（4）若设计喷射混凝土较厚，应分 2～3 层喷射。分层时间间隔不得太长，在初喷混凝土终凝后，即可复喷。喷射混凝土的终凝时间与水泥品种、施工温度、速凝剂类型及掺量等因素有关。间隔时间较长时，应将初喷面清洗干净后再进行复喷。

（5）喷射混凝土的养护应在其终凝 1～2 h 后进行，养护时间不得小于 7 d。

（6）冬季施工时，喷射混凝土作业区的气温不得低于 5 ℃；混凝土强度未达到设计强度的 50% 时，若气温降到 5 ℃ 以下，则应注意采取保温防冻措施。

（7）回弹物料的利用。采用干法喷射混凝土时，一般边墙的回弹率为 10%～20%，拱部为 20%～35%，故应将回弹混凝土回收利用。常用的方法是，及时将洁净的、尚未凝结的回弹物回收后，掺入混合料重新搅拌，但掺量不宜超过 15%，且不宜用于顶拱。也可将回弹混凝土掺入普通混凝土中，但掺量应加以控制。

目前常用的喷射混凝土有素喷混凝土、钢纤维喷射混凝土及钢筋网喷射混凝土。

钢纤维喷射混凝土是在喷射混凝土中加入钢纤维，弥补了素喷混凝土的脆性破坏缺陷，改善了喷射混凝土的物理力学性能。钢纤维的掺量一般为喷混凝土质量的 1.0%～1.5%，钢纤维喷射混凝土比素喷混凝土的抗压强度提高了 30%～60%，抗拉强度提高了 50%～80%，抗冲击性能提高了 8%～30%，抗磨损性能提高了 30% 左右。所以，钢纤维喷射混凝土适用于承受强烈震动、冲击的动荷载的结构物,也适用于有耐磨要求,或不便配置钢筋但又要求有较高强度和韧性的工程中。

钢筋网喷射混凝土是在喷射混凝土之前,在岩面上挂设钢筋网,然后再喷射素混凝土。它主要用于软弱破碎围岩,更多的是与锚杆构成联合支护,在我国隧洞工程中应用较多。

【案例6-3】 印度契比洛电站地下厂房加固

印度契比洛电站地下厂房高32 m,位于裂隙发育的灰岩及页岩岩体中,有一系列的断层通过岩体,断层厚度2~5 m。利用距厂房上下游侧最近的洞室,在洞室开挖后立即施加预应力锚索,如图6-54所示。

1—工作廊道;2—平均长度23.5 m

图6-54 契比洛水电站厂房锚索布置 (单位:高程,m;尺寸,m)

锚索的平均长度为23.5 m,由16根ϕ7 mm的钢丝组成,锚索孔直径75 mm。锚索排距2.5~2.7 m,沿厂房高度方向的间距为3.0~4.6 m。开始时利用这些锚索孔对围岩做固结灌浆,灌浆压力69~78 N/cm²,灌浆后重新钻透这些钻孔。

总计安设411根锚索,其中上游测231根,下游侧180根,每根锚索的张拉力55 tf。围岩表面挂网喷混凝土,厚度7~8 cm。

项目实训

背景资料:

某枢纽工程导流隧洞,总长4 000 m,圆形断面,开挖直径10 m。导流隧洞周围岩石坚固系数为9.0,极限抗压强度90 MPa。

根据工程地质资料:0+000~1+000为Ⅱ类(基本稳定)围岩,1+000~3+000为Ⅲ类(稳定性差)围岩,3+000~4+000为Ⅳ类(不稳定)围岩。

施工规划:隧洞开挖采用2号岩石铵锑炸药钻爆法施工。根据工程进度安排和地形条件,项目部拟定分六个工作面进行隧洞开挖(见图6-55),两个圆形施工支洞长均约为200 m,直径为6 m,两个支洞的岩石级别为Ⅸ,岩石坚固系数为9.0,极限抗压强度90 MPa。工程由中原水利工程施工有限公司承包。

图 6-55　隧洞开挖示意图

在隧洞施工过程中发生了如下施工事件:

事件 1:在进行 1 号施工支洞施工时,为了保证洞内照明亮度,项目部采用了 220 V 电压设置照明线路,施工过程中发生了施工人员触电事故。开挖进行到 150 m 时,施工单位为了赶进度,钻爆后进行了短暂的自然通风,即要求施工人员进洞进行出渣工作。

事件 2:在进行导流隧洞 3 + 000 ~ 4 + 000 段开挖时,为了加快施工进度,采用全断面开挖方式,开挖过程中发生了隧洞透水坍塌事故。经项目部技术人员研究后决定,隧洞采用上导洞开挖法施工。

事件 3:项目部拟定的上导洞开挖方式如图 6-56 所示,导洞开挖断面面积经计算按 11.2 m^2 计。采用导洞专进预裂爆破的方法进行开挖,崩落炮孔垂直于工作面布置,钻孔深度长短不一,为方便钻孔作业,周边孔孔口距设计边线 10 ~ 20 cm 布置,孔底控制在设计边界内 10 cm。爆破后出现了工作面凹凸不平,隧洞边壁欠挖现象。

图 6-56　隧洞导洞开挖

事件 4:在进行导流隧洞 3 + 000 ~ 4 + 000 段导洞开挖时,项目部拟定的循环进尺为 2.5 m。导洞开挖后及时采用喷混凝土支护,但后期出现了导洞围岩变形。

事件 5:进行喷混凝土施工时,施工人员采用了先顶拱、后边墙,喷头与受喷面呈 45°角,喷头距受喷面 2.5 m 的形式喷射。为了加快施工进度,喷混凝土掺入了速凝剂,所有部位每次均喷射 12 cm 的厚度。结果出现了混凝土滑动或脱落的现象,浪费了大量混凝土。

问题:

(1)指出事件 1 做法错误的地方。按项目部技术人员拟定的下列各工序:①钻孔;②通风、安检、清撬;③测量、布孔;④退避、爆破;⑤装药连线;⑥出渣、清底。排出钻爆法施工的正确顺序。

(2)说明项目部采用上导洞开挖法的原因。

(3)说明事件 3 中做法错误的地方,并改正;根据给定的条件,用 $2^\#$ 岩石铵锑炸药爆破,依据装药量平衡原理,设计并画出导洞开挖的炮孔布置图。

(4)说明事件 4 中围岩变形的原因,依据隧洞各段不同的地质条件选择合理的开挖方式,并按循环掘进工作量拟定合适的循环作业图。

(5)说明事件 5 中做法错误的地方,依据工程背景,拟定各开挖段的合理支护方式。

项目 7 水闸与泵站工程

学习指南

工作任务

(1)水闸工程;

(2)泵站工程。

知识目标

(1)掌握水闸各组成部分的结构;

(2)掌握水闸施工程序及特点;

(3)了解水闸分缝与分块的要求;

(4)了解泵站工程的基本组成;

(5)掌握泵站的施工顺序。

能力目标

(1)能进行水闸工程的各部位施工;

(2)能正确进行水闸混凝土的分缝与分块;

(3)能进行泵站施工。

任务 1 水闸工程

平原地区混凝土水闸施工一般施工场地较开阔,便于施工场地布置;地基多为软土地基,开挖时施工排水较困难,地基处理较复杂;拦河闸施工导流较困难,常常需要一个枯水期完成主要工作量,施工强度高;砂石料需要外运,运输费用高。由于水闸多为薄而小的结构,具有施工工作面较小等特点。

水闸由上游连接段、闸室段和下游段三部分组成。水闸施工一般包括"四通一平"与临时设施的建设,施工导流,基坑排水,地基的开挖、处理及防渗排水设施的施工,闸室工程的底板、闸墩、胸墙、工作桥、公路桥等的施工,上下游连接段工程的铺盖、护坦、海漫、防冲槽的施工,两岸工程的上下游翼墙、刺墙、上下游护坡等的施工;闸门及启闭设备的安装等内容。

一般大、中型水闸的闸室多为混凝土及钢筋混凝土工程,其施工原则是:以闸室为主,岸翼墙为辅,穿插进行上下游连接段的施工。

水闸施工中混凝土浇筑是施工的主要环节,各部分应遵循以下施工程序:

(1)先深后浅,即先浇深基础,后浇浅基础。以避免深基础的施工扰动破坏浅基础土体,并可降低排水工作的困难。

(2)先高后低,即先浇影响上部施工或高度较大的工程部位。如闸底板与闸墩应尽量安排先施工,以便上部工作桥、公路桥、检修桥和启闭机房的施工。而翼墙、消力池的护坦等可安排稍后施工。

(3)先重后轻,即先浇荷重较大的部分,待其完成部分沉陷以后,再浇筑与其相邻的荷重较小的部分,以减小两者间的沉陷差。

(4)相邻间隔,跳仓浇筑。为了给混凝土的硬化、拆模、搭脚手架、立模、扎筋和施工缝及结构缝的处理等工作以必要的时间,左、右或上、下相邻筑块的浇筑必须间隔一定时间。

1　水闸混凝土分缝与分块

水闸混凝土通常根据结构缝(包括沉陷缝与温度缝)将其分为许多结构块。为了施工方便,确保混凝土的浇筑质量,当结构块较大时,须将施工缝较大的结构块分为若干小的浇筑块,称为筑块。筑块的大小必须根据混凝土的生产能力、运输浇筑能力等,对筑块的体积、面积和高度等进行控制。

1.1　筑块的面积

筑块的面积应能保证在混凝土浇筑中不发生冷缝,筑块的面积(m^2)为

$$A \leqslant \frac{Q_c k(t_2 - t_1)}{h} \tag{7-1}$$

式中　Q_c——混凝土拌和站的实际生产率,m^3/h;

　　　k——时间利用系数,可取 $0.80 \sim 0.85$;

　　　t_1——混凝土的初凝时间,h;

　　　t_2——混凝土运输、浇筑所占的时间,h;

　　　h——混凝土铺料厚度,m。

当采用斜层浇筑法时,筑块的面积可以不受限制。

1.2　筑块的体积

筑块的体积不应大于混凝土拌和站的实际生产能力(当混凝土浇筑工作采用昼夜三班连续作业时,不受此限制),则筑块的体积(m^3)为

$$V \leqslant Q_c m \tag{7-2}$$

式中　m——按一班或二班制施工时,拌和站连续生产的时间,h。

1.3　浇筑块的高度

浇筑块的高度一般根据立模条件确定,目前 8 m 高的闸墩可以一次立模浇筑到顶。施工中如果不采用三班制作业,且还要受到混凝土在相应时间内的生产量限制,则浇筑块的高度(m)为

$$H \leqslant \frac{Q_c m}{A} \tag{7-3}$$

水闸混凝土筑块划分时,除应满足上述条件外,还应考虑如下原则:

(1)筑块的数量不宜过多,应尽可能少一些,以利于确保混凝土的质量和加快施工速度。

(2)在划分筑块时,要考虑施工缝的位置。施工缝的位置和形式应在无害于结构的强度及外观的原则下设置。

(3)施工缝的设置还要有利于组织施工。如闸墩与底板从结构上是一个整体,但在底板施工之前,难以进行闸墩的扎筋、立模等工作,因此闸墩与底板的结合处往往要留设施工缝。

(4)施工缝的处理按混凝土的硬化程度,采用凿毛、冲毛或刷毛等方法清除老混凝土表层的水泥浆薄膜和松软层,并冲洗干净,排除积水后,方可进行上层混凝土浇筑的准备工作;临浇筑前水平缝应铺一层 1~2 cm 的水泥砂浆,垂直缝应刷一层净水泥浆,其水灰比应较混凝土减少 0.03~0.05;新老混凝土接合面的混凝土应细致捣实。

2 底板施工

2.1 平底板施工

2.1.1 底板模板与脚手架安装

在基坑内距模板 1.5~2 m 处埋设地龙木,在外侧用木桩固定,作为模板斜撑。沿底板样桩拉出的铅丝线位置立上模板,随即安放底脚围图,并用搭头板将每块模板临时固定。经检查校正模板位置,水平、垂直无误后,用平撑固定底脚围图,再立第二层模板。在两层模板的接缝处,外侧安设横围图,再沿横围图撑上斜撑,一端与地龙木固定。斜撑与地面夹角要小于 45°。经仔细校正底部模板的平面位置和高程无误后,最后固定斜撑。对横围图与模板结合不紧密处,可用木楔塞紧,防止模板走动(见图 7-1)。

(a)剖面图   (b)模板平面

1—地龙木;2—内撑;3—仓面脚手架;4—混凝土柱;
5—横围图;6—斜撑;7—木桩;8—模板

图 7-1 底板立模与仓面脚手架

若采用满堂红脚手架,在搭设脚手架前,应根据需要预制混凝土柱(断面约为 15 cm × 15 cm 的方形),表面凿毛。搭设脚手架时,先在浇筑块的模板范围内竖立混凝土柱,然后在柱顶上安设立柱、斜撑、横梁等。混凝土柱间距视脚手架横梁的跨度而定,一般可为 2~3 m,柱顶高程应低于闸底板表面,见图 7-1,当底板浇筑接近完成时,可将脚手架拆除,并立即把混凝土表面抹平,混凝土柱则埋入浇筑块内。

2.1.2　底板混凝土浇筑

对于平原地基上的水闸,在基坑开挖以后,一般要进行垫层铺筑,以方便在其上浇筑混凝土。浇筑底板时运送混凝土入仓的方法较多,可以用吊罐入仓,此法不需在仓面搭设脚手架。采用满堂红脚手架,可以通过架子车或翻斗车等运输工具运送混凝土入仓。

当底板厚度不大,由于拌和站生产能力的限制,混凝土浇筑可采用斜层浇筑法,一般均先浇上、下游齿墙,然后从一端向另一端浇筑。

当底板顺水流长度在 12 m 以内时,通常采用连坯滚法浇筑,安排两个作业组分层浇筑,首先两个作业组同时浇筑下游齿墙,待浇筑平后,将第二组调至上游,浇筑上游齿墙,第一组则从下游向上游浇筑第一坯混凝土,当浇到底板中间时,第二组将上游齿墙基本浇平,并立即自下游向上游浇筑第二坯混凝土,当第一组浇到上游底板边缘时,第二组将第二坯浇到底板中间,此时第一组再转入第三坯,如此连续进行。这样可缩短每坯时间间隔,从而避免了冷缝的发生,提高混凝土质量,加快了施工进度。

为了节约水泥,底板混凝土中可适当埋入一些块石,受拉区混凝土中不宜埋块石。块石要新鲜坚硬,尺寸以 30 ~ 40 cm 为宜,最大尺寸不得大于浇筑块最小尺寸的 1/4,长条或片状块石不宜采用。块石在入仓前要冲洗干净,均匀地安放在新浇的混凝土上,不得抛扔,也不得在已初凝的混凝土层上安放。块石要避免触及钢筋,与模板的距离不小于 30 cm。块石间距最好不小于混凝土骨料最大粒径的 2.5 倍,以不影响混凝土振捣为宜。埋石方法是在已振捣过的混凝土层上安放一层块石,然后在块石间的空隙中灌入混凝土并加振捣,最后再浇筑上层混凝土把块石盖住,并做第二次振捣,分层铺筑两次振捣,能保证埋石混凝土的质量。混凝土骨料最大粒径为 8 cm 时,埋石率可达 8% ~ 15%。为改善埋块石混凝土的和易性,可适当提高坍落度或掺加适量的塑化剂。

2.2　反拱底板的施工

2.2.1　施工程序

考虑地基的不均匀沉陷对反拱底板的影响,通常采用以下两种施工程序:

(1)先浇闸墩及岸墙,后浇反拱底板。为了减少水闸各部分在自重作用下的不均匀沉陷,可将自重较大的闸墩、岸墙等先行浇筑,并在控制基底不致产生塑性开展的条件下,尽快均衡上升到顶。对于岸墙还应考虑尽量将墙后还土夯填到顶,这样使闸墩岸墙预压沉实,然后浇反拱底板,从而底板的受力状态得到改善。此法目前采用较多,对于黏性土或砂性土均可采用。但对于砂土,特别是粉砂地基,由于土模较难成型,适宜于较平坦的矢跨比。

(2)反拱底板与闸墩岸墙底板同时浇筑。此法适用于地基条件较好的水闸,对于反拱底板的受力状态较为不利,但保证了建筑物的整体性,同时减少了施工工序。

2.2.2　施工技术要点

(1)反拱底板一般采用土模,因此必须做好排水工作。尤其是砂土地基,不做好排水工作,拱模控制将很困难。

(2)挖模前必须将基土夯实,放样时应严格控制曲线。土模挖出后,应先铺一层 10 cm 厚的砂浆,待其具有一定强度后加盖保护,以待浇筑混凝土。

(3)采用先浇闸墩及岸墙,后浇反拱底板,在浇筑岸、墩墙底板时,应将接缝钢筋一头埋在岸、墩墙底板之内,另一头插入土模中,以备下一阶段浇入反拱底板。岸、墩墙浇筑完毕后,应尽量推迟底板的浇筑,以便岸、墩墙基础有更多的时间沉陷。为了减小混凝土的温度收缩应力,底板混凝土浇筑应尽量选择在低温季节进行,并注意施工缝的处理。

(4)采用反拱底板与闸墩、岸墙底板同时浇筑,为了减少不均匀沉降对整体浇筑的反拱底板的不利影响,可在拱脚处预留一缝,缝底设临时铁皮止水,缝顶设"假铰",待大部分上部结构荷载施加以后,便在低温期浇二期混凝土。

(5)在拱腔内浇筑门槛时,需在底板留槽浇筑二期混凝土,且不应使两者成为一个整体。

3 闸墩施工

3.1 闸墩模板安装

3.1.1 "对销螺栓、铁板螺栓、对拉撑木"支模法

闸墩高度大、厚度薄、钢筋稠密、预埋件多、工作面狭窄,因而闸墩施工具有施工不便、模板易变形等特点。因此,可以先绑扎钢筋,也可以先立模板。闸墩立模一要保证闸墩的厚度,二要保证闸墩的垂直度,立模应先立墩侧的平面模板,然后架立墩头曲面模板。

单墩浇筑,一般多采用对销螺栓固定模板,斜撑和缆风固定整个闸墩模板;多墩同时浇筑,则采用对销螺栓、铁板螺栓、对拉撑木固定,如图7-2(a)所示。对销螺栓为$\phi12 \sim 19$ mm 的圆钢,长度略大于闸墩厚度,两端套丝。铁板螺栓为一端套丝,另一端焊接钻有两个孔眼的扁铁。为了立模时穿入螺栓的方便,模板外的横向和纵向围图均可采用双夹围图,如图7-2(b)所示。对销螺栓与铁板螺栓应相间放置,对销螺栓与毛竹管或混凝土空心管的作用主要是保证闸墩的厚度;铁板螺栓和对拉撑木的作用主要是保证闸墩的垂直度。调整对拉撑木与纵向围图间的木楔块,可以使闸墩模板左右移动,当模板位置调整好后,即可在铁板螺栓的两个孔中钉入马钉。另外,再绑扎纵、横撑杆和剪刀撑,模板的位置就可以全部固定(见图7-3)。注意脚手架与模板支撑系统不能相连,以免脚手架变位影响模板位置的准确性,然后安装墩头模板,如图7-4所示。

3.1.2 钢组合模板翻模法

钢组合模板在闸墩施工中应用广泛,常采用翻模法施工。立模时一次至少立3层,当第二层模板内混凝土浇至腰箍下缘时,第一层模板内腰箍以下部分的混凝土须达到脱模强度(以98 kPa 为宜),这样便可拆掉第一层模板,用于第四层支模,并绑扎钢筋。依次类推,以避免产生冷缝,保持混凝土浇筑的连续性。具体组装如图7-5所示。

(a)对销螺栓和铁板螺栓   (b)双夹围图

1—每隔1 m 一块的2.5 cm 小木板;2—5 cm×15 cm 的木板

图7-2 对销螺栓及双夹围图

A 部放大

1—铁板螺栓;2—双夹围图;3—纵向围图;4—毛竹管;5—马钉;
6—对拉撑木;7—模板;8—木楔块;9—螺栓孔

图 7-3　铁板螺栓、对拉撑木支撑的闸墩模板　（单位:m）

1—面板;2—板带;3—垂直围图;4—钢环;5—螺栓;6—撑管

图 7-4　闸墩圆头模板

1—腰箍模板;2—定型钢模;3—双夹围图(钢管);
4—对销螺栓;5—水泥撑头

图 7-5　钢模组装

3.2　闸墩混凝土浇筑

闸墩模板立好后,随即进行清仓工作。用压力水冲洗模板内侧和闸墩底面。污水由底层模板上的预留孔排出。清仓完毕堵塞小孔后,即可进行混凝土浇筑。闸墩混凝土一般采用溜管进料,溜管间距为 2 ~ 4 m,溜管底距混凝土面的高度应不大于 2 m。施工中应注意控制混凝土面的上升速度,以免产生跑模现象。

由于仓内工作面窄,浇捣人员走动困难,可把仓内浇筑面划分成几个区段,每区段内固定浇捣工人,这样可提高工作效率。每坯混凝土厚度可控制在 30 cm 左右。

4　胸墙施工

胸墙施工在闸墩浇筑后、工作桥浇筑前进行,全部重量由底梁及下面的顶撑承受。下梁下面立两排排架式立柱,以顶托底板。立好下梁底板并固定后,立圆角板再立下游面板,然后吊线控制垂直,接着安放围图及撑木,使临时固定在下游立柱上,待下梁及墙身扎铁后再由下而上立上游面模板,再立下游面模板及顶梁。模板用围图和对销螺栓与支撑脚手相连接。

胸墙多属板梁式简支薄壁构件,故在闸墩立胸墙槽模板时,首先要做好接缝的沥青填料,使胸墙与闸墩分开,保持简支。其次,在立模时,先立外侧模板,等钢筋安装后再立内侧模板,而梁的面层模板应留有浇筑混凝土的洞口,当梁浇好后再封闭。最后,胸墙底关系到闸门顶止水,所以止水设备安装要特别注意。

5　闸门槽施工

采用平面闸门的中、小型水闸,在闸墩部位都设有门槽。为了减小启闭门力及闸门封水,门槽部分的混凝土中需埋设导轨等铁件,如滑动导轨,主轮、侧轮及反轮导轨,止水座等。这些铁件的埋设可采取预埋及留槽后浇两种办法。小型水闸的导轨铁件较小,可在闸墩立模时将其预先固定在模板的内侧,如图 7-6 所示。闸墩混凝土浇筑时,导轨等铁件即浇入混凝土中。

由于大、中型水闸导轨较大、较重,在模板上固定较为困难,宜采用预留槽浇二期混凝土的施工方法。在浇筑第一期混凝土时,在门槽位置留出一个比门槽宽的槽位,并在槽内预埋一些开脚螺栓或插筋,作为安装导轨的固定埋件,如图 7-7 所示。一期混凝土达到一定强度后,需用凿毛的方法对施工缝认真处理,以确保二期混凝土与一期混凝土的结合。

闸墩平剖面

1—闸墩模板;2—门槽模板;
3—撑头;4—开脚螺栓;
5—侧导轨;6—门槽角铁;
7—滚轮导轨

图 7-6　导轨预先埋设方式

安装直升闸门的导轨之前,要对基础螺栓进行校正,再将导轨初步固定在预埋螺栓或钢筋上,然后利用垂球逐点校正,使其铅直无误,最终固定并安装模板。模板安装应随混凝土浇筑逐步进行。

弧形闸门的导轨安装,需在预留槽两侧,先设立垂直闸墩侧面,并能控制导轨安装垂直度的若干对称控制点。再将校正好的导轨分段与预埋的钢筋临时点焊接数点,待按设计坐标位置逐一校正无误,并根据垂直平面控制点用样尺检验调整导轨垂直度后,再电焊牢固,如图 7-8 所示。

导轨就位后即可立模浇筑二期混凝土。浇筑二期混凝土时,应采用较细骨料混凝土,并细心捣固,不要振动已装好的金属构件。门槽较高时,不要直接从高处下料,可以分段安装和浇筑。二期混凝土拆模后,应对埋件进行复测,并作好记录,同时检查混凝土表面尺寸,清除遗留的杂物、钢筋头,以免影响闸门启闭。

(a)平面滚轮闸门门槽　(b)平面滑动闸门门槽

1—主轮或滑动导轨;2—反轮导轨;3—侧水封座;
4—侧导轨;5—预埋螺栓;6—二期混凝土

图 7-7　平面闸门槽的二期混凝土

I—I　剖面

1—垂直平面控制点;2—预埋钢筋;3—预留槽;
4—底槛;5—侧轨;6—样尺;7—二期混凝土

图 7-8　弧形闸门侧轨安装

6　接缝及止水施工

为了适应地基的不均匀沉降和伸缩变形,在水闸设计中均设置温度缝与沉陷缝,并常把沉陷缝兼作温度缝使用。缝有铅直的和水平的两种,缝宽一般为 2 ~ 3 cm,缝内应填充材料并设置止水设备。

6.1　填料施工

填充材料常用的有沥青油毛毡、沥青杉木板及沥青芦席等。其安装方法有以下两种:

(1)将填充材料用铁钉固定在模板内侧,铁钉不能完全钉入,至少要留有 1/3 的长度再浇混凝土,拆模后填充材料即可贴在混凝土上。

(2)先在缝的一侧立模浇混凝土,并在模板内侧预先钉好安装填充材料的铁钉数排,并使铁钉的 1/3 留在混凝土外面,然后安装填料,敲弯钉尖,使填料固定在混凝土面上。

缝墩处的填缝材料,可借固定模板用的预制混凝土块和对销螺栓夹紧,使填充材料竖立平直。

6.2　止水施工

凡是位于防渗范围内的缝,都有止水设施。止水设施分垂直止水和水平止水两种。水闸的水平止水大都采用塑料止水带或橡胶止水带(见图 7-9),其安装与沉陷缝填料的安装方法一样,也有两种,具体见图7-10。

651型止水带(中心管型)　　653型止水带(平板型)　　654型止水带(伸缩型)

图7-9　塑料止水带　（单位:cm)

(a)先浇混凝土后装填料　　　　　(b)先装填料后浇混凝土

1—模板;2—填料;3—铁钉;4—止水带

图7-10　水平止水安装示意图

　　浇筑混凝土时水平止水片的下部往往是薄弱环节,应注意铺料并加强振捣,以防形成空洞。

　　垂直止水可以用止水带或金属止水片,常用沥青井加止水片的形式,其施工的方法如图7-11、图7-12所示。

图7-11　垂直止水施工方法一

图7-12　垂直止水施工方法二

7　铺盖与反滤层施工

7.1　铺盖施工

　　钢筋混凝土铺盖应分块间隔浇筑。在荷载相差过大的邻近部位,应待沉降基本稳定后,再浇筑交接处的分块或预留的二次浇筑带。在混凝土铺盖上行驶重型机械或堆放重物,必须经过验算。

黏土铺盖填筑时,应尽量减少施工接缝。如分段填筑,其接缝的坡度不应陡于1:3;填筑达到高程后,应立即保护,防止晒裂或受冻;填筑到止水设施时,应认真做好止水,防止止水遭受破坏。

高分子材料组合层或橡胶布做防渗铺盖施工时,应防止沾染油污;铺设要平整,及时覆盖,避免长时间日晒;接缝黏结应紧密牢固,并应有一定的叠合段和搭接长度。

7.2　反滤层施工

填筑砂石反滤层应在地基检验合格后进行,反滤层厚度,滤料的粒径、级配和含泥量等均应符合要求;反滤层与护坦混凝土或浆砌石的交界面应加以隔离(多用水泥纸袋),防止砂浆流入。

铺筑砂石反滤层时,应使滤料处于湿润状态,以免颗粒分离,并防止杂物或不同规格的料物混入;相邻层面必须拍打平整,保证层次清楚,互不混杂;每层厚度不得小于设计厚度的85%;分段铺筑时,应将接头处各层铺成阶梯状,防止层间错位、间断、混杂。

铺筑土工织物反滤层应平整,松紧度均匀,端部应锚固牢固;连接可用搭接、缝接,搭接长度根据受力和地基土的条件而定。

8　闸门与启闭机金属结构安装

配合土建在混凝土浇筑时预留闸门槽内预埋铁件,闸门埋件安装前需清理闸槽,并对一、二期混凝土接触面进行凿毛处理;核对埋件规格与图纸是否符合,检查埋件质量是否符合要求;自制样板和5 kg线锤,以确保埋件的安装精度。

8.1　闸门埋件安装

用全站仪在闸门平台上放出闸门槽中心线和闸门孔中心线,并用墨线标出;用5 kg线锤将闸门、槽中心线引至闸门槽地面,并弹出墨线;根据土建提供的标高点,在闸墩下部做出标高标识。

8.1.1　闸门吊装就位

吊点设置在钢闸门专用吊耳上。利用汽车吊将闸门埋件从闸门安装孔内放入,吊车位置在河槽上;当门叶插入门槽后,随着门叶下滑,应不停地向止水橡皮浇水注滑,以利于门叶插入和防止止水橡皮损坏。

绑扎点要采取保护措施,吊点位置要适当,防止构件变形。

8.1.2　安装和定位

闸门翻身和安装过程中应严格保护涂层不被损坏,闸门四个横向移动导轮的踏面应在同一个平面内。每只导轮其轴承内必须加注润滑油脂。门槽埋件应与一期混凝土预留钢筋进行锚固焊接,可以采用与预留钢筋同规格材料在预留钢筋和闸门埋件伸出的锚件或次要构件上进行搭焊,以防止门槽主要构件产生局部变形。

门槽构件上的所有接头,必须用与该材质相匹配的焊条进行焊接。门槽工作面上的焊缝接头必须在工作完毕,二期混凝土回填后进行打磨,使其表面光洁度达到一致。

闸门安装完毕后,用36 V灯光检查门框和闸板的紧密程度,不应有透光和间隙产生。所有安装用的基点应妥善保护,直至安装验收合格;门槽件表面,除主轨面和水封座不锈钢面外均应采取防腐蚀措施,其要求必须符合《人工金属结构和防腐技术要求》的规定;

所有螺栓,其埋入深度和尾部形状应符合图纸要求;门槽埋件找正,必须利用样板和线锤并配合用调正螺栓进行安装位置的精确调正。

8.2　启闭机安装

启闭机出厂前应会同业主、监理工程师进行空载试验、静载试验、动载试验、整机噪声测试,试验方法按有关规定和设计要求进行。

启闭机安装按生产厂提供的安装说明书和图纸进行安装调试和试运行。机座和基础螺栓的混凝土应符合施工要求,在混凝土强度尚末达到设计强度前,不允许改变启闭机的安装支撑,更不得进行调试和试运行。

启闭机安装应以闸门起吊中心为基准,纵横向中心偏差应小于3 mm,水平偏差小于5/10 000,高程偏差小于5 mm。

启闭机安装时应全面检查,开式齿轮、轴衬等转动处的油污、铁屑、灰尘应清除干净,并加注新油,减速箱应按产品说明书的要求,加油至规定油位。

【案例7-1】　某水闸施工方法

1. 土方方程

(1)导流明渠工程。明渠工程量不大,不宜采用大型机械施工,可考虑采用人工开挖,胶轮架子车运输;挖掘机开挖,自卸汽车运输或铲运机挖运等方案,需进行经济比较,选择最优方案。经比较采用自行式铲运机挖运并辅以人工修整较为经济合理。

根据施工情况,明渠回填可采用推土机推土,辅以人工进行回填,运距可按50~60 m计算。

(2)围堰工程。工程量小,工作面狭窄,不宜采用大型机械施工,可采用基坑或明渠的弃土填筑,气胎碾压实。采用人工开挖,翻斗车运输进行拆除。

(3)基坑工程。基坑开挖面积大,而开挖深度不大,可采用明渠开挖的机械进行基坑开挖,细部采用人工开挖。

基坑回填可按两部分进行考虑,以尽快拔掉井点管,减少基坑排水费用。施工时应先施工高程30.0 m以下部分,施工完成后,首先对高程30.0 m以下的部分进行回填,再拆除井点管,以后进行高程30.0 m以上部分回填设计标高。回填时采用推土机推土回填,蛙式打夯机夯实。

2. 闸室施工

(1)板桩。为加快施工进度,采用预制打入桩。在混凝土预制厂内先将板桩预制养护好,运到现场用打桩机打入。板桩打入时要特别小心,防止打坏,否则将失去防渗作用。

(2)底板。由于闸基为软基,将保护层开挖后,先铺8 cm厚素混凝土作垫层在底面进行找平。底板浇筑方量大、面积大,为了施工方便,防止产生冷缝,采用平层浇筑、连坯滚法进行分块施工。可先立模、扎筋(人工),后浇筑混凝土,再采用振捣器振捣。

(3)闸墩。结合闸墩的特点,立模时要保证模板垂直,为保证工程质量,采用对销螺栓和铁板螺栓、对拉撑木立模的方法立模。入仓时采用搭脚手架,胶轮车运输,泄槽进料。

(4)岸箱。施工方法同闸墩,可看作闸墩的一部分,同闸墩一起考虑,岸箱壁更薄(0.3 m),浇筑时,要振捣密实,养护充分,强度要高,以便能承受较大的土压力。

(5)排架。根据排架的特点,采用现场预制、汽车起重机吊装进行施工。施工时要注意排架与闸墩的连接,在闸墩上要预留钢筋头以便连接。同时,要做好安全工作。

(6)桥梁及盖板。采用预制装配式,可避免高空立模和复杂的脚手架,同时可与下部工程平行作业,从而加快施工进度。可以在混凝土预制厂养护,然后运到现场用汽车起重机吊装。一般先吊装交通桥,然后吊装检修桥、工作桥。吊装时应注意保证吊装的精确性。

(7)闸门。本工程采用平面焊接钢闸门,采用汽车起重机吊装。

(8)启闭机。本工程采用双吊点卷扬式启闭机,采用汽车起重机吊装。

(9)启闭机房和桥头堡。主要是砖混结构,可采用民工施工。

闸室现浇混凝土采用 0.8 m³ 混凝土搅拌机拌和,胶轮车运输,泄槽或溜槽入仓,插入式振捣器振捣。

3. 上下游连接段

(1)翼墙。采用现浇混凝土,应注意止水的施工。一般 28 d 后进行土方回填。

(2)黏土铺盖。采用人工装胶轮车运黏土,蛙式打夯机夯实。

(3)砌石工程。采用胶轮车运石和水泥砂浆,人工砌石。

(4)消力池。采用与闸底板同时浇筑的方法进行施工。施工时在消力池靠近底板处留一道施工缝,将消力池分成大小两部分,先浇筑与闸底板不相邻的大部分,等过一段时间有一定的沉陷后,再浇筑与闸底板相邻的小部分。

(5)防冲槽。采用胶轮车运石、人工抛石。

■ 任务 2　泵站工程

1　泵站工程的基本组成

泵站工程主要由泵房、管道、进出水建筑物以及变电站等组成,如图 7-13 所示。在泵房内安装由水泵、传动装置和动力机组组成的机组,还有辅助设备和电气设备等。进出水建筑物主要有取水、引水设施以及进水池和出水池(或水塔)等。泵站的管道包活进水管和出水管。进水管把水源和水泵进口连接起来,出水管则是连接水泵出口和出水池的管道。泵站投入运行后,水流即可经过进水建筑物和进水管进入水泵,通过水泵加压后,将水流送往出水池(或水塔)或管网,从而达到提水或输水的目的。

2　泵站枢纽的布置

泵站工程的枢纽布置就是综合考虑各种条件和要求,确定建筑物种类并合理布置其相对位置和处理相互关系。枢纽布置主要是根据泵站所承担的任务来考虑,不同的泵站,其主体工程即泵房、进出水管道、进出水建筑物等的布置应有所不同。相应的涵闸、节制闸等附属建筑物应与主体工程相适应。此外,考虑综合利用要求,如果在站区内有公路、航运、过鱼等要求时,应考虑公路桥、船闸、鱼道等的布置与主体工程的关系。

根据泵站担负的任务不同,泵站枢纽布置一般有灌溉泵站、排水泵站、排灌结合站等几种典型布置形式。

1—水渠;2—拦污栅;3—进水池;4—进水管;5—水泵;6—出水管;
7—传动装置;8—电动机;9—出水池;10—干渠;11—泵房

图7-13　泵站示意图

3　施工顺序

水泵站的一般施工程序为:底板土方清理→底板垫层→底板钢筋→底板模板→底板混凝土→侧墙钢筋→侧墙模板→侧墙混凝土→泵房施工→进水闸施工→出水池施工。

泵站进出口段通常采用砌石护底和护坡,石料应选用质地坚硬、无风化、无裂纹的石料,运到现场后就近堆放,砌筑选用机动翻斗车及小斗车运输。砌筑砂浆一般采用中砂、普通硅酸盐水泥拌制。

浆砌石采用铺浆法砌筑,要求平整、稳定、密实和错缝,上灰浆前,石料清洗表面泥土并洒水湿润,使其表面充分收水,但不残留积水,灰缝厚度一般为20~30 mm。砌筑砂浆配合比经试配确定,并报监理工程师审核后使用。砂浆可用混凝土拌和机拌制,机动翻斗车及小斗车运输。砂浆必须现配现用,根据气温情况,在初凝之前用完。

砌体较长时,可分段砌筑,分段位置应尽量设置于沉陷缝或伸缩缝处,各段水平缝应一致。

采用混凝土底板时,砌筑前混凝土底板面凿毛处理。采用分层坐浆砌筑,石块卧砌,上下错缝,内外搭接,砌立稳定。每层依次砌角石、面石,然后砌腹石。砌体均衡上升,每日砌筑高度控制在1 m左右,砌筑后及时养护。

镶面沟缝砌体外露面镶面宜选用较坚硬的石料。砌体里层应砌筑整齐,分层应与外圈一致,应先铺一层适当厚度的砂浆再安放砌块和填塞砌缝。砌体外露面应进行勾缝,并应在砌筑时靠外露面预留深度约2 cm的空缝备作勾缝之用,砌体隐藏面砌缝可随砌随刮平,不另勾缝。砌体表面溅染的砂浆在砌筑时随时清除干净。

浆砌石表面勾缝采用勾平缝,勾缝保持自然接缝,做到美观、匀称,片石形态突出,表面平整。砌筑后必须及时清缝,为勾缝创造前提,清缝在片石砌筑后24 h进行,缝宽不小于砌缝宽度,缝深不小于缝宽的两倍。勾缝砂浆单独拌制,采用1:1.5的水泥砂浆。

项目实训

背景资料:

某开敞式混凝土水闸工程建于土基上,过闸流量为 500 m^3/s,共 10 孔,每孔净宽 10 m;闸底板为平底板,顺水流方向长度 12 m,闸门采用平板钢闸门,闸墩上下游为圆形,上游钢筋混凝土铺盖顺水流方向长 15 m,垂直水流方向共分成 10 块:铺盖部位的两侧翼墙亦为钢筋混凝土结构,挡土高度为 12 m,其平面布置如图 7-14 所示。

图 7-14　铺盖分块浇筑平面布置图

施工中发生事件如下:

事件 1:上游翼墙及铺盖施工时,为加快施工进度,施工单位安排两个班组,按照上游翼墙 Ⅱ→10→9→8→7→6 和上游翼墙 Ⅰ→1→2→3→4→5 的顺序同步施工。

事件 2:在底板施工时采用连坯滚法浇筑混凝土,闸墩采用"对销螺栓、铁板螺栓、对拉撑木"支模法。对拉撑木细部支模简图如图 7-15 所示。

图 7-15　对拉撑木细部支模简图

事件 3:门槽采用预留槽浇二期混凝土的施工方法。在浇筑第一期混凝土时,在门槽位置留出一个较门槽宽的槽位,并在槽内预埋一些开脚螺栓或插筋作为安装导轨的固定埋件。一期混凝土达到一定强度后浇筑二期混凝土。

事件 4：安装直升闸门的导轨时先将导轨初步固定在预埋螺栓或钢筋上，然后固定并安装模板。模板安装随混凝土浇筑逐步进行。

事件 5：在铺盖和底板之间缝中沥青油毡施工时，施工人员先在缝的一侧立模浇筑混凝土，并在木模板内侧钉铁钉数排。

问题：

（1）指出施工单位在上游翼墙及铺盖施工方案中的不妥之处，并说明理由。

（2）简述底板施工连坯滚法浇筑混凝土的组织过程，指出闸墩支模示意图 7-15 中 1、2、3、4 代表的名称。

（3）指出事件 3、事件 4、事件 5 施工中的不妥之处，并加以更正。

项目 8　堤防与河道疏浚工程

学习指南

任务 1　堤防工程施工技术

1　堤身填筑的施工方法

1.1　堤基清理的要求

（1）筑堤工作开始前，必须按设计要求对堤基进行清理。

（2）堤基清理范围包括堤身、铺盖和压载的基面。堤基清理边线应比设计基面边线宽出 30~50 cm。老堤加高培厚，其清理范围包括堤顶和堤坡。

（3）堤基清理时，应将堤基范围内的淤泥、腐殖土、泥炭、不合格土及杂草、树根等清除干净。

（4）堤基内的井窖、树坑、坑塘等应按堤身要求进行分层回填处理。

（5）堤基清理后，应在第一层铺填前进行平整压实，压实后土体干密度应符合设计要求。

（6）堤基冻结后有明显冰夹层、冻胀现象时，未经处理，不得在其上施工。

1.2　填筑作业面的要求

（1）地面起伏不平时，应按水平分层由低处开始逐层填筑，不得顺坡铺填；堤防横断面上的地面坡度陡于 1:5 时,应将地面坡度削至缓于 1:5。

(2)分段作业面长度,机械施工时段长不应小于 100 m,人工施工时段长可适当减短。

(3)作业面应分层统一铺土、统一碾压,严禁出现界沟,上、下层的分段接缝应错开。

(4)在软土堤基上筑堤时,如堤身两侧设有压载平台,两者应按设计断面同步分层填筑,严禁先筑堤身后压载。

(5)相邻施工段的作业面宜均衡上升,段间出现高差,应以斜坡面相接,结合坡度为 1:3 ~ 1:5。

(6)已铺土料表面在压实前被晒干时,应洒水润湿。

(7)光面碾压的黏性土填料层,在新层铺料前,应作刨毛处理。

(8)出现"弹簧土"、层间光面、层间中空、松土层等质量问题应及时处理。

(9)施工过程中应保证观测设备的埋设安装和测量工作的正常进行,并保护观测设备和测量标志完好。

(10)在软土地基上筑堤,或用较高含水率土料填筑堤身时,应严格控制施工速度,必要时应在地基、坡面设置沉降和位移观测点,根据观测资料分析结果,指导安全施工。

(11)对占压堤身断面的上堤临时坡道作补缺口处理,应将已板结老土刨松,与新铺土料统一按填筑要求分层压实。

(12)堤身全段面填筑完成后,应作整坡压实及削坡处理,并对堤防两侧护堤地面的坑洼处进行铺填平整。

1.3　铺料作业的要求

(1)应按设计要求将土料铺至规定部位,严禁将砂(砾)料或其他透水料与黏性土料混杂,上堤土料中的杂质应予清除。

(2)铺料要求均匀、平整。每层的铺料厚度和土块直径的限制尺寸应通过现场试验确定。

(3)土料或砾质土可采用进占法或后退法卸料,砂砾料宜用后退法卸料;砂砾料或砾质土卸料时,如发生颗粒分离现象,应将其拌和均匀。

(4)堤边线超填余量,机械施工宜为 30 cm,人工施工宜为 10 cm。

(5)土料铺填与压实工序应连续进行,以免土料含水率变化过大影响填筑质量。

1.4　压实作业要求

(1)施工前,先做碾压试验,确定机具、碾压遍数、铺土厚度、含水率、土块限制直径,以保证碾压质量达到设计要求。

(2)分段碾压,各段应设立标志,以防漏压、欠压、过压。

(3)碾压行走方向,应平行于堤轴线。

(4)分段、分片碾压,相邻作业面的搭接碾压宽度,平行堤轴线方向不应小于 0.5 m;垂直堤轴线方向不应小于 3 m。

(5)拖拉机带碾碌或振动碾压实作业,宜采用进退错距法,碾迹搭压宽度应大于 10 cm;铲运机兼作压实机械时,宜采用轮迹排压法,轮迹应搭压轮宽的 1/3。

(6)机械碾压应控制行走速度,平碾≤2 km/h,振动碾≤2 km/h,铲运机为 2 挡。

(7)碾压时必须严格控制土料含水率。土料含水率应控制在最优含水率 ±3% 范围内。

（8）砂砾料压实时，洒水量宜为填筑方量的 20% ~ 40%；中细砂压实的洒水量，宜按最优含水率控制；压实施工宜用履带式拖拉机带平碾、振动碾或气胎碾。

2　护岸护坡的施工方法

堤防护岸工程通常包括水上护坡和水下护脚两部分。水上与水下之分均对枯水施工期而言，如图 8-1 所示。护岸工程的施工原则是先护脚后护坡。

1—枯水位；2—洪水位；Ⅰ—下层；Ⅱ—中层；Ⅲ—上层

图 8-1　护坡护脚工程划分示意图

堤岸防护工程一般可分为坡式护岸（平顺护岸）、坝式护岸和墙式护岸等几种。

2.1　坡式护岸

岸坡及坡脚一定范围内覆盖抗冲材料，抵抗河道水流的冲刷，包括护脚、护坡、封顶三部分。这种护岸形式对河床边界条件改变和对近岸水流条件的影响均较小，是较常采用的形式。

2.1.1　护脚工程施工技术

下层护脚为护岸工程的根基，其稳固与否决定着护岸工程的成败，实践中所强调的"护脚为先"就是对其重要性的经验总结。护脚工程及其建筑材料要求能抵御水流的冲刷及推移质的磨损，具有较好的整体性并能适应河床的变形，具有较好的水下防腐性能，便于水下施工并易于补充修复。经常采用的形式有抛石护脚、抛枕护脚、抛石笼护脚、沉排护脚等。

2.1.2　护坡工程施工技术

护坡工程除受水流冲刷作用外，还要承受波浪的冲击及地下水外渗的侵蚀。其次，因处于河道水位变动区，时干时湿，这就要求其建筑材料坚硬，密实，能长期耐风化。

目前，常见的护坡工程结构形式有砌石护坡，现浇混凝土护坡，预制混凝土板护坡和草袋混凝土护坡，植草皮、植防浪林护坡等。

砌石护坡应按设计要求削坡，并铺好垫层或反滤层。砌石护坡包括干砌石护坡、浆砌石护坡和灌砌石护坡。

2.1.2.1　干砌石护坡

坡面较缓（1.0∶2.5 ~ 1.0∶3.0）、受水流冲刷较轻的坡面，采用干砌石护坡。干砌石护坡应由低向高逐步铺砌，要嵌紧、整平，铺砌厚度应达到设计要求；上下层砌石应错缝砌筑。

坡面有涌水现象时，应在护坡层下铺设 15 cm 以上厚度的碎石、粗砂或砂砾作为反滤层。封顶用平整块石砌护。

干砌石护坡的坡度,根据土体的结构性质而定,土质坚实的砌石坡度可陡些,反之则平缓些。一般坡度为 1.0∶2.5～1.0∶3.0,个别可为 1.0∶2.0。

2.1.2.2 浆砌石护坡

坡度在 1∶1～1∶2,或坡面位于沟岸、河岸,下部可能遭受水流冲刷冲击力强的防护地段,宜采用浆砌石护坡。浆砌石护坡由面层和起反滤层作用的垫层组成。面层铺砌厚度为 25～35 cm,垫层又分单层和双层两种,单层厚 5～15 cm,双层厚 20～25 cm。原坡面如为砂、砾、卵石,可不设垫层。对长度较大的浆砌石护坡,应沿纵向每隔 10～15 m 设置一道宽约 2 cm 的伸缩缝,并用沥青杉板条或聚苯乙烯挤塑板填塞。

浆砌石护坡,应做好排水孔的施工。

2.1.2.3 灌砌石护坡

灌砌石护坡要确保混凝土的质量,并做好削坡和灌入振捣工作。

2.2 坝式护岸

坝式护岸是指修建丁坝、顺坝,将水流挑离堤岸,以防止水流、波浪或潮汐对堤岸边地的冲刷,这种形式多用于游荡性河流的护岸。

坝式防护分为丁坝、顺坝、丁顺坝、潜坝四种形式,其坝体结构基本相同。

丁坝是一种间断性的、有重点的护岸形式,具有调整水流的作用。在河床宽阔、水浅流缓的河段,常采用这种护岸形式。

丁坝坝头底脚常有垂直旋涡发生,以致冲刷为深塘,故坝前应予保护或将坝头构筑坚固,丁坝坝根须埋入堤岸内。

2.3 墙式护岸

墙式护岸是指顺堤岸修筑竖直陡坡式挡墙,这种形式多用于城区河流或海岸防护。

在河道狭窄,堤外无滩且易受水冲刷,受地形条件或已建建筑物限制的重要堤段,常采用墙式护岸。

墙式防护(防洪墙)分为重力式挡土墙、扶壁式挡土墙、悬臂式挡土墙等形式。墙式护岸一般临水侧采用直立式,在满足稳定要求的前提下,断面应尽量减小,以减少工程量和少占地为原则。墙体材料可采用钢筋混凝土、混凝土和浆砌石等。墙基应嵌入堤岸护脚一定深度,以满足墙体和堤岸整体抗滑稳定和抗冲刷的要求。如冲刷深度大,还需采取抛石等护脚固基措施,以减少基础埋深。

任务 2 疏浚与吹填施工技术

疏浚工程按其性质和任务的不同分为基建性疏浚和维护性疏浚。基建性疏浚是新建、改建、扩建航道或港口增加尺度,改善航运条件等的疏浚;维护性疏浚是为维护或恢复某一指定水域原定的尺度而清除水底淤积物的疏浚。吹填工程是指将挖泥船挖取的泥沙通过排泥管线输送到指定地点进行填筑的作业。

1 疏浚工程施工技术

疏浚工程采用的挖泥船有吸扬式、链斗式、抓扬式和铲扬式等几种形式。吸扬式挖泥船又有耙吸式和绞吸式两种。

1.1　耙吸式挖泥船施工

　　耙吸式挖泥船是水力式挖泥船中自航、自载式挖泥船,耙吸式挖泥船装备有耙头挖掘机具和水力吸泥装置。在它的舷旁安装有耙臂(吸泥管),在耙臂的后端装有用于挖掘水下土层的耙头,其前端以弯管与船上的泥泵吸入管相连接。耙臂可作上下升降运动,其后端能放入水下一定深度,使耙头与水下土层的疏浚工作面相接触。通过船上的推进装置,使该挖泥船在航行中拖曳耙头前移,对水下土层的泥沙进行耙松和挖掘。泥泵的抽吸作用从耙头的吸口吸入挖掘的泥沙,与水流的混合体(泥浆)经吸泥管道进入泥泵,最后经泥泵排出端装入挖泥船自身设置的泥舱中。当泥舱装满疏浚泥沙后,停止挖泥作业,提升耙臂和耙头出水,再航行至指定的抛泥区,通过泥舱底部所设置的泥门,自行将舱内泥沙卸空,或通过泥舱所设置的吸泥管,用船上的泥泵将其泥浆吸出,经甲板上的排泥管系于输泥浮管或岸管,将泥浆卸至指定区域或吹泥上岸。然后,驶返原挖泥作业区,继续进行下一次挖泥作业。

　　耙吸式挖泥船配置有压力表(含真空表、浓度计、流量计、产量计)、吃水装载监视仪、纵横倾斜指示仪、耙头深度位置指示仪、疏浚过程监视系统、无线电定位仪、电子图显示系统、差分全球卫星定位系统(DGPS)等仪器仪表,可自动记录疏浚土方的装载量。该装置利用安装在船底的多个压力传感器测量船舶吃水,通过转换器把压力信号转换成电流信号,由计算机经过处理、计算并记录挖泥船排水量和载泥量,实时显示装载过程。通过计算机进行航迹自动绘图,显示计划挖泥区段、计划航线、实时导航数据(航速、航向、偏航数据及坐标等),若与测深仪、水位、遥报仪、挖深自动控制系统相连接,还可显示挖深、水位、横断面图或水下三维立体图。

1.1.1　技术性能

　　耙吸式挖泥船技术性能的主要技术参数有舱容、挖深、航速、装机功率等。其在挖泥作业中的最大特点是各道工序都由挖泥船本身单独完成,不需要其他辅助船舶和设备来配合施工,具有良好的航海性能,在比较恶劣的海况下,仍然可以继续进行施工作业,具有自航、自挖、自载和自卸的能力,在施工作业中不需要拖轮、泥驳等船舶。另外,因船舶可以自航,调遣十分方便,自身能迅速转移至其他施工作业区。在进行挖泥作业中,不需要锚缆索具、绞车等船舶移位、定位等机具设备,而且在挖泥作业中处于船舶航行状态,不需要占用大量水域或封锁航道,施工中对在航道中的其他船舶的航行影响很少。

　　鉴于耙吸式挖泥船的以上优点,故而为世界各国疏浚河港广泛使用,其自航、自载性能使其特别适合于水域开阔的海港和河口港较长距离的航道施工。耙吸式挖泥船最早多用于疏浚中挖掘淤泥和流沙等,近年来,由于疏浚技术的发展,耙吸式挖泥船的性能得到不断的改进,如安装各种新型耙头和各种不同形式的耙齿,以及运用高压冲水和潜水泵等,也能够挖掘水下的黏土、密实的细沙以及一定程度的硬质土和含有相当数量卵石、小石块的土层等。耙吸式挖泥船也存在一些不足之处,主要是在挖泥作业中,由于船舶是在航行和漂浮状态下作业的,所以挖掘后的土层平整度要差一些,超挖土方往往比其他类型的挖泥船要多一些。耙吸式挖泥船一般以其泥舱的容量来衡量挖泥船的大小,按舱容来进行标定公称规格,小型耙吸式挖泥船的舱容仅有几百立方米,而大型挖泥船舱容达到几千立方米至几万立方米,目前世界上最大的耙吸式挖泥船舱容已达 3.3 万 m^3,最大挖深已超过 100 m。

不同类型的挖泥船其运转时间不同。耙吸式挖泥船的运转时间指挖泥、溢流、运泥、卸泥以及回挖泥地点的转头和上线时间。绞吸式挖泥船的运转时间指挖泥及其前后的吹水时间,即泥泵的运转时间;链斗、抓斗式挖泥船的运转时间指主机运转时间。影响挖泥船时间利用率的主要客观因素如下:

(1)强风及其风向情况。风的影响主要限于高速风引起的水面状况造成操作上的困难。

(2)风浪。当风浪波高超过挖泥船安全作业的波高时,应停止施工作业。

(3)浓雾。当能见度低,看不清施工导标或对航行安全不利时,应停止施工。

(4)水流。特别是横流流速较大时,对挖泥船施工会造成影响。

(5)冰凌。当冰层达到一定厚度时,挖泥船就不宜施工。

(6)潮汐。在高潮位时,挖泥船可能因其挖深不够需候潮;而当低潮位时,有可能使疏浚设备搁浅,也需候潮。

(7)施工干扰。如避让航行船舶等。

1.1.2 耙吸式挖泥船施工工艺

耙吸式挖泥船是边航行边挖泥的自航纵挖式挖泥船,施工作业不需要抛锚停泊,也不需要辅助船舶配套行动。一般只需在岸上设置具有相当灵敏度的导标,包括边界标、中线标、起点标、终点标等。近年来,随着 DGPS 的推广使用,使疏浚作业的导航定位极为便利,不仅提高了定位精度,而且可以随时监测本船作业运行的轨迹。因此,目前疏浚已不再预设水陆疏浚标志,直接运用 DGPS 控制船位挖泥。

耙吸式挖泥船航行到接近起挖点前,应对好标志(航线),确定船位,降低航速,放耙入水,启动泥泵吸水,待耙头着底,然后适度增加挖泥船对地航速,吸上泥浆,按照预定的前进航向驶入挖槽,耙挖泥沙。

耙吸式挖泥船的主要施工方法有:装舱(装舱溢流)施工法、旁通(边抛)施工法、吹填施工法。挖泥采用分段、分层等工艺施工。

1.1.2.1 装舱法施工

采用装舱法施工时,疏浚区、调头区和通往抛泥区的航道必须有足够的水深和水域,能满足挖泥船装载时航行和转头的需要,并有适宜的抛泥区可供抛泥。当挖泥船的泥舱设有几挡舱容或舱容可连续调节时,应根据疏浚土质选择合理的舱容,以达到最佳的装舱量。

当泥舱装满未达到挖泥船的载重量时,应继续挖泥装舱溢流,增加装舱土方量。最佳装舱时间应根据泥沙在泥舱内的沉淀情况,挖槽长短,航行到抛泥区的距离和航速综合确定,并使装舱量与每舱泥循环时间之比达到最大值。

装舱溢流施工时,应监视对已挖地区、附近航道、港池和其他水域回淤的影响;应符合环境保护的要求,注意溢流混浊度对附近养殖、取水口等的影响;疏浚污染物时不得溢流。当疏浚粉土、粉砂、流动性淤泥等不易在泥舱内沉淀的细颗粒土质时,在挖泥装舱之前,应将泥舱中的水抽干,并将开始挖泥下耙时和终止挖泥起耙时所挖吸的清水和稀泥浆排出舷外,以提高舱内泥浆浓度,增加装舱量。

1.1.2.2　旁通或边抛施工

旁通或边抛施工适用于当地水流有足够的流速,可将旁通的泥沙携带至挖槽外,且疏浚增深的效果明显大于旁通泥沙对挖槽的回淤时,在紧急情况下,需要突击疏浚航道浅段,迅速增加水深时,或环保部门许可,对附近水域的回淤没有明显不利影响时。施工区水深较浅,不能满足挖泥船装舱的吃水要求时,可先用旁通法施工,待挖到满足挖泥船装载吃水的水深后,再进行装舱施工。

耙吸式挖泥船进行吹填施工时,如需系泊,应有牢固可靠的系泊设施。船上与排泥管的连接方式和结构应简便可靠,宜采用快速接头,便于接拆,并应充分考虑船体的升降、水位、风浪、流速和流向等因素的影响。

1.1.3　施工工艺要求

1.1.3.1　分段施工工艺要求

(1)当挖槽长度大于挖泥船挖满一舱泥所需的长度时,应分段施工。分段长度可根据挖满一舱泥的时间和挖泥船的航速确定,挖泥时间取决于挖泥船的性能、开挖土质的难易、在泥舱中的沉淀情况和泥层厚度。

(2)当挖泥船挖泥、航行、调头受水深限制时,可根据潮位情况进行分段施工,如高潮挖浅段,利用高潮航道边坡水深作为调头区进行分段等。

(3)当施工存在与航行的干扰时,应根据商定的避让办法,分段进行施工。

(4)挖槽尺度不一或工期要求不同时,可按平面形状及合同要求分段。

(5)分段施工时,宜采用 GPS 定位系统进行分段,便于挖泥船确定开挖起始位置,也可利用助航设施如浮标、岸标进行分段。

1.1.3.2　分层施工工艺要求

(1)当施工区泥层厚度较厚时,应分层施工。

(2)当挖泥船最大挖深在高潮挖不到设计深度,或当地水深在低潮不足挖泥船装载吃水时,应利用潮水涨落进行分层施工,高潮挖上层,低潮挖下层。

(3)当工程需要分期达到设计深度时,应按分期的深度要求进行分层。

1.1.3.3　施工顺序要求

(1)当施工区浚前水深不足,挖泥船施工受限制时,应选挖浅段,由浅及深,逐步拓宽加深。

(2)当施工区泥层厚度较厚、工程量较大、工期较长并有一定自然回淤时,应先挖浅段,逐次加深,待挖槽各段水深基本相近后再逐步加深,以使深段的回淤在施工后期一并挖除。

(3)当水流为单向水流时,应从上游开始挖泥,逐渐向下游延伸,利用水流的作用冲刷挖泥扰动的泥沙,增加疏浚的效果。在落潮流占优势的潮汐河口和感潮河段,也可利用落潮流的作用由里向外开挖。

(4)当浚前断面的深度两侧较浅、中间较深时,应先开挖两侧。

(5)当一侧泥层较厚时,应先挖泥层较厚的一侧,在各侧深度基本相近后,再逐步加深,避免形成陡坡造成塌方。

(6)当疏浚前水下地形平坦,土质为硬黏性土时,应全槽逐层往下均匀挖泥,避免形成垄沟,使施工后期扫浅困难。

1.1.3.4　其他工艺要求

(1)当工程需要采用横流或斜流施工时,应注意挖泥耙管和航行的安全。

(2)当挖槽长度较短,不能满足挖泥船挖满一舱泥所需长度时,或只需要开挖局部浅段时,挖泥船应采用往返挖泥法施工。当挖槽终端水域受限制,挖泥船挖到终点后不能掉头时,应采用进退挖泥法施工。

(3)应根据开挖的土质选择合理的航速,对淤泥、淤泥质土和松散的砂,对地航速宜采用 2～3 km/h;对黏土和中等密实度以上的砂土,对地航速宜采用 3～4 km/h,也可通过试挖确定。

(4)应根据土质和挖深调节波浪补偿器的压力,以保持耙头对地有合适的压力。对软土,耙头对地压力宜小一些,对密实的土宜大一些。

(5)在有横流和边坡较陡的地区施工时,应注意观察耙头位置,防止耙头钻入船底而造成耙头或船体损坏。耙头下在水底时,挖泥船不得急转弯。

1.1.4　耙头的选用

耙头是耙吸式挖泥船直接挖掘土的工具,是主要的疏浚设备,对挖泥船的生产效率有很大影响。耙头类型很多,各有其适应何种类型土的特点,所以疏浚施工应根据土的性质尽量选用合适的耙头。

耙吸式挖泥船常用的耙头主要有"安布罗斯"耙头、"加利福尼亚"耙头、"IHC"耙头、"文丘里"耙头、滚刀耙头等,各种耙头对不同土质的适应性见表 8-1。

表 8-1　各种耙头适应土质

序号	耙头形式	适宜挖掘土质	N 值	说明
1	"安布罗斯"耙头	松散砂土	1～5	适用范围较广
2	"加利福尼亚"耙头	松散和中等密实砂	5～15	加齿与加装高压冲水,破土力大
3	"IHC"耙头	淤泥	1～5	荷兰标准耙头
4	"文丘里"耙头	中等密实细砂	5～15	有高压冲水时效率比"IHC"耙头高 1/3
5	滚刀耙头	砾黏土风化岩	15～30	

1.2　绞吸式挖泥船

绞吸式挖泥船是水力式挖泥船中较普遍的一种,是目前世界上使用较广泛的挖泥船。绞吸式挖泥船是用装在绞刀桥梁前端的绞刀,将水底泥沙不断绞松,同时利用泥泵工作产生的真空和离心力作用,从吸泥口及吸泥管吸进泥浆,通过排泥管输送到卸泥区。其特点是能够将挖掘、输送、排出和处理泥浆等疏浚工序一次完成,能够在施工中连续作业。

1.2.1　技术性能

绞吸式挖泥船是目前世界上拥有数量最多的一种挖泥船,其主要技术参数有标称生产率、总装机功率、泥泵功率、绞刀功率、吸排泥管径、挖深、排距等。为了增加其挖泥深度和提高挖泥能力,应采取必要的技术措施,将泥泵安装在船体内尽可能低的位置,或安装在装潜水泵的绞吸式挖泥船,其深水挖泥产量一般可以明显提高。

不同技术参数的绞吸式挖泥船,其生产能力差别很大。最小的绞吸式挖泥船,其生产率为 $40 \sim 80$ m³/h,泥泵的功率为 70 kW 左右,绞刀功率只有 10 kW,最大挖深仅数米;现代的大型绞吸式挖泥船,其挖泥产量已高达 5 000 m³/h 以上,目前世界上最大的绞吸式挖泥船总装机功率已达 2.7 万 kW,绞刀功率达到 5 000 kW 左右,最大挖深已达到了35 m。

绞吸式挖泥船适应的施工范围较广。适于港口、河道、湖泊的疏浚工程,特别适合于吹填造地工程,适用于挖掘砂、砂质黏土、砂砾、黏性土等不同的挖泥工况。一些装有较大功率带齿绞刀装置的绞吸式挖泥船可以挖掘硬质黏性土、胶结砂、砾石等。

1.2.2　绞吸式挖泥船施工工艺

开工展布是挖泥船挖泥开工前的准备工作,包括定船位,抛锚,架接水上、水下及岸上排泥管线等。非自航挖泥船进点一般由拖轮绑拖挖泥船,按定位方法进入施工区。

绞吸式挖泥船的主要施工方法为横挖法施工,分条、分段、分层、顺流、逆流挖泥。利用一根钢桩或主锚为摆动中心,左右边锚配合控制横移和前移挖泥。按其采用定位装置不同,可分对称钢桩横挖法、三缆定位横挖法、锚缆横挖法等,应根据不同的工况条件选择不同的施工方法。

1.2.2.1　分条施工

(1)采用钢桩横挖法施工时,分条的宽度宜等于钢桩中心到绞刀头水平投影的长度。分条的最大宽度不得大于挖泥船一次开挖的最大宽度;最小宽度应大于挖泥船的最小挖宽。绞吸式挖泥船的最大挖宽一般不宜超过船长的 $1.1 \sim 1.2$ 倍,当流速较大时,应减少开挖宽度。当疏浚前水深大于挖泥船的吃水深度时,最小挖宽采用等于挖掘船前移换桩时所需的摆动宽度。另外,分条的数量不宜太多。以免增加移锚、移船时间,降低挖泥船的工作效率。

(2)采用三缆定位横挖法施工时,分条宽度由船的长度和摆动角确定,摆动角宜选用 $70° \sim 90°$,最大宽度不宜大于船长的 1.4 倍。

(3)采用锚缆横挖法施工时,分条宽度应根据主锚缆抛放的长度决定,最大宽度宜为100 m 左右。

1.2.2.2　分段施工

(1)挖槽长度大于挖泥船水上管线的有效伸展长度时,应根据挖泥船和水上管线所能开挖的长度分段施工。

(2)挖槽转向曲线段需分成若干直线段开挖时,可将曲线近似按直线分段施工。

(3)挖槽规格不一或工期要求不同时,应按合同的要求进行分段施工。

(4)受航行或其他因素干扰,可按需要分段施工。

1.2.2.3　分层施工

(1)当疏浚区泥层厚度很厚时,应按下列规定分层施工:分层挖泥的厚度应根据土质和挖泥船绞刀的性能确定,宜取绞刀直径的 $0.5 \sim 2.5$ 倍;对坚硬土取较低值,对松软土取较高值;分层的上层宜较厚,以保证挖泥船的效能;最后一层应较薄,以保证工程质量;当浚前泥面在水面以上,或水深小于挖泥船的吃水深度时,最上层开挖深度应满足挖泥船吃水深度和最小挖深的要求;当泥层过厚时,应在高潮挖上层,低潮挖下层,以减少塌方。

(2)当工程对边坡的质量要求较高,需要分层、分阶梯开挖边坡时,应根据工程对边坡的要求、土质情况和挖掘设备尺度确定分层的厚度。

（3）当合同要求分期达到设计深度时，应进行分层施工。

（4）当挖泥船的最大挖深在高潮时达不到设计深度，或在低潮时疏浚区的水深小于挖泥船的吃水深度或最小挖深时，可利用潮水的涨落分层施工，高潮挖上层，低潮挖下层。

1.2.2.4 顺流、逆流施工

（1）在内河施工采用钢桩定位时，宜采用顺流施工；采用锚缆横挖法施工时，宜采用逆流施工；在流速较大情况下，可采用顺流施工，并下尾锚以便安全。

（2）在海上施工时，宜根据涨落潮流冲刷的作用大小，选择挖泥的方向。

1.2.2.5 定位与抛锚

（1）采用定位钢桩施工时，挖泥船被拖至挖槽起点后，拖轮应减速、停车，待船速消除后再下定位钢桩，抛设横移锚。移船时严禁在挖泥船行进中下放钢桩。

（2）采用锚缆横挖法施工时，应根据水流情况先抛设尾锚，或将绞刀桥架下放至水底定位，再抛设其他锚缆。抛锚后，应重新定位、校正船位，确认绞刀处于挖槽起点位置。

1.2.3 绞刀选用

绞刀是绞吸挖泥船直接挖掘土的重要挖泥部件，安装在绞刀架的最前端，其作用是通过旋转切割水底的土，使之变形而破碎，并使破碎的泥土（砂、石）与水相混合，送往吸泥口。绞刀主要类型有：开式绞刀、闭式绞刀、齿式绞刀、冲水式绞刀、斗轮式绞刀、立式绞刀等，绞刀主要类型和适用性能较好的土质见表8-2。

表8-2 绞吸式挖泥船各类绞刀适用土质

序号	耙头形式	适宜挖掘土质	N 值	说明
1	开式绞刀	松散砂土	1~2	早期刀型，破土力差
2	闭式绞刀	软塑黏土	1~5	改进刀型，破土力较好
3	齿式较刀	坚硬土、砾石	5~15	开、闭式的变形，破土力强，大功率船可挖风化
4	冲水式绞刀	坚硬土	5~20	增加高压冲水，提高破土力与清除堵塞
5	斗轮式绞刀	适用范围较大	5~15	改进操作条件，提高泥浆度
6	立式绞刀	适用范围较大	5~15	改进操作条件，提高泥浆度

绞刀选用应注意以下要求：

（1）对淤泥、淤泥质土、泥炭、松散到中密的砂等松软土质，应选用前端直径较大的冠形平刃绞刀。

（2）对黏土、粉质黏土宜选用方形齿的绞刀。

（3）对于坚硬土质，宜选用直径较小的尖齿绞刀。

（4）对岩石宜采用可换齿的岩石绞刀，对石灰岩等无渗透性的坚硬物质，宜用凿形齿绞刀，对有渗透性的坚硬物质，宜用尖齿绞刀。

1.3 链斗式挖泥船

链斗式挖泥船至今已有200多年的历史，是机械式挖泥船中最早的一种。链斗式挖泥船一般在船体的首部或尾部中央开槽部位安装由斗桥、斗链（无斗链式泥斗直接相连）

和泥斗所组成的挖泥机具。在疏浚作业中,将斗桥的下端放入水下一定深度,使之与疏浚土层相接触,然后在斗桥上端的上导轮的驱动下,斗链连续运转,通过斗链上安装的各个泥斗,随斗链转动而对土层的泥沙进行挖掘。泥沙经挖掘后装入泥斗,再随斗链转动沿斗桥提升出水面,并传送至上端的斗塔顶部。当泥斗到达斗塔顶部,经过上导轮而改变方向后,斗内的泥沙在自身的重力作用下从泥斗倒入斗塔中的泥井。倒入泥井的泥沙经过两边的溜泥槽排出挖泥船的舷外,倒入泥驳之中。

1.3.1　技术性能

链斗式挖泥船挖掘能力的幅度和适应性均较大,最小型链斗式挖泥船的生产能力只有 10 m^3/h 左右,而现代大型链斗挖泥船的每小时挖泥量可达 1 000 m^3 以上。为了适应某些特殊疏浚工程,链斗式挖泥船有时可以根据需要加以改装。如调换斗链和泥斗,减少斗容,可增加泥斗强度;或在一定数量泥斗之间,间隔加装挖掘和松动泥层的粗齿,用以挖掘硬质土层、软岩石和预处理后的碎石等;适当加长斗桥和斗链的长度,或在上导轮和斗桥之间的空挡中加设一段附加斗桥,从而提高链斗挖泥船的浚深能力。链斗式挖泥船均采用可变速装置,使之在挖泥作业中改变不同的斗速和切削力,以适应挖掘各种不同土质。

1.3.2　链斗式挖泥船施工工艺

开工展布时,链斗式挖泥船自航或被拖到挖槽起始点的位置,采用绞吸式挖泥船进点定位方法定位。如是顺流就位,当挖泥船接近挖槽起点时,先抛下艉锚,然后放松艉锚缆使船顺流前移,到挖槽起点处,即收紧艉锚缆,再放下斗桥使船体固定;如是逆流定位,当挖泥船到达挖槽起点时,则先放下斗桥固定船位,然后待抛锚完成后,再校准船位。

链斗式挖泥船的主要施工方法有:斜向横挖法、扇形横挖法、十字形横挖法、平行横挖法等。挖泥采用分条、分段、分层等施工工艺。

链斗式挖泥船施工方法应符合下列规定:

(1)当施工区水域条件好,挖泥船不受挖槽宽度和边缘水深限制时,应采用斜向横挖法施工。

(2)挖槽狭窄、挖槽边缘水深小于挖泥船吃水深度时,宜采用扇形横挖法施工。

(3)挖槽边缘水深小于挖泥船吃水深度,挖槽宽度小于挖泥船长度时,宜采用十字形横挖法施工。

(4)施工区水流流速较大时,可采用平行横挖法施工。

1.3.2.1　施工工艺要求

(1)当挖槽宽度超过挖泥船的最大挖宽或挖槽内泥层厚度不均匀时,应采用分条挖泥。分条的宽度由主锚缆的抛设长度而定,对 500 m^3/h 链斗式挖泥船挖宽宜为 60 ~ 100 m,对 750 m^3/h 链斗式挖泥船宜为 80 ~ 120 m。在浅水区施工时,分条的最小宽度应满足挖泥船作业和泥驳绑靠的需要。

(2)当挖槽长度大于挖泥船一次抛设主锚所能开挖的长度时,应按其所能开挖的长度对挖槽分段进行施工。

(3)挖槽转向曲线段、挖槽规格不同,施工受航行等因素干扰时,应对挖槽分段施工。

(4)当疏浚区泥层过厚,对松软土泥层厚度超过泥斗斗高的 2 ~ 3 倍时,或对细砂和坚硬的土质且泥层厚度超过斗高 1～2 倍时,应分层开挖。分层的厚度一般采用斗高的 1～2 倍,可视土质而定。

(5)链斗式挖泥船宜采用逆流施工,只有在施工条件受限制或有涨落潮流的情况下,才采用顺流施工。顺流施工时应使用船尾主锚缆控制船的前移。

(6)链斗式挖泥船作业时,一般布设 6 个锚。主锚应抛设在挖槽中心线上。泥层不均匀或水流不正时,宜偏于泥层厚的一侧,或主流一侧,主锚抛设长度一般为 400～900 m,并设托缆小方驳。艉锚顺流施工时,应加强艉锚,并增加抛设长度。逆流施工时,艉锚可就近抛设或不抛设,其抛设长度宜为 100～200 m。逆流施工时,前边锚宜超前 20°左右,后边锚可不超前,当不设艉锚时,后边锚可抛成八字形。顺流施工时,后边锚宜滞后。

1.3.2.2　泥驳作业

链斗式挖泥船一般均为双面泊驳。无须因换驳而停止生产,只有在开挖滩地、码头前沿泥面时,由于挖泥船里档水深不满足泥驳吃水时,才进行单面泊驳。单面泊驳需要停车换驳。

换驳方法较多,现介绍以下几种:

(1)吊艄换驳。适用于顺流挖泥时,空驳吊于重驳船艄。当拖轮拖离重驳后,空驳由挖泥船绞靠就位。

(2)夹绑换驳。适用于逆流挖泥时,空驳绑靠在重驳外档,带一根夹绑缆。当重驳绞离挖泥船时,空驳靠上挖泥船。

(3)绞驳换驳。适用于顺流挖泥时,水域要宽广,挖泥船艉绞车将重驳绞离挖泥船,拖轮先将空驳靠上挖泥船,然后去拖绞离挖泥船重驳。

(4)专配靠驳拖轮。适用于逆流挖泥时,施工水域较窄。先将重驳拖开,再拖空驳靠上挖泥船。

1.4　抓斗式挖泥船

抓斗式挖泥船属机械式挖泥船,在船上通过吊机,使用一只抓斗作为水下挖泥的机具。抓斗式挖泥船的形式多样,用途甚广,大多数为非自航式。

1.4.1　技术性能

抓斗式挖泥船是单斗作业,可以配备各种不同类型的抓斗,如轻型、中型、重型抓斗,以适应挖掘各种不同硬度的土质。所以,抓斗式挖泥船的挖掘适应性较强,可以挖掘水下淤泥、一般黏土、松散的砂质土,也可以挖掘硬黏土、夹石砂质土和砂砾等。抓斗式挖泥船还可以通过更换抓斗的提升和启闭钢缆长度,来满足施工中不同挖掘深度的需要。另外,与其他类型挖泥船相比,抓斗式挖泥船的设备简单,挖泥机械的磨损部件少,船舶的造价也较低廉。

抓斗式挖泥船的主要配置仪器有抓斗深度自动控制装置、抓斗深度指示器、抓斗开口度计、抓斗提升计、抓斗负荷计、抓斗机回转角度指示器、GPS 定位系统等。

1.4.2　抓斗式挖泥船施工工艺

开工展布时,挖泥船被拖至施工区,按照绞吸式挖泥船进点定位方法定位。实测水深与施工图水深核对相符后,随即放下抓斗,定住船位。然后根据水流、风向情况,依次抛锚暂泊。抓斗式挖泥船应根据不同土质,选用不同抓斗。挖淤泥时,宜采用斗容较大的平口抓斗。挖中等密实的土时,宜采用带齿的抓斗。挖硬质土时,宜采用斗容较小、重量较大的全齿抓斗。

抓斗式挖泥船一般采取纵挖式施工,根据不同的施工条件采用分条、分段、分层、顺流、逆流挖泥等施工工艺。

分条、分段、分层施工工艺要求。当挖槽宽度大于抓斗挖泥船的最大挖宽时,应分条进行施工。分条的宽度应符合下列要求:①分条最大宽度不得超过挖泥船抓斗吊机的有效工作半径;②在浅水区施工时,分条最小宽度应满足挖泥船作业和泥驳绑靠所需的水域要求;③在流速大的深水挖槽施工时,分条的挖宽不得大于挖泥船的船宽。

当泥层厚度较薄、土质松软时,可采用梅花挖泥法施工。斗与斗之间的间距视水流的大小及土质松软情况而定。

1.5　泥浆的输送及泥土的处理

1.5.1　泥浆的输送

泥浆的输送主要由泥浆泵来完成,远程输泥主要由接力泵站完成。

泥浆泵是吸扬式挖泥船和泵站(船)的主要机械,目前都是采用单面吸入式的离心泵,由泵壳和叶轮两部分组成。它与离心水泵的不同之处是,泥泵叶轮的直径较大,叶片的数量较少(3~4片),以便有较大空隙让泥块或石块通过。泵壳是用铸铁铸成或用厚钢板焊接的一种具有螺旋形槽道的蜗形体,俗称"蜗壳"。为了防止泥沙磨损泵壳和叶轮,其上均加装锰钢或镍铬钢等耐磨材料的衬板保护,衬板磨损后可以更换。泥泵的工作,由吸泥和排泥两部分组成,吸泥和排泥的工作过程是连续进行的。泥泵的吸泥是在依靠叶轮旋转时,将原先已灌满在泵体里的水在离心力作用下甩到泵壳的槽道里,沿排泥口压出去,这时叶轮附近形成低压区。泥浆在大气压力的作用下,通过吸泥管进入泵体的低压区,又被不停转动着的叶轮甩到槽道里。泥浆到了槽道里,速度变慢,相互拥挤,压力增高,从排泥管排出。泥浆这样不断地被吸入泵体,又不断地被压送出去,这就是泥泵的工作过程。

远程输泥主要由接力泵站完成。为了远程输泥,把几台泥泵用输泥管线串联起来工作的输泥系统称为接力泵站,它由吹泥船、站池(泥浆池)、泵站和排泥管线等一系列设备装置所组成。

接力泵站和吹泥船的连接主要有直接串联方式、设中间站池贮存泥浆方式两种。

直接串联方式是将吹泥船直接与接力泵串联。这种连接方式在吹泥船换驳时,泵站要停顿而吸清水。

设中间站池贮存泥浆方式是为了使吹泥船和接力泵分别单独工作,互不干扰。这种方式较为常用。

相互串联的泥泵可以摆在一起,也可以分开设站。前者管理较方便,但输泥管内的压力成倍增加,所以输泥管的管壁需要加厚;后者两站距离越远,输泥管内压力降得越低。所以,应该保证后面接力泵的吸泥管具有正压力,这个压力要比大气压高28~35 kPa,以免空气进入管路;对前后泥泵的负荷(水头损失)的分配应后者较大,但大体相等。

1.5.2　泥土的处理

处理疏浚泥土的方法有:水下抛泥法、边抛法和吹填法等。

1.5.2.1　水下抛泥法

在受土质、挖泥机具设备条件和两岸地形条件等限制而不能利用泥土时,选择地点进行水下抛泥。水下抛泥地点必须妥善选择,因为它对疏浚费用和对今后挖槽维护的影响都很大。选择抛泥地点时,要考虑以下几点:

(1)选择在流速小、容积大及对挖槽、航道、码头、水工建筑物等不产生淤积的水域。

(2)尽量靠近挖泥地点,以缩短抛泥距离。

(3)抛泥区要有一定的水域面积和水深,以便于抛泥船出入和调头,节省抛泥作业时间。考虑水深时,不但要注意泥舱在泥门开启时的吃水,还要注意抛泥堆的高度。此外,在潮汐地区,最好选在低潮时抛泥船也能自由出入抛泥,否则就要待潮或减载作业,降低生产率。

(4)抛泥区及沿途中的水域风浪不妨碍抛泥作业。

(5)在满足上述要求的前提下.必须摸清水流情况,把抛泥区选在流向偏离挖槽一侧的地区,以避免抛弃的泥土重新返回到港池或航道。

水下抛泥法的泥土处理效率较高,可以在许多情况下获得较低的回淤率。但是,这是以牺牲挖泥船的工作时间为代价换来的,因而疏浚效率较低。

1.5.2.2　边抛法

自航耙吸式挖泥船在疏浚作业中,一边挖泥,一边将泥浆排入水中,随水流带走。常用的边抛方法有:旁通、溢流和使用长悬臂架边抛挖泥船边抛等三种。

(1)旁通。近代耙吸式挖泥船都设有专门的旁通口,泥泵吸上来的泥浆经旁通口直接排入水中。现场实测和水槽试验都证明,从旁通口排出的泥浆是立即潜入水底的。这是因为它具有较大的动能和位能。泥浆潜入水底后,与河底及水体发生摩擦,能量逐渐消失,泥浆中的土块在潜入点附近首先沉积下来,其他颗粒也由粗到细,随着能量的消耗而逐步沉积,变成河床的一部分,而一些极细的颗粒则被紊动扩散于水体中。故水流流速越大,泥沙越细,越易分散,紊动扩散于水体中的泥沙数量也越多,泥沙沉积后离潜入点的距离也越长,说明旁通的效果也越好。为了使更多的泥沙带往挖槽外沉积,得到较好的疏浚效果,除要求有较大的水流流速外,还要求水流方向与挖槽轴线具有一定的交角。交角越大,效果也越好。

(2)溢流。由泥泵吸上来的泥浆进入泥舱内,而多余的泥浆则从泥舱两侧的溢流口连续排入水中。这种方法可使泥浆中的土块和粗颗粒泥沙拦截于泥舱内,至泥土满舱后再去抛泥,这就减少了挖槽内的回淤;同时,因从溢流口排出的泥浆具有较小的动能和势能,使泥沙不潜入到河底,这就有利于泥沙颗粒在较大的面流流速场内紊动扩散,提高边抛施工效果。

(3)使用长悬臂架边抛挖泥船边抛。边抛挖泥船沿航道工作时,通过伸出于船舷外的悬臂架上设置的排泥管,将泥浆随挖随抛于航道的一侧。泥浆抛出的距离不仅取决于悬臂架的长短,而且与排泥管出口的结构形式有关。

用边抛挖泥船边抛,对颗粒较粗的砂质土最为合适,因为边抛入水的泥沙很快沉入水底,回淤入航道的比率较小,可得到较高的疏浚效率,但边抛管宜做长些。对淤泥质土,边抛管可不必太长,而是将管口形式作适当改变,使抛出的泥浆成扇形落入水中,以充分利用中上层水流的挟沙能力,携带泥沙至远处。

边抛方法对泥土的处理效率较低,即回淤率较高,但因它大大节省了挖泥船的抛泥作业时间,反而能获得较高的生产率和有效产量。

1.5.2.3　吹填法

吹填法是将挖出的泥土利用泥泵输送到填土地点,以使泥土综合利用。吹填法处理疏浚泥土不仅能使泥土综合利用,为国民经济多方面服务,而且避免了疏浚泥土回淤航道的可能性(特别是在某些河口地区),是一种较优的方案。以吹填法处理泥土,需要认真选择泥场。选择泥场的原则如下:

(1)根据挖槽的土质、数量来决定泥场范围和容量的大小。

(2)选择有低洼、废坑、荒地等有利于容泥的地区。

(3)附近有沟渠(河浜)相通,以便于排水。

(4)没有接力泵条件时,只能就近吹填,则需根据挖泥船扬程和排泥管线长度等决定泥场数量和容量。

2　吹填工程施工技术

2.1　吹填工程的主要程序

根据《疏浚工程技术规范》(JTJ 319—1999)的要求,吹填工程的主要程序见图 8-2。

图 8-2　吹填工程的主要程序

吹填工程疏浚设备及施工方法可按表 8-3 选取,并通过经济技术论证进行方案比选。

表 8-3　吹填工程常见施工方法

序号	船舶设备组合方式	适用条件及优缺点	说明
1	绞吸船直接吹填	适用于内河或风浪较小的海风,生产效率高,成本低;对土的适应性强,抗风性能较差。最大排距约 5 km	为了增加运距,可设接力泵,必要时也可以将两条绞吸船串联
2	斗式船—泥驳—吹泥船吹填	适用于内河或风浪较小的海风,砂质土、黏性土的吹填区工程,运距一般为 5~15 km,抗风性能差,挖流动性淤泥效果差	非自航泥驳需要与拖轮配套使用
3	耙吸船—吹填	适用于取土区风浪大,运距远的工程,施工过程中能改善砂性土的质量,成本较高	吹泥船排距不够时,可增加泵站
4	耙吸船—储砂池—绞吸船—吹填	适用于取土区风浪大,运距远、吹填量大的工程,施工过程中能改善砂性土的质量	耙吸船应具有吹填装置
5	斗式船—泥驳—储砂池绞吸船—吹填	适用于内河或风浪较小的海区和吹填量大的工程。设备配套复杂,时间利用率较低	储砂池的位置与大小应满足绞吸船的输送和施工强度的要求,并应选在回淤,冲刷小的地方。池内外水深应满足所有施工船舶吹填,黏沙施工作业的需要
6	耙吸船—泥驳—吹泥船—吹填	适用取土区于内河,风速小、运距远的工程,能改善砂土的质量	耙吸船应具有装驳的设施
7	斗式船—泥驳—吹泥船—泵站—吹填	适用于运距远、吹程高的长期性的疏浚土处理与吹填造池相结合的工程,施工环节复杂,故障多,时间利率低	

2.2　吹填工程施工的工艺要求

2.2.1　吹填区内管线布设

(1)排泥管进入吹填区的入口应远离排水口,以延长泥浆流程。管线的布置应满足设计标高、吹填范围、吹填厚度的要求,并应考虑吹填区的地形、地貌,几何形状对管线布置的影响。

(2)排泥管线的间距应根据设计要求、泥泵功率、吹填土的特性、吹填土的流程和坡度等因素确定。各类吹填土在施工中呈现的坡度宜在现场实测,无条件实测时可参照表 8-4取值。

表8-4　各类吹填土在施工中呈现的坡度

土的类别	水面以上	平静海域	有风浪海域
淤泥、粉土	1:100 ~ 1:300	—	—
细砂	1:50 ~ 1:100	1:6 ~ 1:8	1:15 ~ 1:30
中砂	1:25 ~ 1:50	1:5 ~ 1:8	1:10 ~ 1:15
粗砂	1:10 ~ 1:25	1:3 ~ 1:4	1:4 ~ 1:10
砾石	1:5 ~ 1:10	1:2	1:3 ~ 1:6

（3）吹填区内管线的布设间距、走向、干管与支管的分布除应考虑上述因素外,还应根据施工现场、影响施工因素的变化等及时调整。各类吹填土的排泥管口间距见表8-5。

（4）应根据管口的位置和方向、排水口底部高程的变化及时延伸排泥管线。在吹填区应设若干水尺,观测整个吹填区填土标高的变化,指导排泥管线的调整和管理工作。

表8-5　各类吹填土的排泥管口间距　　　（单位:功率,kW;间距,m）

土质分类	排泥管口	不同泥泵功率的排泥管口间距				
		<375	375 ~ 750	1 500 ~ 3 750	3 000 ~ 3 750	>5 250
软淤泥黏土类	围埝与排泥管之间	15 ~ 20	20 ~ 25	25 ~ 30	30 ~ 35	35 ~ 40
	干管之间	150	250	350	400	450
淤泥黏土类	围埝与排泥管之间	10 ~ 15	10 ~ 15	20 ~ 25	25 ~ 30	25 ~ 30
	干管之间	100	180	300	350	400
	支管之间	40	60	100	130	180
粉细砂类	围埝与排泥管之间	10	10 ~ 15	20	20 ~ 25	20 ~ 25
	干管之间	80	150	250	300	350
	支管之间	30	50	70	80	120
中粗砂类	围埝与排泥管之间	5 ~ 6	10	15	20	20
	干管之间	60	120	200	250	300
	支管之间	20	40	50	60	100

2.2.2　分期、分区和分层吹填的工艺要求

（1）当吹填区水深满足耙吸式挖泥船或泥驳的满载吃水,并具有通航条件时,可采用水下抛填的方法进行水下部分填筑。

（2）吹填施工可一次完成,当工程量大、施工期长时,可采用分期吹填。当吹填面积大、工程量大时,可根据工程需要和使用目的分区吹填。当吹填厚度大、工程规模大时,可采用分层吹填。

2.2.3　不同土质的吹填施工工艺要求

（1）当工程对平整度要求较高时,对砂砾、粗砂等容易在排泥管口堆积的土质,应在

吹填过程中用推土机边吹边进行整平工作。

(2)当吹填砂中含有较多的细颗粒土时,应在排泥管线上设置三通管、转向阀或转向闸板,在排泥管口上设置扩散板、渗漏孔、挡板等,防止淤泥聚集。

(3)在淤泥等软土地基上进行吹砂时,应根据设计要求或经过试验确定第一层的吹填土厚度,防止第一层吹填厚度过大时会产生淤泥拱起现象。

2.2.4　排水口的布设要求

(1)排水口的位置应根据吹填区地形、几何形状、排泥管的布置、容泥量及排泥总流量等因素确定。

(2)排水口应设在有利于加长泥浆流程、有利于泥沙沉淀的位置上。一般多布设在吹填区的死角或远离排泥管线出口的地方。

(3)在潮汐港口地区,应考虑在涨潮延续时间内潮汐水位对排水口泄水能力的影响。

(4)排水口应选在具有排水条件的地方,如临近江、河、湖、海等地方。

(5)常用的排水口结构形式有溢流堰式排水口、薄壁堰式排水闸、闸箱埋管式排水口、围埝埋管式排水口等。

2.2.5　吹填区排放余水中含泥量的控制要求

(1)吹填区余水的排放应满足当地环保规定的标准。

(2)吹填工程施工作业对环境产生的影响应符合现行行业标准《港口工程环境保护设计规范》(JTS 149-1—2007)的有关规定。

3　环保疏浚

环保疏浚的主要目的是清除水体中的污染底泥。污染底泥是水环境污染的潜在污染源,在水环境发生变化时,底泥中的营养盐会重新释放出来进入水体。尤其是对城市湖泊,长期以来累积于沉积物中的氮磷往往很高,在外来污染源存在时,氮磷营养盐只是在某个季节或时期会对富营养化发挥比较显著的作用,然而在湖泊外来污染源全部切断以后,底泥中的营养盐会逐渐释放出来,仍然会使湖泊发生富营养化。

一般情况下释放出的营养盐首先进入沉积物的间隙水中,逐步扩散到沉积物表面,进而向湖泊沉积物的上层水混合扩散,从而对湖泊水体的富养化发生作用。

根据研究资料,江苏固城湖、大理洱海和杭州西湖沉积物中磷的释放速率分别为 7.74 ~ 8.10 mg/(m² · d)、2.2 ~ 5.6 mg/(m² · d)和1.02 mg/(m² · d)。根据西湖研究计算表明,每年沉积物中磷的释放量可达 1.3 t 左右,相当于年入湖磷负荷量的41.5%;安徽巢湖的磷年释放量高达220.38 t,占全年入湖磷负荷量的20.90%;玄武湖的磷释放量占全年排入量的21.5%。从以上几个例子不难看出,沉积物中磷释放对水体磷浓度的补充是一个不可忽视的来源,尤其像杭州西湖采取了截污工程措施以后,这种来自沉积物中的磷,其重要性是不言而喻的。因此,国内外都采取多种方法对污染底泥采取工程措施,对城市附近污染底泥堆积深度很厚的局部浅水域,环保疏浚工程技术最为普遍,效果也最为明显。

用环保疏浚设备将污染底泥从水下疏挖后输送到岸上,有管道输送和驳船输送两种方式。管道输送工作连续,生产效率高,当含泥率低时可长距离输送,输泥距离超过挖泥船排距时,还可加设接力泵站。驳船为间断输送,将挖掘的泥装入驳船,运到岸边,再用抓斗或泵将泥排出,该种运泥方式工序繁杂、生产效率较低,一般用于含泥率高或输送距离过长的场合。

绞吸式挖泥船能够将挖掘、输送、排出等疏浚工序一次完成,在施工中连续作业,它通过船上离心式泥泵的作用产生一定真空,把挖掘的泥浆经吸泥管吸入、提升,再通过船上输泥管排到岸边堆泥场或底泥处理场,是一种效率较高的疏浚工艺流程。采用管道输送泥浆并加设接力泵的疏浚工艺流程见图 8-3。

图 8-3　环保疏浚工艺流程

针对环保疏浚工程泥层厚度薄、施工精度要求高、疏浚过程二次污染要小的特点,疏浚设备生产厂家对传统疏浚设备进行了必要的环保措施改造,并根据不同环保疏浚工程特点,开发了一些专用环保挖泥船。

项目实训

背景资料:

淮北地区某行洪区 5 km 河道,由于淤积严重需要进行维护性疏浚;两岸堤防为满足防洪标准要求,需要加高培厚,培厚宽度 3 m。工程分为疏浚和堤防加高培厚两个标段施工。疏浚施工采用 80 m³/h 绞吸式挖泥船施工。堤防工程采用 1 m³ 挖掘机装运 10 t 自卸汽车运土,推土机平土,履带式拖拉机碾压施工。在施工中发生了如下事件。

事件 1:堤防填筑前施工方在背河侧工作面上选取 200 m 长进行现场碾压试验,在保证填筑压实度的条件下,确定了施工机具以及施工参数,并报监理部获得批准。

事件 2:施工方于 12 月 1 日开工进行堤防加培,清基过程中由于天气寒冷,日平均气温在 -7 ℃左右,对冻土进行了处理。老堤背水侧存在大量动物洞穴、空穴,处理清基后,经监理和有关单位共同鉴定后进入正式施工阶段。

事件 3:堤防填筑分段施工,施工段长约 80 m,施工段与段分界处设 1:3 坡度,上下层错开施工;料场中的淤泥经与干土料混合后加以碾压。为加快施工进度,碾压采用圈转套压法,由于土料含水率不足,在填筑过程中加强了洒水工作,以控制含水率。

事件 4:疏浚工程采用 80 m³/h 绞吸式挖泥船作业。首先开工展布,作业区清淤后收工集合进行下一个作业区施工。施工采用分层、分条、顺流开挖,锚缆横挖法施工。施工最大宽度控制在 200 m。

事件 5:疏浚施工中,遇到了坚硬黏土层,造成输泥管堵塞,为加快施工进度,施工单位更换了绞刀,并采用移动船只过程中即下放锚缆合并作业工序的方法,以提高施工效率。

问题:

(1)根据事件 1,堤防填筑选择碾压参数,除碾压机具外,还应包括施工参数。

(2)根据事件 2,简述堤基清理的原则,空洞和洞穴以及冻土处理方法。

(3)指出事件 3 不妥之处,说明正确方法。

（4）指出开工展布工作包括的内容，事件 4 开挖方法正确与否，说明理由。

（5）事件 5 应更换何种刀具，施工单位为提高施工效率的处置方法有何不妥之处，说明正确做法。

参 考 文 献

[1] 梁建林,胡育. 水利水电工程施工技术[M]. 北京:中国水利水电出版社,2007.

[2] 袁光裕. 水利工程施工[M]. 4 版. 北京:中国水利水电出版社. 2006.

[3] 肖焕雄,等. 中国水利百科全书·水利工程施工分册[M]. 2 版. 北京:中国水利水电出版社,2004.

[4] 梁润. 施工技术[M]. 北京:水利电力出版社,1985.

[5] 中华人民共和国国家发展和改革委员会. DL/T 5181—2003 水电水利工程锚喷支护施工规范[S]. 北京:中国电力出版社,2003.

[6] 吴安良. 水利工程施工[M]. 北京:中国水利水电出版社,2001.

[7] 杭有声. 建筑施工技术[M]. 北京:高等教育出版社,1994.

[8] 魏璇. 水利水电工程施工组织设计指南[M]. 北京:中国水利水电出版社,1999.

[9] 毛建平,金文良. 水利水电工程施工[M]. 郑州:黄河水利出版社,2004.

[10] 于亚伦. 工程爆破理论与技术[M]. 北京:冶金工业出版社,2004.

[11] 梅锦煜,党立本. 水利水电工程施工手册·土石方工程[M]. 北京:中国电力出版社,2002.

[12] 崔学文. 小浪底国际工程建设[M]. 北京:中国水利水电出版社,1998.

[13] 中华人民共和国水利部. SL 260—98 堤防工程施工规范[S]. 北京:中国水利水电出版社,1998.

[14] 国家能源局. DL/T 5148—2012 水工建筑物水泥灌浆施工技术规范[S]. 北京:中国电力出版社,2012.

[15] 中华人民共和国国家经济贸易委员会. DL/T 5144—2001 水工混凝土施工规范[S]. 北京:中国电力出版社,2002.

[16] 中华人民共和国国家能源局. DL/T 5112—2009 水工碾压混凝土施工规范[S]. 北京:中国水利水电出版社, 2009.

[17] 中华人民共和国国家经济贸易委员会. DL/T 5110—2000 水电水利工程模板施工规范[S]. 北京:中国电力出版社,2001.

[18] 中华人民共和国国家经济贸易委员会. DL/T 5129—2009 碾压式土石坝施工规范[S]. 北京:中国电力出版社,2009.

[19] 中华人民共和国国家能源局. DL/T 5128—2009 混凝土面板堆石坝施工规范[S]. 北京:中国电力出版社,2009.

[20] 中华人民共和国国家发展和改革委员会. DL/T 5363—2006 水工碾压式沥青混凝土施工规范[S]. 北京:中国电力出版社,2007.

[21] 中华人民共和国水利部. SL 174—96 水利水电工程混凝土防渗墙施工技术规范[S]. 北京:中国水利水电出版社,1996.